3

Textbook Series : Fundamentals of Radiological Technology

Radiation Biology

診療放射線基礎テキストシリーズ

放射線生物学

森田 明典
坂野 康昌
末永 光八
黒田 昌宏
著

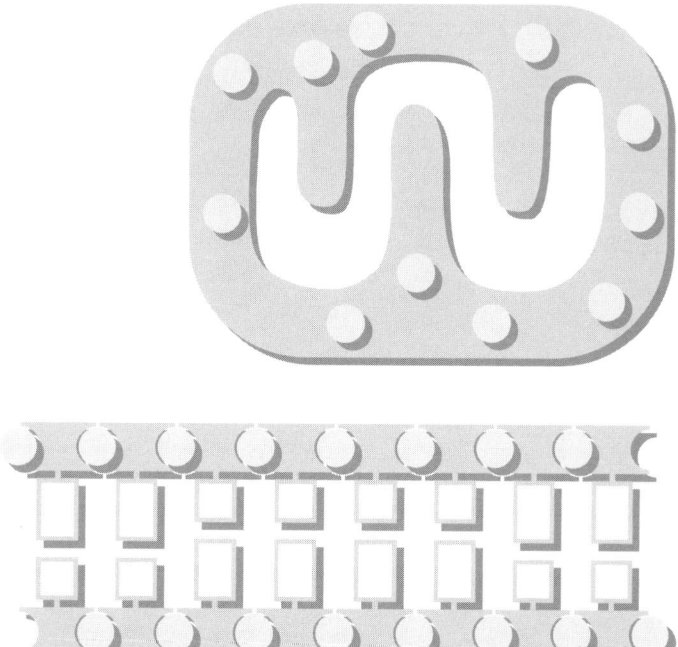

共立出版

「診療放射線基礎テキストシリーズ」刊行に当たって

2014 年 12 月に診療放射線技師学校養成所指定規則の一部が改正され，2018 年 4 月から施行され，この改正による国家試験の出題基準は 2020 年の国家試験から適用されることになりました．現在は 2012 年版の出題基準を基本として 2020 年版の出題基準も参考として活用することにより国家試験が実施されています．

このような状況の中，新出題基準に基づいた教科書シリーズを企画いたしました．本シリーズは放射線物理学，放射化学，放射線生物学，放射線計測学，放射線安全管理学，医用工学の 6 冊で，診療放射線技師養成のための基礎科目群で構成されています．現在，診療放射線技師の活躍する放射線の医療現場においては，絶え間ない進歩がみられます．このような放射線技術革新に耐えうるような基礎科目の修得は不可欠です．この企画においては，それぞれの専門分野で活躍されている研究者，教育者の方々に執筆をお願いし，各冊とも複数の著者で構成されています．

読者対象は，これから診療放射線技師を目指している学生の教科書や参考書として使用されることを期待していますが，放射線医療に携わる看護師，医師などの副読本として活用されることを希望しています．

編集委員　鬼塚昌彦
齋藤秀敏
岩元新一郎

はじめに

診療放射線技師にとって，放射線生物学の知識は必要不可欠なものです．習得すべき内容は放射線治療技術学や放射線治療安全学などの履修において基礎となるものです．近年，放射線治療技術は進歩し，がん治療においてその重要性は増しています．言葉を換えると，診療放射線技師として医師や看護師とともに患者への最適な医療を提供するためには，2つの科目に加え，放射線腫瘍学の知識を介してのコミュニケーションが要求されるようになりました．これらの，基礎になるのが放射線生物学です．

本書は，シリーズの序文で紹介しているように，2020年の国家試験から適用される診療放射線技師国家試験問題出題基準に準拠して編集された専門基礎科目シリーズの一冊です．放射線の生物学的影響は，原子核や原子レベル，分子レベル，細胞レベル，組織レベル，そして個体レベルへと波及していきます．この流れに沿って放射線生物学を履修するのは自然な流れです．出題基準では，大項目として1．放射線の細胞に対する作用，2．放射線の人体に対する影響，3．放射線の生物学的効果と放射線治療の3つに区分されています．本書では大項目1は第1章から第5章に対応します．また，大項目2は第6章，大項目3は第7章に対応しています．

第1章では，これから放射線生物学を学ぶに当たり放射線とは何かを理解するために，放射線が生体に及ぼす原子，分子レベルの作用について解説しました．第2章では，直接作用や間接作用によって生じたDNA損傷が，細胞にどのような影響を及ぼすのか，また，DNA損傷に対して細胞がどのように対処するのかについて学びます．これにより，生物学的過程の初期過程は放射線によって傷ついた細胞のその後の運命を決めるとても重要な過程が理解できます．第3章では，細胞死を定量的に扱う実験モデルや数理モデルについて解説しました．放射線による致死的な損傷を，標的とヒット，あるいは染色体の致死的損傷に単純化して説明しようとする数理モデルは，放射線損傷後の細胞の回復能力を理解する上でも有用です．第4章では，細胞および組織の放射線感受性について解説しました．第5章では突然変異について解説しました．突然変異が体細胞に生じた場合は発がんの原因となり，生殖細胞に生じた場合は遺伝的影響となるため，放射線の確率的影響を理解する上で非常に重要です．近年，分子生物学的手法の進展に伴い，分子標的薬，がんゲノム医療，リキッドバイオプシー，光免疫療法など，放射線科学領域への波及効果が大きいさまざまな技術革新がもたらされつつあり，将来の医療技術の発展に対応できるよう，これらの新技術の基礎的背景についても記述しました．

第6章においては，人体を構成する各組織や各臓器への放射線による影響や胎児への放射線感受性について多面的に解説しました．生体や組織細胞の種類や細胞の分化の程度などによって，放射線による組織・器官・人体への障害や影響の出やすさも異なることをわかりやすく記述しています．

第7章では，医療現場での放射線を用いた診断と治療の際などに，人体に発生する放射線の影響の内容とその発生メカニズムを理解するための基礎的な知識を解説しました．これらの知識から，腫瘍と周囲の正常組織の放射線に対する反応の違いや，それらに影響を与える因子を学び，放射線治療において障害発生をなくし，放射線治療を如何にして成功に導くかを考える基礎となるものです．

本書の執筆をご担当いただいた先生方は，放射線生物学の分野で活躍されている研究者や教育者であり，図表を多く活用して学習しやすいよう解説していただきました．章末には，過去の国家試験問題やオリジナルの演習問題を掲載していますので，教科書としての利用の以外にも国家試験対策の副読本と活用いただけることを希望いたします．

2020年2月

鬼塚 昌彦

目　　次

第 1 章　放射線生物作用の初期過程

第2章　放射線の細胞に対する作用および細胞応答

第3章　放射線細胞死と生存率曲線

第6章　放射線の人体への影響

第7章　放射線の生物学的効果と放射線治療

執筆担当

第 1 章　放射線生物作用の初期過程	森田明典
第 2 章　放射線の細胞に対する作用および細胞応答	森田明典
第 3 章　放射線細胞死と生存率曲線	森田明典
第 4 章　細胞および組織の放射線感受性	森田明典
第 5 章　遺伝子突然変異と染色体異常	森田明典
第 6 章　放射線の人体への影響	坂野康昌・末永光八
第 7 章　放射線の生物学的効果と放射線治療	黒田昌宏

1 放射線生物作用の初期過程

この章では，これから放射線生物学を学ぶに当たり，最初に放射線とは何かを理解し，放射線が生体に及ぼす原子，分子レベルの作用について学ぶ．一口に放射線といってもさまざまな放射線があり，それぞれの特徴を活かして医学に応用されている．

1.1 紫外線と電離放射線

1.1.1 放射線とは

放射線は，一般に空間や物質を通じてエネルギーを伝える能力を有する**電磁波**および**粒子線**に大別される．前者は質量，電荷をもたずに，波としての性質と粒子としての性質の両方をもつ光子であるのに対し，後者は質量をもつ粒子であることが特徴である．

分子が陽イオンと陰イオン（または電子）に解離することを化学では「**イオン化**」という．イオン化は塩が水に溶けるときなどにも起きるが，物理学では軌道電子にエネルギーを与えてイオン化することを**電離**と呼んで区別している．電離の場合，不対電子が生じて**ラジカル**を形成することが特徴である(1.4 節，1.5 節参照)．

なお，英語圏ではイオン化も電離もどちらも ionization と呼び，塩のイオン化を electrolytic dissociation と呼んで区別することがある．

1.1.2　電離放射線と非電離放射線

次に，放射線は**電離放射線**と**非電離放射線**に分けられる．**国際放射線防護委員会**（International Commission on Radiological Protection，以下 ICRP）では，非電離放射線を「物質との主要な相互作用が電離ではない放射線」と定義し，**紫外線**は電離能力がまったくないわけではないが，非電離放射線に分類される．光子のエネルギーとして 10 eV 以下の紫外線から低周波領域にわたる電磁波が非電離放射線に該当する（図 1.1）．

電磁波における紫外線と **X 線**，**γ 線**の違いを理解するため，図 1.1 を見てみよう．一般に電磁波は，波長が変われば性質が変わるが，真空中での伝播速度は，どの電磁波でも光の速さで進むという共通の性質をもつ光子または光量子の流れ（光子線）である．そのため，次式のように波長が決まると振動数やエネルギーも決まるため，図 1.1 のように波長に対応するエネルギーや振動数をスケールで示すことができる．

波長を Λ [m]，振動数を ν [Hz]，真空中の光速度を c [3.0×10^8 m/s]，プランク定数を h [4.14×10^{-15} eV·s] とすると，エネルギー E について

$$E=h\nu \tag{1.1}$$

$$c=\Lambda\nu \tag{1.2}$$

が成立する．

これらの式より，波長を λ [nm] とすると

$$\nu=c/\Lambda=3.0\times10^8/(\lambda\times10^{-9})=3.0/\lambda\times10^{17}\ [\mathrm{Hz}] \tag{1.3}$$

$$E=hc/\Lambda=1240/\lambda\ [\mathrm{eV}] \tag{1.4}$$

の関係が成立するため，非電離放射線として最もエネルギーが高い 10 eV の電磁波は，波長 124 nm の紫外線であり，この波長以上の電磁波が非電離放射線に分類されることがわかる．このように，波長が決まれば電磁波の振動数（周波数）や，その光子のエネルギーが決まり，性質が特定できるという特徴をもつ．

非電離放射線について，まずは**可視光線**から理解しよう．可視光線は，文字どおり，ヒトの眼で確認できる波長の電磁波であり，地表に届く太陽光の多くが可視光に該当する．ヒトが視覚できる波長域が，地表の太陽光の波長域とお

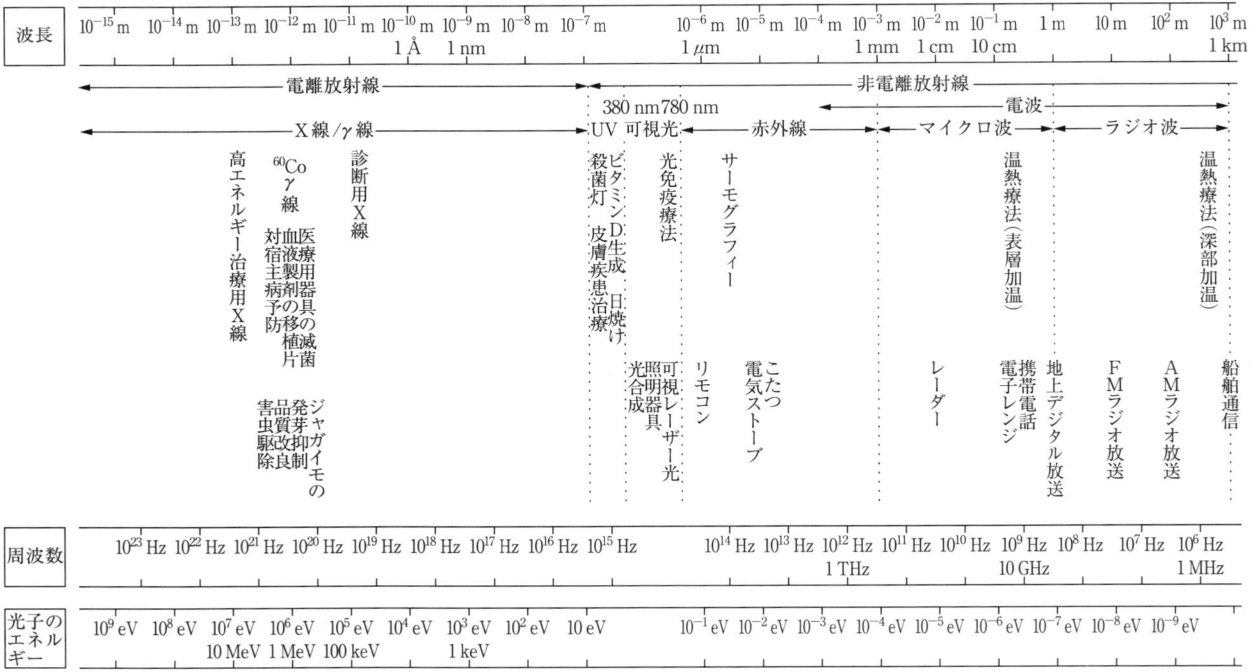
波長
10^{-15} m
10^{-14} m
10^{-13} m
10^{-12} m
10^{-11} m
10^{-10} m
1 Å
10^{-9} m
1 nm
10^{-8} m
10^{-7} m
10^{-6} m
1 μm
10^{-5} m
10^{-4} m
10^{-3} m
1 mm
10^{-2} m
1 cm
10^{-1} m
10 cm
1 m
10 m
10^{2} m
10^{3} m
1 km
電離放射線
非電離放射線
電波
380 nm
780 nm
X線/γ線
UV
可視光
赤外線
マイクロ波
ラジオ波
高エネルギー治療用X線
^{60}Co γ線
医療用器具の滅菌
血液製剤の移植片対宿主病予防
ジャガイモの発芽抑制
品質改良
害虫駆除
診断用X線
殺菌灯
ビタミンD生成
皮膚疾患治療
日焼け
光免疫療法
可視レーザー光
照明器具
光合成
サーモグラフィー
リモコン
こたつ
電気ストーブ
レーダー
温熱療法（表層加温）
携帯電話
電子レンジ
地上デジタル放送
FMラジオ放送
AMラジオ放送
温熱療法（深部加温）
船舶通信
周波数
10^{23} Hz
10^{22} Hz
10^{21} Hz
10^{20} Hz
10^{19} Hz
10^{18} Hz
10^{17} Hz
10^{16} Hz
10^{15} Hz
10^{14} Hz
10^{13} Hz
10^{12} Hz
1 THz
10^{11} Hz
10^{10} Hz
10^{9} Hz
10 GHz
10^{8} Hz
10^{7} Hz
10^{6} Hz
1 MHz
光子のエネルギー
10^{9} eV
10^{8} eV
10^{7} eV
10 MeV
10^{6} eV
1 MeV
10^{5} eV
100 keV
10^{4} eV
10^{3} eV
1 keV
10^{2} eV
10 eV
10^{-1} eV
10^{-2} eV
10^{-3} eV
10^{-4} eV
10^{-5} eV
10^{-6} eV
10^{-7} eV
10^{-8} eV
10^{-9} eV

図 1.1　電磁波の分類

おおむね合致するのは，進化の必然とも解釈できるが，生物種により視覚可能な波長域は異なる．特に，紫外線領域の視覚をもつ動物は鳥類や一部の昆虫など多数おり，可視光線の区分はあくまでもヒトの視覚に基づいた分類であることは知っておこう．可視光線の波長範囲は約 380 nm から 780 nm 程度までで，色としては暗紫色から，紫，青，水色，緑，黄，橙，赤，暗赤色にわたる．

380 nm 以下の非電離放射線は**紫外線**に分類される．紫外線は，文字どおり「紫を超えた」ヒトが知覚できない不可視光線を意味し，英語では ultraviolet，あるいは略号の UV で表される．紫外線は，非電離放射線ではあるものの，**化学線**とも呼ばれるほど化学的な作用が著しい．地表に到達しうる波長 200～380 nm の紫外線は，近紫外線と呼ばれ，近紫外線は波長によってさらに UVA（380～315 nm），UVB（315～280 nm），UVC（280～200 nm）の 3 つに分類される．この波長域では，波長が短いほど生物に対する影響が強いが，波長が長いほど皮膚の深部に入り込むという特徴もある．

近紫外線より短い波長の紫外線は**遠紫外線**と呼ばれ，大気によって吸収されるため，地表には到達しない．真空中でないと進行しないため，真空紫外線とも呼ばれる．

紫外線の物質透過性は一般に低く，日傘や衣類のような薄い遮へい材でも十分減弱することが可能であると同時に，人体への影響では表面の皮膚への障害が顕著となる．しかしながら，水のように紫外線を良く透過する物質もあるので注意が必要である．入射線強度が 1/10 になる物質の厚さである 1/10 価層で比較すると，^{137}Cs の γ 線に対する水の 1/10 価層と，水銀ランプの主波長の 1 つである 254 nm の紫外線に対する 1/10 価層はともに約 30 cm でほぼ同じである．人体では，眼は水ほどではないが，紫外線の透過，吸収による障害を考慮しなければならない組織であり，UVB は角膜や房水によって遮ることができるものの，UVA の多くは水晶体に到達し，そこで吸収される．紫外線と電離放射線は，疫学的な因果関係が認められる代表的な**白内障**のリスク要因である．高強度の紫外線に直接さらされる恐れがある場合は，肌が露出しないようにし，UV 透過率の低い保護メガネで目を防護することが必要である．

長波長側の不可視光は，波長の短い方から順に**赤外光**（赤外線）（約 700 nm～1 mm），および**電波**（100 μm 以上）に大別され，区分にもよるが 100 μm か

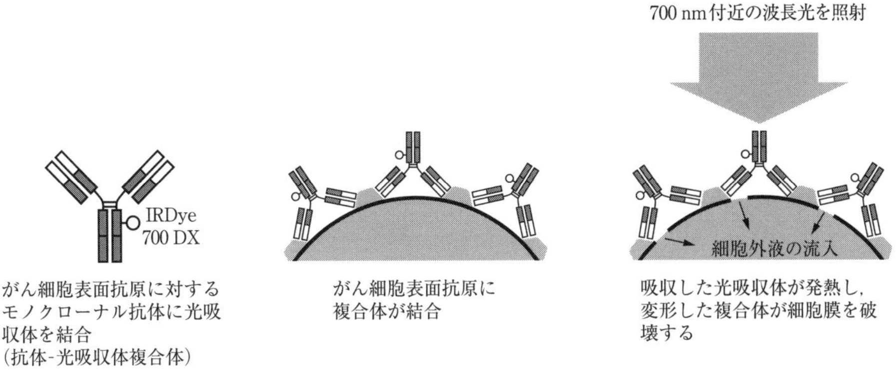

図 1.2　がん光免疫療法[1)]

増感剤である近赤外光色素 IRDye 700DX は，最大吸収波長である 689 nm 付近の波長を吸収して細胞膜障害活性を示す光吸収体である．用いる照射光のわずかな波長の違いや波長区分の違いによって赤色光と呼ばれたり，近赤外光と呼ばれたりするが，いずれの場合も 700 nm 前後の波長光が用いられる．

ら 1 mm のサブミリ波と呼ばれる電磁波は両者で重複している．ヒトが赤色光として視覚できる上限の波長は 780 nm 付近とされるが，赤外光（infrared）の区分は約 700 nm から始まる．波長によって近赤外線（約 700 nm～2.5 μm），中赤外線（約 2.5 μm～4 μm），遠赤外線（約 4 μm～1000 μm）に分けられ，テレビのリモコンのような室内家電のワイヤレス機器や，こたつや電気ストーブのような熱源として利用されている．一方，体温を伴う人体も赤外放射しており，赤外線カメラを用いたサーモグラフィーによってヒトの体表面温度の測定に利用されている．

赤外光の透過性は紫外線や可視光よりも高いが，生体組織では数 mm のごく浅い層で大半が吸収される．なお，遠赤外線よりも近赤外線の方が透過性は高く，生体では最大で 3～4 cm 程度の深度まで到達する．近年では，近赤外光に対する増感剤を結合させた抗体療法として，がん光免疫療法が注目されている（図 1.2）．

電波は，赤外線に比べ生体への透過性や遠方まで届く性質に優れており，さまざまな通信機器に用いられており，波長によって**マイクロ波**（1 mm～1 m）と**ラジオ波**（1 m～1 km）に分けられる．電子レンジは，水分子に直接エネルギーを与えることができるマイクロ波の特徴を活かした調理器としてよく知られている．これらの電波は，医療においては**温熱療法**に用いられている．マイクロ波は短波長であるため組織内での減衰が大きく，表在性の腫瘍の加温に適している．ラジオ波は，波長が長いためエネルギーの集中性は低いものの，深部への加温に適している．

エネルギーが 10 eV を超える電磁波は，**電離放射線**になる．γ 線の物理的性質は X 線とおよそ同じであるが，原子核外の電子のエネルギー変化によって生じた電離放射線を X 線，原子核や素粒子に由来する電離放射線を γ 線と呼んで区別している．

1.1.3　紫外線の特徴および医療応用

先に述べたように紫外線は化学作用が著しい．電離放射線のように軌道電子をはじき飛ばす電離作用よりも，軌道電子のエネルギー準位を高める**励起作用**が主であることが特徴である．

最も細胞障害性の高い UVC はオゾン層を通過できないため，地表に届く太陽光には通常は含まれない．蛍光灯から蛍光塗料を除き，管の素材を UV 透過性の高い石英ガラスとした水銀灯は，**殺菌灯**と呼ばれ，その主波長の 1 つである 254 nm の波長光が殺菌目的では有用となる．医療現場では，強い殺菌作用を活かしてクリーンルームやクリーンベンチ内の殺菌，ならびに医療器具の殺菌に用いられている．

大気を通過する紫外線として最も有害なのは UVB である．太陽光線に由来する UVB の内 0.5% が地表に到達し，表皮の色素細胞がメラニンを生成し，防御反応をとる．これがいわゆる日焼け，**サンバーン**（sunburn）となる．図 1.3 に DNA と RNA を構成する成分について示した．DNA を構成する 4 つの塩基の最大吸収波長は，アデニンが 260 nm，グアニンが 253 nm，シトシンが 271 nm，チミンが 267 nm と少しずつ異なるが，その平均波長である 260 nm が DNA の**最大吸収波長**となる．DNA の最大吸収波長に近い UVB と UVC は，塩基を構成する原子を励起し，主として**ピリミジン二量体**を形成することで DNA を損傷し，**皮膚がん**の原因となる（図 1.4）．

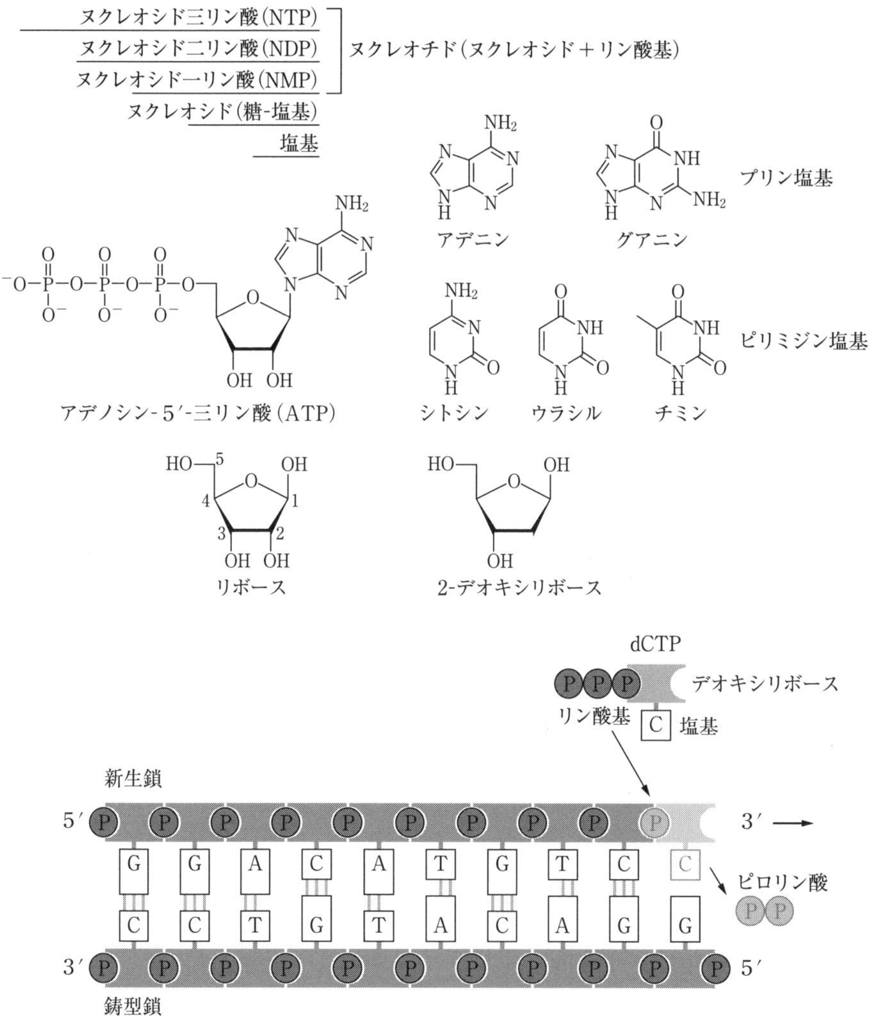

図 1.3 DNA と RNA の構成要素

DNA と RNA の最小構成単位である**ヌクレオチド**は，図中の ATP で示すようにリン酸基 + 糖 + 塩基から成る．DNA と RNA の違いは，**主鎖**（糖-リン酸）を構成する五炭糖が，DNA では**デオキシリボース**，RNA ではリボースである．また，塩基は 5 員環と 6 員環が結合した**プリン**（**アデニン**，**グアニ**

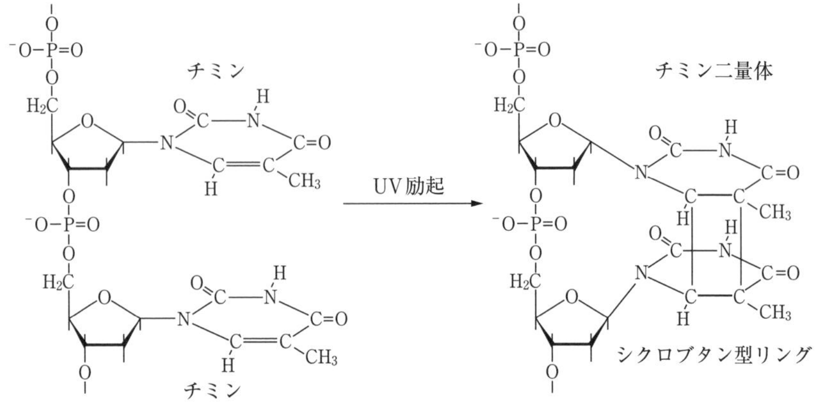

(a)　ピリミジン二量体の形成[2)]

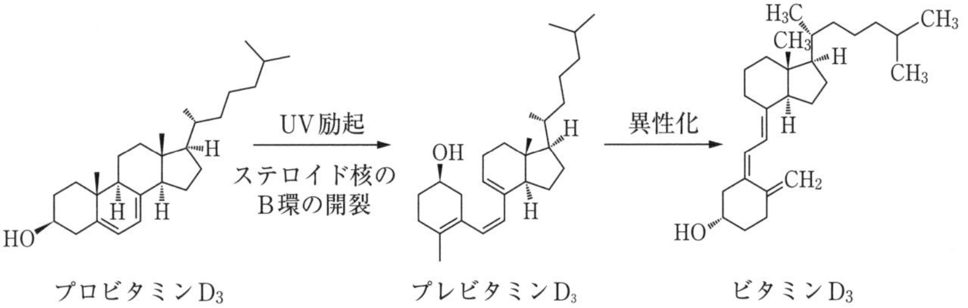

(b)　プロビタミンD_3の開裂反応

図1.4　紫外線による励起作用

ン）と6員環のみの**ピリミジン**（**シトシン**，**チミン**，**ウラシル**）に分けられるが，アデニンと塩基対を形成するピリミジン塩基は，DNA がチミン，RNA ではウラシルである．DNA 二本鎖は，直径 2 nm の逆平行右巻き二重らせんを形成し，塩基対はプリン塩基とピリミジン塩基の組み合わせとなるが，水素結合を2本形成するアデニンとチミン，3本形成するグアニンとシトシンで対を成す．DNA は，**DNA ポリメラーゼ**によって 5′ 末端から 3′ 末端の方向に相補的に合成される．これを**半保存的複製**という．

有機化合物の**二重結合部**の π 電子は，原子核から離れているため少ないエネルギーで自由に動け，紫外線で励起されやすい．図 1.4 (a) に示すように，二重結合部が励起されることにより，ピリミジン塩基では，**シクロブタン型リ**

ングを形成することによる二量体形成反応によってDNAが損傷される．この塩基損傷の修復メカニズムについては，第2章で詳しく説明する．

一方で生物は，紫外線のエネルギーを巧みに利用している．最も端的な例は，ビタミンD前駆体である**プロビタミンDの開裂反応**である（図1.4（b））．日照時間の少ない地域におけるいくつかの疾患の発症率には，UVBへのばく露不足によるビタミンD生成不全との関連が指摘されている．このように紫外線のばく露に一定の利点があることが，「合理的に達成できる限り低く」抑える防護指針が適用される電離放射線の被ばくと大きく異なる点である．ヒトが健康に生きる上である程度は，紫外線，特にUVBが必要であると見なされるのに対し，電離放射線被ばくを正当化するような，電離放射線被ばくに依存した健康維持に必須の生理学的反応は今までのところ見つかっていない．

太陽光線に由来するUVAの内5.6%が地表に到達し，UVBと比べると冬期や朝夕でも減衰しにくいという特徴がある．UVBのように直接DNA損傷を引き起こすことはないが，細胞内の紫外線吸収分子に作用して活性酸素種を生成し，DNAを始めとする生体分子に酸化的損傷を与える活性は，UVBだけでなくUVAも有している．このような酸化反応によって，サンバーンによって生成したメラニン色素を酸化させて褐色に変化させる**サンタン**（suntan）と呼ばれる反応も引き起こされる．また，紫外線の中では最も皮膚の深部に入り込むという性質があり，真皮のタンパク質に作用して，皮膚の弾性を失わせて老化を促進する要因となっている．医療においては，皮膚の深部に到達しやすい性質を利用して，皮膚疾患の治療にUVAや311 nmのUVBが用いられることがある．

1.2 電離作用

1.2.1 直接電離放射線と間接電離放射線

医療においては，通過する物質を電離する能力を有する電離放射線を単に「放射線」と呼んでいる．電磁波では光子のエネルギーとして10 eVを超える電磁波が該当する．先にも述べたように放射線は，物質を通過するとき直接あるいは間接に物質をイオン化する．その電離の仕方は2つに大別される（図

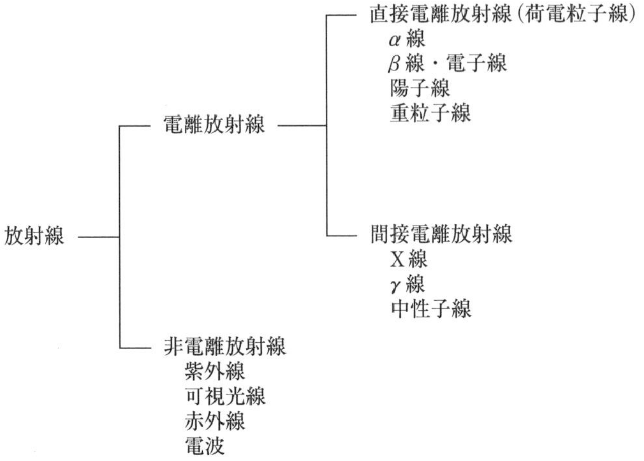

図1.5　放射線の分類[3)]

1.5）．荷電粒子である**α線**，**β線**，**陽子線**，**重粒子線**など，クーロン相互作用により一次放射線として直接軌道電子を電離する作用の強い放射線を**直接電離放射線**という．一方，**X線**，**γ線**，**中性子線**は電荷をもたず，原子にエネルギーを与えて放出された二次放射線による電離作用が主であるため，**間接電離放射線**という．二次放射線として，X線，γ線の場合は，これらの放射線によって生じた二次電子によって物質を電離し，中性子線の場合は，原子核と反応し，弾性散乱で生じた反跳陽子や，非弾性散乱によって放出されたα線，陽子線，γ線などが物質を電離する．

本書では以降，これらの電離放射線を「放射線」と呼ぶ．

1.2.2　放射線の種類と特性

表1.1に代表的な放射線の種類と特性についてまとめた．電磁波については1.1節で説明したので，ここでは主に**粒子線**について説明する．

α線，β線，γ線は，放射性核種から，それぞれヘリウム核，電子，電磁波が放出されたものである．加速器等の人工放射線源からこれらの放射線を発生させた場合，α線は**重粒子線**（He線），β線は**電子線**と呼称が変わるが物理的な性質はおよそ同じである．

表 1.1 代表的な放射線の種類と特性

分類 1	分類 2	放射線	実体	発生機構	透過性
直接電離放射線	粒子線	α 線	ヘリウム核	励起状態の原子核や陽電子消滅	低い
		β 線	電子		中程度
		陽子線	陽子		低い
間接電離放射線		中性子線	中性子		高い
	電磁波	γ 線	光子		高い
		X 線	光子	原子核外（制動 X 線，特性 X 線）	高い

表 1.2 各放射線の性質

放射線	記号	電荷	質量 [kg]	静止エネルギー [MeV]
X 線	X	0	0	0
γ 線	γ	0	0	0
電子線/β 線	e^-	−1	9.10938×10^{-31}	0.511
陽子線	p	+1	1.67262×10^{-27}	938.3
中性子線	n	0	1.67492×10^{-27}	939.6
He 線/α 線	He^+	+2	6.645×10^{-27}	3.727×10^3
C 線/炭素線	C^+	+6	1.993×10^{-26}	1.118×10^4

本章の冒頭で説明したように，粒子線は質量をもつ粒子であることが特徴である．質量を m [kg]，真空中の光速度を c [m/s] とすると，粒子の全エネルギー W [kg·m^2/s^2] は，その粒子が止まっているときの静止エネルギー m_0c^2 と運動エネルギー E の和で表される．

$$W=m_0c^2+E \tag{1.5}$$

表 1.2 に各放射線の電荷，質量，静止エネルギーを示す．名前のとおり，中性子は電気的に中性で電荷量はゼロである．電磁波である X 線や γ 線は，電荷，質量，ともにゼロである．陽子はプラスに帯電（+1）し，電子はマイナスに帯電（−1）している．電気的に中性な原子では陽子と電子の数が等しい．中性子の方が少しだけ大きいが，陽子の質量と中性子の質量はほぼ同じである．電子の質量は，陽子，中性子の質量の 1840 分の 1 程度である．原子の質量のほとんどは原子核に集中しており，原子核の直径は約 10^{-15} m であるが，その 1 万倍以上もある空間を軌道電子が周回することで，原子の直径は 10^{-10} m 程度（1Å）となる．

1.2.3 電　子　線

電子は質量が小さく，その直径は 10^{-18} m 以下である．私たちの世界に存在する多くの電子はマイナスに帯電した**陰電子**（negative electron，あるいは単に electron）であるが，電子の静止エネルギーの 2 倍となる 1.022 MeV 以上のエネルギーをもった光子が消滅して陰と陽の電子対を生成した場合や，放射性同位元素が β^+ 壊変を起こした場合に，反物質である陽電子（positive electron，あるいは positron）が生成する．また，核内から放出された電子を β 線といい，陰電子の場合 **β^- 線**，陽電子の場合 **β^+ 線**という．

陽電子放出核種は，**陽電子放射断層撮影**（Positron Emission Tomography：PET）に用いられている．陽電子放出核種から放出された陽電子は，被検者の体内において数 mm で運動エネルギーを失い，近傍の電子と反応して消滅する．これを**電子対消滅**という．その際，陽電子，電子の質量に相当するエネルギー（静止エネルギー）として，それぞれ 0.511 MeV のエネルギーをもつ 2 つの光子が正反対方向に放出される．この一対の放射線を人体周囲の検出器で同時計数することで，陽電子放出核種の体内分布を再構成画像として得ることが可能となった．

放射線治療では，**リニアック**等の電子加速器で加速された高エネルギーの電子線（4～20 MeV）が浅在性腫瘍の治療に，あるいは原子番号の大きい金 Au，白金 Pt，銅 Cu，タングステン W 等の X 線発生用ターゲットに衝突させて発生させた連続エネルギー分布を示す X 線（制動放射線，最大 20 MeV）が深部腫瘍の治療に用いられている．

一方，^{192}Ir などの**密封小線源**から放出される β^- 線は，その多くが密封容器により遮へいされるため標的腫瘍への線量寄与は少なく，β^- 線を放出した結果生じる励起核からの γ 線の寄与が大きい．

1.2.4 陽子線，重粒子線

陽子線，**重粒子線**を用いた放射線医療は，停止直前に集中的に電離を引き起こす性質を利用し，腫瘍に対して良好な線量分布が得られることから，**がん先進医療**として普及が進みつつある．

陽子は，中性子とともに原子核を構成している核子の 1 つであり，その電荷は $+1$，電荷量は約 1.602×10^{-19} C である．陰電子の反物質である陽電子が PET 診断に用いられている一方，陽子の反物質である反陽子は，存在は確認されているものの短寿命のため医療応用はされていない．

陽子線，α 線，重粒子線など，陽子以上の質量をもった**荷電粒子**を**重荷電粒子**という．この定義に従えば，陽子線も重粒子線に含まれることになるが，陽子線とその他の重荷電粒子線は生物学的効果が大きく異なることから，日本の重粒子線医学においては，He 以上の原子番号をもつ原子の原子核ビームを**重粒子線**とし，陽子線と区別している．以降，本章でも重荷電粒子線は陽子線を含み，重粒子線は陽子線を含まないものとする．

重粒子線の放射線治療への応用は，1994 年から日本の放射線医学総合研究所（現・量子科学技術研究所研究開発機構）にて重粒子線がん治療装置 HIMAC による炭素イオン線治療が開始された．

1.2.5 中性子線

中性子は，陽子とともに原子核を構成している核子の 1 つであり，その電荷はゼロである．また，エネルギーによって**熱中性子**（約 0.0025 eV の平均エネルギー），**熱外中性子**（0.05 eV または 0.1 eV 以上），**速中性子**（約 0.5 MeV 以上）に分類される．先に説明したように原子はすき間だらけであるが，荷電

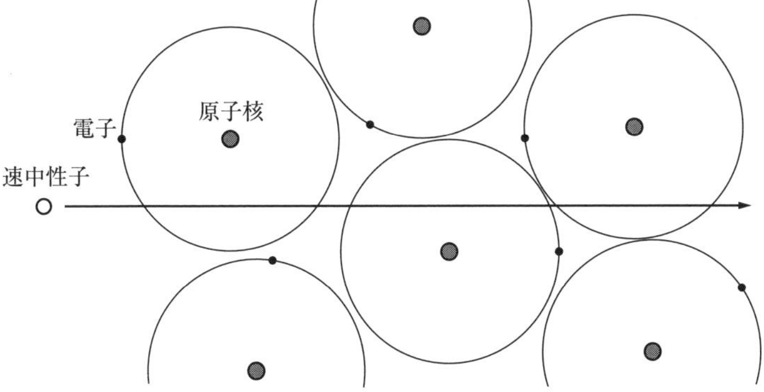

図 1.6　中性子線の透過性

粒子線が物質を通過するときは，クーロン相互作用によってエネルギーが失われやすいのに対し，中性子は，電荷をもたないため透過性が高い（図 1.6）．

中性子線の放射線治療の応用は，約 14 MeV の速中性子線治療が試みられたが，体表面で線量が高く，深部に行くに従って漸減する性質から線量分布に優れず，皮膚障害などの副作用が問題となり，国内では使用が中止された．

現在は，熱外中性子による**ホウ素中性子捕捉療法**（Boron Neutron Capture Therapy：BNCT）が試みられている．中性子捕捉療法が成功するには，中性子との反応断面積が大きいホウ素を含む化合物が，がん細胞に集積するとともに，近傍の正常組織や血中では低い濃度に抑えられる選択性が必要である．

1.2.6　X 線，γ 線と物質の相互作用

X 線，γ 線の物質による減弱は，エネルギーが一定であれば，単純にその物質の厚み（空間であれば空気中を進む距離）に対して指数関数的に減っていく．減弱のされ方は，入射線強度が半分になる物質の厚さを**半価層**，1/10 になる物質の厚さを **1/10 価層**と呼ぶ他，特定の減少率を示す厚みではなく，物質ごとの単位長さ当たりの減少率で表す場合，この減少率 μ [/m あるいは /cm] を線減弱係数と呼ぶ．

減弱は主に，光電効果，コンプトン散乱（コンプトン効果），電子対生成によって起こり（図 1.7），X 線，光子のエネルギーと物質が決まれば，光電効果，コンプトン散乱，電子対生成の確率，および**線減減弱係数**が決まる．

入射光子がそのエネルギーのすべてを失って軌道電子を飛び出させる現象を**光電効果**という．同時に光子は完全に消滅するため，**光電吸収**とも呼ばれる．放出された電子は，**光電子**と呼ばれ，その運動エネルギーは，入射光子のエネルギーから軌道電子と原子核の間の結合エネルギーを引いたものである．生体の軟組織で光電効果が重要になるのは，光子エネルギーが数 10 keV から 100 keV 程度までの一般 X 線撮影の線量域である．図 1.8 に示すように，この線量域では軟組織と骨に最大 5 倍程度エネルギー吸収に差があり，これが撮影の造影に反映される．

コンプトン散乱では，光電効果のように光子がすべてのエネルギーを失うのではなく，軌道電子を**コンプトン電子**（**反跳電子**）としてはじき飛ばすとともも

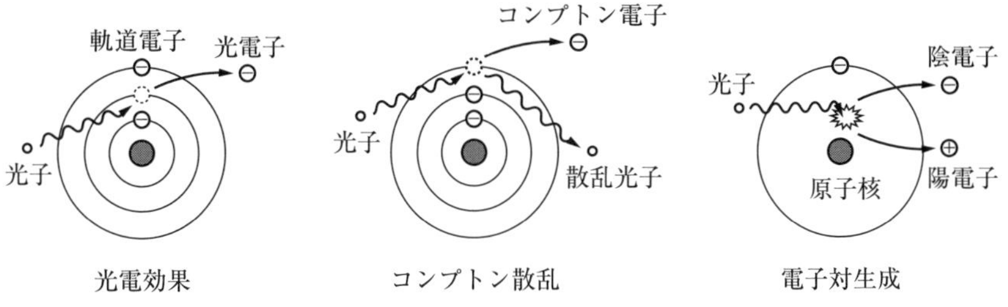

図 1.7 光電効果，コンプトン散乱，電子対生成

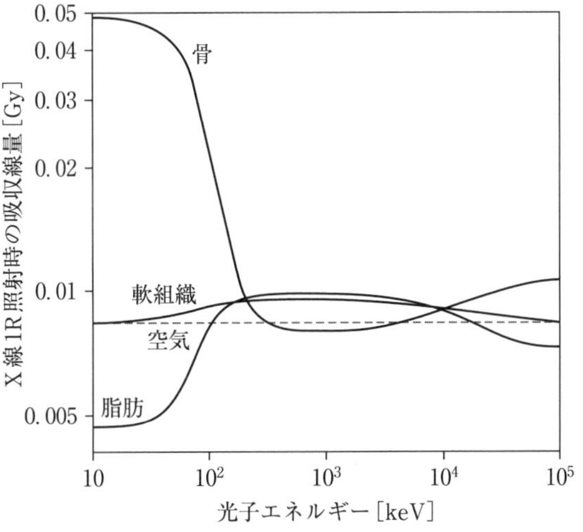

図 1.8 X 線のエネルギーと吸収線量[4)]

に，自らはよりエネルギーが小さい**散乱光子**となる．コンプトン散乱は，入射光子のエネルギーが軌道電子の結合エネルギーより高い場合に起こりやすく，数 100 keV から数 MeV 程度までの放射線治療の線量域では最も主要な相互作用である．放射線治療には，図 1.8 が示すように骨吸収によってがん組織への線量が大きく影響されることのない高エネルギー X 線が適している．また，物質に入射した高エネルギー X 線の線量分布は，入射表面よりもやや深部に入ったところでピークとなる**ビルドアップ効果**を示すため，皮膚障害を減らして深部線量を高めることができる（図 1.9）表面から約 0.5 cm の深さまでを

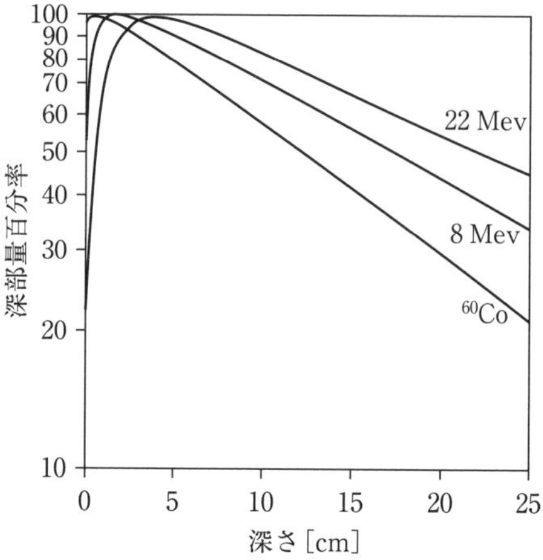

図 1.9　高エネルギー X 線の体内線量分布[3)]

ビルドアップ領域といい，表面線量は深部最大線量の約 20～30％まで低減できる．

電子対生成では，電子の静止エネルギーの 2 倍となる 1.022 MeV 以上のエネルギーをもった光子が消滅して陰と陽の電子対を生成する．電子対生成で発生する陽電子と電子は，入射光子のエネルギーから 1.022 MeV を引いた残りのエネルギーを分け合って飛び出す．放射線治療では，入射光子のエネルギーが約 10 MeV 以上になると電子対生成はコンプトン散乱に次ぐ重要な相互作用となり，約 20 MeV でコンプトン散乱と電子対生成の起こる割合がほぼ同じになる．

1.2.7　電子線と物質の相互作用

物質に入射した電子は，物質中で電離，励起，制動放射による多重散乱を起こしながら，エネルギーを付与し，最後には運動エネルギーを失って停止する（図 1.10）．物質中で停止するまでの到達距離を**飛程**という．散乱を起こす相手は，自らと質量の等しい電子や，ずっと大きな原子核であるため，その飛跡はジグザグであり，電子線の一部は入射方向に対して 90° 以上進行方向を変えて後方散乱する．特にエネルギーの低い電子線や原子番号の大きい物質ほど多

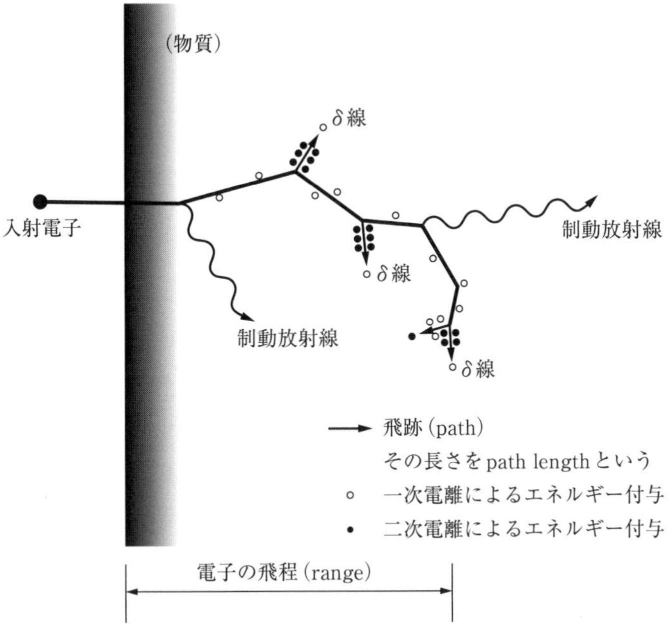

図 1.10 電子線と物質の相互作用とエネルギー付与[3)]

重散乱のために後方散乱を起こしやすい.

図 1.11 に X 線発生装置の仕組み，図 1.12 に制動 X 線の発生原理，図 1.13 に特性 X 線の発生原理，図 1.14 に X 線管から発生した X 線のエネルギー分布を示す．レントゲンは，ほぼ真空状態にした管球の中で電子線を金属板（ターゲット）に当てる実験を行い，透過性の高い未知の線が金属板から出ていることを発見し，X 線と名付けた．この X 線発生の際，金属板で起こっている主要な現象が**制動 X 線**の発生である．

X 線発生装置から発生した X 線が図 1.14 のようなエネルギー分布となる過程を順に説明する．管球の両極に 100 kV の電圧をかけると，電子は陰極のフィラメントから陽極の金属板ターゲットへと向かう（図 1.11）．管球内は真空内のため，電子が飛んでいる最中は相互作用する物質をもないため，電子は一様に 100 keV の運動エネルギーを得る．この均一なエネルギーの電子がターゲット中の原子に当たると，図 1.12 のように，電子が完全に止まった場合は，

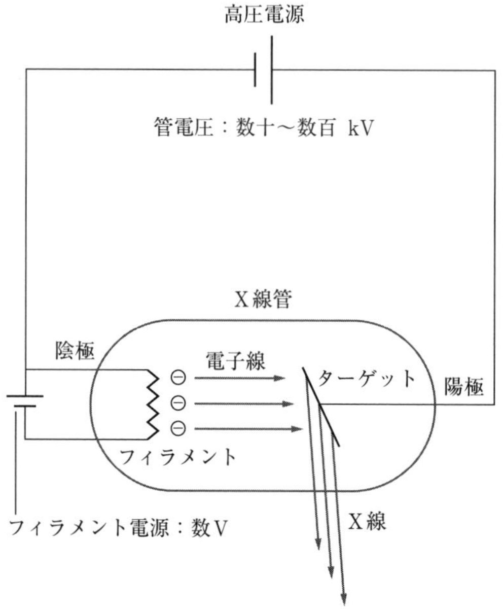

図1.11　X線発生装置の仕組み

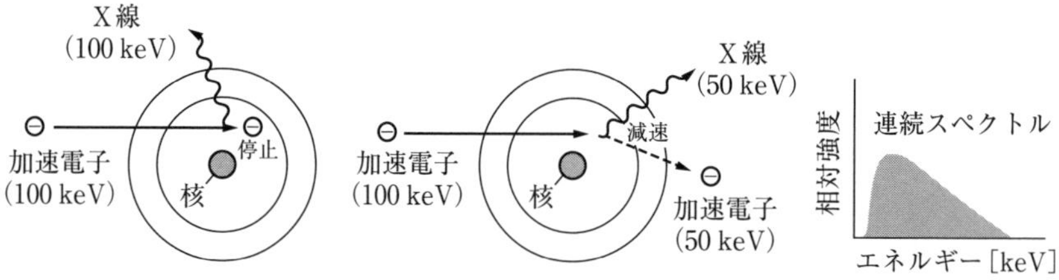

図1.12　制動X線の発生原理[5)]

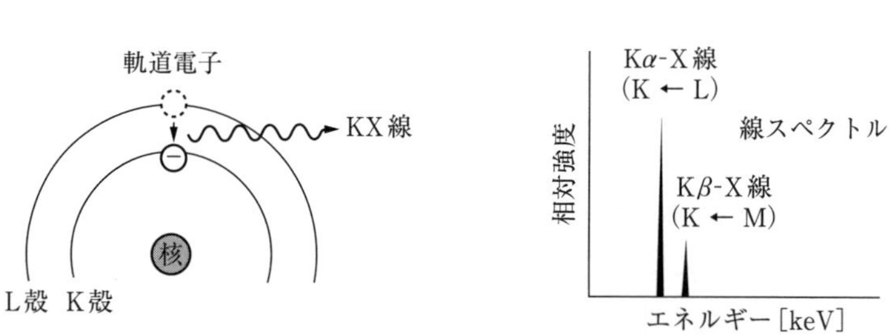

図1.13　特性X線の発生原理

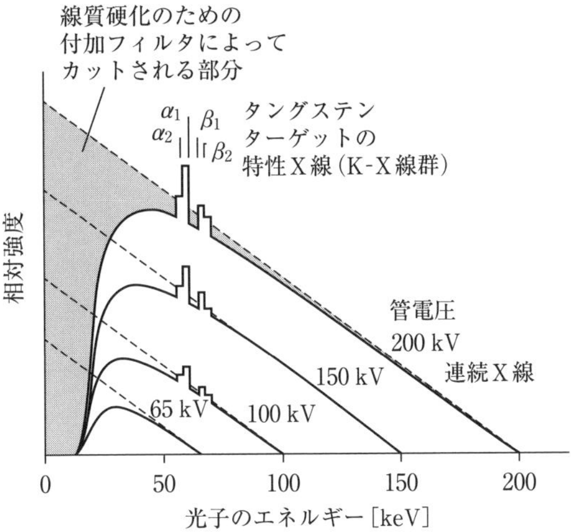

図 1.14　X 線管から発生した X 線のエネルギー分布[4]

100 keV の制動 X 線が発生し，減速した場合は制動 X 線と電子でエネルギーを分け合うこととなる．また，電子線の一部のエネルギーが，軌道電子の励起に使われた場合は，図 1.13 のように基底状態に戻る際にエネルギー準位差分の**特性 X 線**を放出する．制動 X 線発生における電子の減速のかかり具合（**放射損失**）は連続的なため，発生する X 線のエネルギーも図 1.14 に示すように連続的となるが，ターゲットとなる金属原子の特性 X 線も含んだエネルギー分布となることが特徴である．以上より，発生する X 線の最大エネルギーは管球内の加速電子線のエネルギーと同じになるが，平均エネルギーは最大エネルギーの 1/3〜1/2 程度となる．

1.2.8　粒子線と物質の相互作用

陽子線，重粒子線など，陽子以上の質量をもった重荷電粒子線は，物質中で弾性散乱と非弾性散乱を繰り返すが，電子線のようにジグザグの飛跡とはならない．軌道電子と比べて質量が大きいため，1 回の衝突によるエネルギー損失が少なく，偏向も受けないため，その飛跡はほぼ直線となる．また，エネルギーが少なくなると，停止直前に**ブラッグ・ピーク**と呼ばれる集中的に電離を引き起こす電離作用を示し，腫瘍に対して良好な線量分布が得られることが特徴

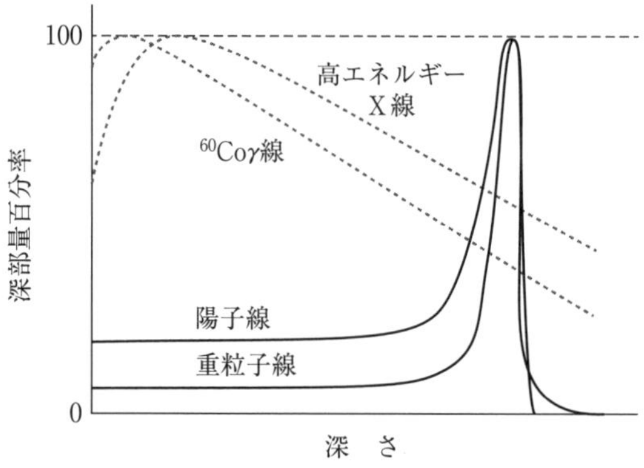

図1.15　放射線治療に用いられる放射線の深さ方向の線量分布[6]

である（図1.15）.

具体的には，ブラッグ・ピークよりも深い部分にはほとんど到達しないため，標的がんの背後に脊髄や腸管などのリスク臓器がある場合，そこに重荷電粒子線が当たることを避けることができる．また，標的がんより手前の組織線量もピーク領域より低減することができる．

また，標的がんの厚みによっては，単一ビームの狭いピーク幅では全体を照射できないため，リッジフィルターと呼ばれるフィルターを通して到達深度の異なる粒子線を発生させた混合ビームにより，ピーク幅を深さ方向に広げた**拡大ブラッグ・ピーク**（Spread-out Bragg's peak：SOBP）を患部に合わせて治療を行う．

1.2.9　中性子線と物質の相互作用

物質に入射した速中性子は，電荷をもたないために原子とクーロン相互作用せず，原子核と弾性散乱，非弾性散乱を起こす．また，エネルギーが少なくなると，熱中性子となり，その後半減期約11分で陽子となるか，近傍の原子核に捕獲されて**核反応**を起こす．弾性散乱では，衝突した速中性子の運動エネルギーが原子核内に吸収されることがないのが特徴である．すなわち，衝突後，運動エネルギーは，散乱した中性子の運動エネルギーと反跳した原子核の運動エネルギーに分配される．このとき，衝突する原子核の質量が小さいと反跳する原子核の運動エネルギーは大きくなる．そのため，中性子とほぼ質量の等しい陽子（水素原子核）と正面衝突したとき，中性子の運動エネルギーのほとんどは反跳陽子に与えられ，中性子はその場で停止する．パラフィンやポリエチレン，あるいは水など水素を多く含む材質は減速効率が良いため，減速材として用いられる．

約 0.5 MeV 以上の速中性子では，弾性散乱だけでなく非弾性散乱も起こるようになる．非弾性散乱では，衝突した中性子の運動エネルギーの一部が原子核に吸収される．原子核は励起状態となり，(n, γ)，(n, p)，(n, α) の核反応を起こす．

熱中性子は原子核に捕獲され，(n, γ)，(n, p)，(n, α) の核反応を起こす．水素と反応した場合，(n, γ) 反応により重水素（^{2}H）と γ 線を生じる．ホウ素中性子捕獲療法 BNCT では，(n, α) 反応により，^{7}Li と α 線が生じ，生じた α 線の電離作用が治療に利用されている．

1.3 放射線と放射能の単位

ここでは，放射線と放射能の単位について学ぶ．これらの単位は，放射線の影響の有無や程度について見通す上でとても重要である．できるだけ式などは省き，簡潔，明瞭に説明したい．また，放射線の種類（**線質**）の違いによる放射線影響の重み付けについても学ぶ．

1.3.1 照 射 線 量

照射線量は，X 線，γ 線についてのみ用いられる物理量である．1 kg の空気に生じる電離量として定義される．単位は**クーロン毎キログラム [C/kg]** である．かつてはレントゲン [R] が用いられ，$1\,R = 2.58 \times 10^{-4}\,C/kg$ の関係がある．

1.3.2 吸 収 線 量

吸収線量は，1 kg の物質に吸収されたエネルギーとして定義される．吸収線量は，照射線量と異なり励起によるエネルギー吸収も含み，線質も限定しない．単位は**ジュール毎キログラム[J/kg]**であり，1 J/kg=1 **Gy（グレイ）**である．かつてはラド（rad）が用いられ，1 rad=1 cGy=0.01 Gy の関係がある．

なお，線量率は時間当たりの吸収線量として，[Gy/min]や，[μGy/h]などの単位で表す．

1.3.3　線エネルギー付与（LET）

LET は linear energy transfer の略で，日本語では**線エネルギー付与**という．LET は放射線の通過した飛跡に沿って，単位長当たり物質に与えるエネルギーとして定義される．単位は**キロエレクトロンボルト毎マイクロメートル[keV/μm]**であり，通常は水中における keV/μm で表される．

電子線や重荷電粒子線の場合，その入射一次粒子線および二次電子の平均 LET が使用され，間接電離放射線の場合，その相互作用によって発生した二次粒子の平均 LET が使用される．LET の高低で放射線を分類すると，分類の境目として 10 keV/μm で区切られることが多く，X 線，γ 線，電子線，陽子線は**低 LET 放射線**，重粒子線と中性子線は**高 LET 放射線**に分類される．

表 1.3 に各種放射線の LET を示した．光子と陽子線についてみると，同じ線質では高エネルギーの方が LET が低いことに注意してほしい．これはエネルギーが高いと飛跡中の荷電粒子の速度も速くなるため，電離，励起作用を起こす間隔に開きが生じてしまうためである．

表 1.3　各種放射線の LET[6)]

放射線		LET [keV/μm]
光子	^{60}Co γ 線	0.2
	250 kV X 線	2
陽子線	10 MeV	4.7
	150 MeV	0.5
14 MeV　中性子線		12（飛跡平均） 100（エネルギー平均）
2.5 MeV α 線		166
2 GeV Fe イオン線		1,000

1.3.4 生物学的効果比（RBE）

図1.16にヒト，マウスなどのほ乳類培養細胞に低LET放射線としてX線，高LET放射線として重粒子線を照射した場合の生存率曲線の模式図を示す．第1印象としてすぐに気づくのは，重粒子線の生存率曲線が「曲線」ではなく「直線」であること，また，同じ線量では重粒子線照射した細胞の生存率がX線照射細胞の生存率よりも低いことの2点であろう．この2点は，X線と重粒子線の殺細胞作用の違いを理解する上でとても重要である．

重粒子線の生存率曲線が直線である（**肩がない**，あるいは小さい）ことについては，まず，X線の生存率曲線が曲線である（**肩がある**）ことについて理解する必要がある．簡単に説明すると，この肩は，生物が放射線による殺細胞作用にあらがった結果であり，細胞は放射線損傷からある程度回復する能力があることを示している．この回復を**亜致死損傷回復**といい，X線による生物作用が電離作用による損傷後，そのまま死に至る細胞ばかりではないことを示している．重粒子線の生存率曲線が直線であることに話を戻すと，重粒子線による損傷は，細胞にとって回復できない，あるいは回復しにくい損傷であること示している．

次に，X線よりも重粒子線の方が致死効果が高いことについて考えよう．このような線質の違いによる生物効果の違いを定量的に表すために，以下の式

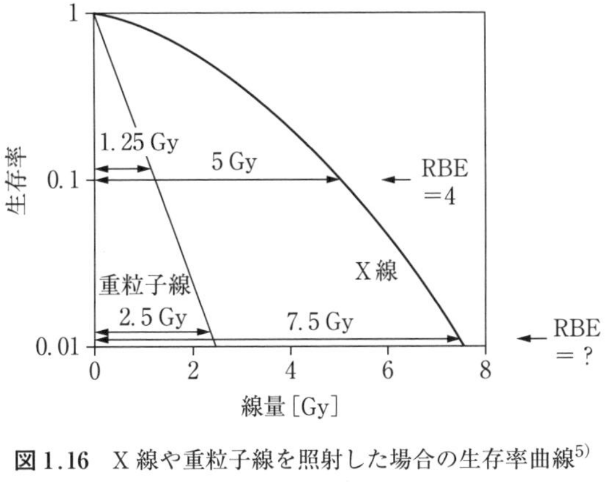

図1.16 X線や重粒子線を照射した場合の生存率曲線[5)]

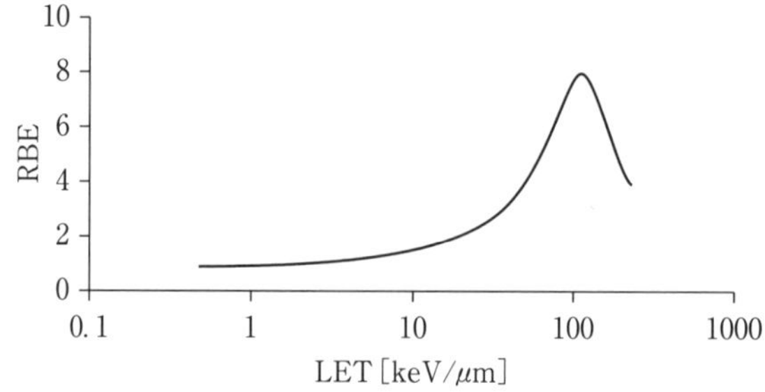

図 1.17　LET と RBE の関係[6)]

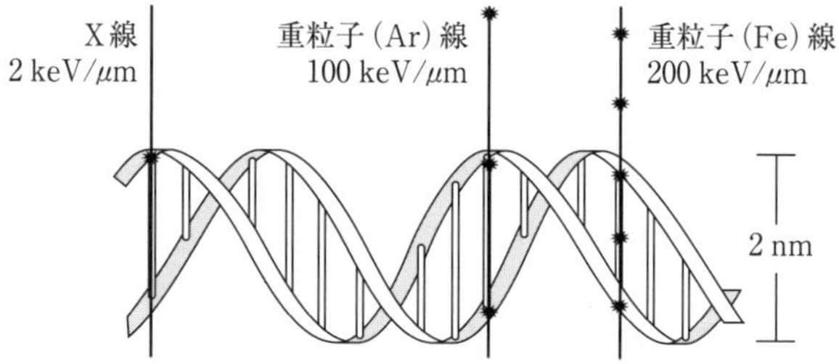

図 1.18　オーバーキリング（overkilling）説[7)]

で表される**生物学的効果比**（relative biological effectiveness：RBE）が用いられる．

$$\mathrm{RBE}=\frac{\text{ある生物効果を起こすのに必要な基準放射線の吸収線量 [Gy]}}{\text{同じ生物効果を起こすのに必要な着目放射線の吸収線量 [Gy]}}$$

基準放射線としては，管電圧 250 kV の X 線が用いられることが多い．

図 1.16 の場合，生存率が 10 分の 1 となる線量（$\boldsymbol{D}_{10}$ という）は，X 線で 5 Gy，重粒子線で 1.25 Gy である．つまり，D_{10} での比較では，RBE＝5÷1.25＝4 となる．では，生存率が 100 分の 1 となる線量ではどうだろうか．この場合，RBE は，7.5÷2.5＝3 となり，D_{10} で比較したときよりも RBE は小さくなる．RBE は，同じ生物効果を起こすのに必要な線量が X 線に比べて何倍少なくてすむかを示しているが，生存率曲線では比較する生物効果が低線量域（高生存率）になればなるほど高 LET 放射線の RBE は大きくなることを覚えておこう．

この重粒子線作用の重篤度は，低 LET 放射線よりも高 LET 放射線の方が致死効果が高いといい換えることが可能であるが，LET が増せば増すほど直線的に RBE が大きくなるわけではない．図 1.17 に示すように，10 keV/μm 未満の低 LET 領域では LET の変化に依存せずほぼ 1 であり，10 keV/μm 以上の高 LET 領域では次第に RBE は大きくなり，100〜200 keV/μm を超えると RBE は小さくなる．この RBE の減少は，図 1.18 に示した**オーバーキリング**と呼ばれる余分な電離によって説明される．

1.3.5　RBE の修飾因子

すでに図 1.16 で説明しているように，比較する生物効果を何にするかで RBE は変化する．

また，細胞の種類によって RBE は異なる．リンパ球など放射線高感受性の細胞では，X 線であっても肩がほとんどない生存率曲線を示し，低 LET 放射線と高 LET 放射線の致死効果の差は小さくなる．DNA 修復機能に欠陥がある細胞でも同様に線質の違いによる致死効果の差は小さくなるため，RBE は小さくなる．

1 回照射と分割照射でも RBE は異なる．図 1.19 の例では，X 線 1 回照射の

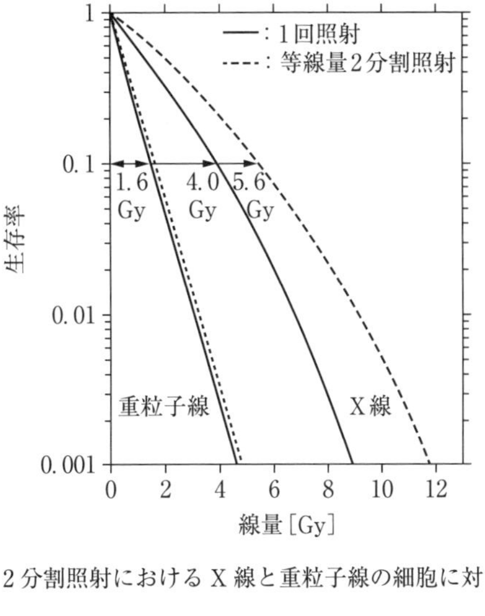

図 1.19　等線量 2 分割照射における X 線と重粒子線の細胞に対する作用の違い

D_{10} は 4 Gy であるが，等線量 2 分割照射では 5.6 Gy となり亜致死損傷からの回復が認められる．一方，重粒子線の場合は亜致死損傷がほとんどないため，1 回照射でも等線量 2 分割照射でも生存率が変わらず，D_{10} は 1.6 Gy となる．このため 1 回照射の場合，RBE は 2.5，等線量 2 分割照射の場合，RBE は 3.5 となる．このように，分割回数を多くしたり，低線量率にしたりすると RBE は大きくなる傾向がある．

さらに，第 7 章で詳しく述べる酸素効果や温熱処理によっても RBE は変化する．これらの条件によって低 LET 放射線に対する感受性が変化しやすいためである．そのため，酸素濃度が低下するにつれて細胞は低 LET 放射線に対して抵抗性を示すため RBE は大きくなり，温熱処理によって細胞は低 LET 放射線に対してより感受性となるため RBE は小さくなる．

1.3.6　3つのシーベルト（等価線量，実効線量，線量当量）

照射線量，吸収線量は，純粋な物理量であるが，これまで説明してきたように低 LET 放射線と高 LET 放射線では，同じ吸収線量であってもその生物学的な影響はかなり異なる．そのため，線質の違いによる生物学的効果の重み付けとして，線質の種類に応じた係数を乗じたものが**防護量**や**実用量**である．単位は [J/kg] であるが，純粋な物理量ではないので，Gy ではなく Sv（シーベルト）を用いる．

次に，防護量と実用量について説明する（図 1.20）．防護量には**等価線量**と**実効線量**の 2 つがあり，検討委員会は ICRP である．実用量は**線量当量**で定義され，検討委員会は ICRU（国際放射線単位測定委員会）である．いずれも単位はシーベルトであるが，その内訳は 3 種あり，同じシーベルトで表される量であっても，その量がどれにあたるか注意する必要がある．

防護量は，各組織の放射線による損害の起こりやすさを表すために考案された，身体において定義される体内，組織内の線量である．ここでいう「損害」とは，**確率的影響**（第 6 章参照）である**発がん**と**遺伝的影響**であり，具体的には，致死的がん，非致死的がん，遺伝性疾病による**寿命損失**である．人体内の線量であるため，実際には実測できない量であるが，標準人（現在は，標準男性，標準女性の 2 つ）と呼ばれる人体モデルを用いて**組織等価線量**，およびそ

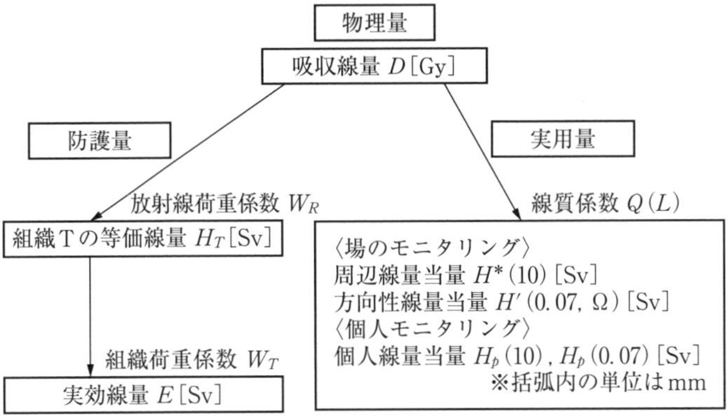

図 1.20　放射線防護に用いる線量

の放射線影響を見積もる指標として実効線量を定義する．2つの防護量のどちらも基本的には確率的影響の評価を対象としているため，ICRPは確定的影響のしきい線量の推定値にGyを用いているが，実用上，**線量限度**においては等価線量や実効線量を用いている．

実用量は，文字どおり，防護量に近い値として，さまざまな体格のヒト，さまざまなエネルギーの放射線に対しても過小評価とならないよう，いくぶん大きめの線量当量が算出されるよう，身体における線量を実際に測定，評価するための計測量である．**線量当量**は，吸収線量 D×線質係数 $Q(L)$ であるが，防護量の基本量は組織吸収線量であるのに対し，実用量は空気吸収線量を基本量としている．また，線量当量はある一点に対して定義されるものであるのに対して，等価線量は組織に対して定義される．なお，$Q(L)$ は，水中における放射線のLETの関数として与えられている．

以下に，ICRP勧告の歴史を踏まえて防護量について詳しく説明する．

ICRPの1977年の勧告では，それぞれの線質のLET値に基づいて定めた代表値を線質係数 Q として乗算することで，線量当量（吸収線量×Q）を定義した．ICRPは，1990年勧告で等価線量に置き換えるまで防護量の尺度として線量当量を用いた．

わが国の現行法令は，**ICRP 1990年勧告**（ICRP Publication 60）がもととなっているが，このときそれまでの線質係数 Q の代わりに，当時の生物学的知見を反映させた**放射線荷重係数** W_R を導入し，**等価線量** H_T（吸収線量×W_R）を定義した．

すなわち，ある組織・臓器 T における等価線量を H_T，吸収線量を D_T，放射線荷重係数を W_R とすると

$$H_T = W_R \times D_T \tag{1.6}$$

となる．放射線の種類が複数あるときは，それぞれの放射線が与えた吸収線量を $D_{T,R}$ として，それぞれの等価線量の総和をとればよい．

$$H_T = \sum_R W_R \times D_{T,R} \tag{1.7}$$

ICRP 2007 年勧告（ICRP Publication 103）では，日本語訳に際して各荷重係数の「荷重」の綴りが「加重」と改められ，放射線加重係数は 1990 年勧告と比べ，陽子線の係数変更，荷電 π 中間子の係数追加，ならびに中性子線の係数として連続関数が導入された．表 1.4 に 2007 年勧告の放射線加重係数をまとめた．

図 1.17 に示したように高 LET 放射線であっても，多くの細胞の生存率比較では RBE が 10 を超えることはない．にもかかわらず，重粒子線の W_R はなぜ 20 とされたのであろうか．これは，1977 年勧告でそれぞれの線質の LET に基づいて決められた α 線の線質係数が 20 であったことの名残でもあるが，1990 年勧告においても引き続き 20 が採用された理由として，図 1.16 で説明したように低線量域であればあるほど高 LET 放射線の RBE が大きくなること，損害として考慮する生物効果は細胞の生死ではなく，確率的影響である発がんと遺伝的影響であることの 2 点が背景にある．

表 1.4　放射線加重係数 W_R

放射線の種類	放射線加重係数 W_R
光子（X 線，γ 線）	1
電子，μ 粒子	1
陽子，荷電 π 中間子	2
α 粒子，核分裂片，重イオン	20
中性子	2.5～20.7 の連続関数[注]

注：中性子のエネルギーを E_n とすると，

$E_n < 1$ MeV の場合，$W_R = 2.5 + 18.2 \exp\left[-\{\ln(E_n)\}^2/6\right]$

1 MeV $\leqq E_n \leqq$ 50 MeV の場合，$W_R = 5.0 + 17.0 \exp\left[-\{\ln(2E_n)\}^2/6\right]$

$E_n > 50$ MeV の場合，$W_R = 2.5 + 3.25 \exp\left[-\{\ln(0.04\,E_n)\}^2/6\right]$

表 1.5　ICRP 勧告における組織荷重（加重）係数 W_T

1990 年勧告		2007 年勧告	
組織・臓器	組織荷重係数 W_T	組織・臓器	組織加重係数 W_T
生殖腺	0.2		
骨髄（赤色），結腸，肺，胃	0.12	乳房，骨髄（赤色），結腸，肺，胃	0.12
乳房，甲状腺，食道，肝臓，膀胱	0.05	生殖腺	0.08
		甲状腺，食道，肝臓，膀胱	0.04
骨表面，皮膚	0.01	骨表面，皮膚，脳，唾液腺	0.01
残りの組織・臓器（10） 脳，腎臓，大腸上部，筋肉，副腎，小腸，膵臓，脾臓，胸腺，子宮	0.05	残りの組織・臓器（14） （各性 13） 副腎，胸郭外領域（気道），胆嚢，心臓，腎臓，リンパ節，筋肉，口腔粘膜，膵臓，小腸，脾臓，胸腺，前立腺（♂）/子宮/子宮頸部（♀）	0.12

次に，**組織荷重係数**および**実効線量**について説明する．同じ等価線量であっても，どの組織・臓器にどれだけ被ばくしたかによって，その影響は異なる．特に不均等被ばくのときは，その影響を評価するための指標が必要であった．これを解決するために，組織荷重係数 W_T，および実効線量 E が導入された．組織荷重係数は，さまざまな組織・臓器の確率的影響（がんと遺伝的影響）の起こりやすさを考慮して決められた係数であり，全身均等被ばくした場合は等価線量と等しくなるよう，全身の組織・臓器の係数の総和を 1 としている．

すなわち，組織・臓器 T における等価線量を H_T，組織荷重係数を W_T とすると，それぞれの組織の総和をとって

$$E=\sum_{T} W_T \times H_T \qquad (1.8)$$

となる．現行法では 1990 年勧告値に据え置かれていることに留意する必要があるため，表 1.5 に **1990 年勧告**の**組織荷重係数**ならびに **2007 年勧告**の**組織加重係数**をまとめた．表の 1.5 に従い，全身に 1 Sv の等価線量を被ばくした場合の実効線量は 1 Sv，結腸に 1 Sv の等価線量を被ばくした場合の実効線量は 0.12 Sv となる．

1.3.7 放　射　能

放射能とは一般に放射線を放出する「能力」のことを意味し，放射能をもった物質のことは放射性物質と呼んで区別されるべきであるが，放射能が放射性物質そのもののように使われる場合があるので注意が必要である．放射能を物理的に定義した単位は，放射能の発見者にちなんでBq（**ベクレル**）といい，1秒間に放射性壊変する回数で表す．単位は[/s]である．

長年用いられてきた放射能の単位Ci（**キュリー**）は，ラジウム1gの放射能が1Ciと定義され，1Ci=3.7×10^{10}Bqの関係がある．国際単位系（SI）へ統一する流れに伴い，Bqが用いられるようになった．

放射能Aは放射性同位元素の原子の数Nに比例する．その比例定数λを**壊変定数**（**崩壊定数**）という．すなわち

$$A=\lambda N \tag{1.9}$$

であり，t時間後の放射性同位元素の原子の数N_tは指数関数的に減少し，次式で表せる．

$$N_t=N_0 e^{-\lambda t} \tag{1.10}$$

式（1.10）は，**半減期**をTとすると

$$N_t=N_0\,(1/2)^{t/T} \tag{1.11}$$

とも表せる．式（1.10）と式（1.11）より

$$e^{-\lambda t}=(1/2)^{t/T} \tag{1.12}$$

となる．両辺対数をとると

$$\lambda T=\ln 2=0.693$$

$$T=0.693/\lambda \tag{1.13}$$

となり，壊変定数と半減期は反比例の関係にある．すなわち，半減期が長いほど壊変する頻度は低下する．

1.4 水の放射線化学

生体を構成する成分の70%は水である．その他を占めるタンパク質，脂質，糖，核酸などは，溶媒である水に溶けている溶質と見なすことができる．ここ

では，水の放射線分解によって生じるフリーラジカルが，生体にとっての重要分子であるDNAに作用する過程について学ぶ．

1.4.1 水の放射線分解

放射線によって水分子が励起・電離されると，不対電子をもった**フリーラジカル**（あるいは**ラジカル**）が生成する．中性の水は水素イオンと水酸化物イオンに 10^{-7} mol·L^{-1} ずつ解離する平衡状態（$[H^+][OH^-]=10^{-14}$ mol^2·L^{-2}）にあるが，不対電子をもたないこれらのイオンの生成反応と，不対電子をもつフリーラジカルの生成反応は異なるものである．不対電子をもつことを表すため，フリーラジカルは化学式の前か後に・記号を付けて表す．代表的なフリーラジカルの生成反応を以下に示す．

励起の場合，励起状態の水を H_2O* で表すと

$$H_2O* \rightarrow H\cdot + OH\cdot$$

となり，水素ラジカル H·とヒドロキシラジカル OH·が生じる．

電離の場合，水分子から電子が飛び出すので，いきなり水素ラジカルとヒドロキシラジカルは生ぜず

$$H_2O \rightarrow \cdot H_2O^+ + e^- \quad \text{（水分子の電離）}$$

となり，水分子イオン $\cdot H_2O^+$ と電子が生じ，水分子イオン $\cdot H_2O^+$ はその後

$$\cdot H_2O^+ \rightarrow H^+ + OH\cdot \quad \text{（水素イオンとヒドロキシラジカル）}$$

電子はその後

$$e^- + nH_2O \rightarrow e^-_{aq} \quad \text{（水和電子）}$$

となる．

水和電子 e^-_{aq} は，水分子 H_2O と反応すると水酸化物イオン OH^- と水素ラジカル H·を生じ，水素イオン H^+ と反応すると水素ラジカル H·となる．

また，水素ラジカル H·，ヒドロキシラジカル OH·は再結合した場合，水素ラジカルどうしでは水素 H_2 に，ヒドロキシラジカルどうしでは過酸化水素 H_2O_2 に，水素ラジカルとヒドロキシラジカルが結合した場合は水 H_2O になる．

放射線エネルギー 100 eV 当たり新たに生成または分解するものの個数を **G 値**という．中性の水における X 線の反応では，ヒドロキシラジカル，水和電

子，水素ラジカル，過酸化水素のG値は，それぞれ約2.8，2.8，0.6，0.75である．このG値をもとに，ヒトの**半致死線量**である4 Gyを水に照射したときの各分子の生成量を求めると，1 eV＝1.6×10^{-19} Jなので，4 J/L÷1.6×10^{-19} J/eVの商より，水1L当たり2.5×10^{19} eVのエネルギーが与えられることがわかる．この値とそれぞれのG値より生じる分子数を求め，アボガドロ数を用いてモル濃度に換算すると，それぞれ約1.2，1.2，0.25，0.31 μmol/Lとなり，ヒトに致死的なダメージを与えるにも関わらず生成する有害物質は低濃度であることがわかる．これは，細胞の外にこれらの有害物質が同濃度ある場合と異なる反応であり，細胞がもつさまざまな構造を透過して，標的となるDNAの近傍に電離や励起によって有害な物質を突然生じさせることができる放射線の特徴といえる．

1.4.2　フリーラジカルと活性酸素種

フリーラジカルとは，不対電子をもつ原子，分子である．図1.21の左に**三重項酸素**，右に**一重項酸素**を示す．それぞれの図は，結合前の左右2個の酸素原子の電子軌道，および中央に結合後の酸素分子の電子軌道を示す．四角い箱で示した軌道に逆向きのスピン量子数（1/2と −1/2）をもつ2つの電子が入ると**スピン量子数**がゼロとなって安定するが，1つしか入らない場合はその電子を不対電子という．各軌道のスピン量子数の合計が0の場合を**一重項**，不対電子1つでスピン量子数が1/2となる状態を**二重項**，不対電子2つでスピン量子数が1となる状態を**三重項**という．

通常の空気に含まれる酸素は基底状態にあるが，左図のグレー部分のように不対電子を2つもつ特殊な状態にあるため，**三重項酸素**（$^3O_2$）と呼ばれるフリーラジカルである．一方，不対電子の一方が励起されて逆向きのスピンとなった場合は右図のグレー部分のように不対電子をもたないため，**一重項酸素**（$^1O_2$）と呼ばれる．一重項酸素は励起された状態であるがフリーラジカルではない．

活性酸素種は，基底状態の酸素分子がより反応性の高い分子に変化したもので，英語のreactive oxygen speciesの頭文字からROSとも呼ばれる．代表的な活性酸素種を水の還元反応の段階ごとに示すと，一重項酸素（$^1O_2$，0電子

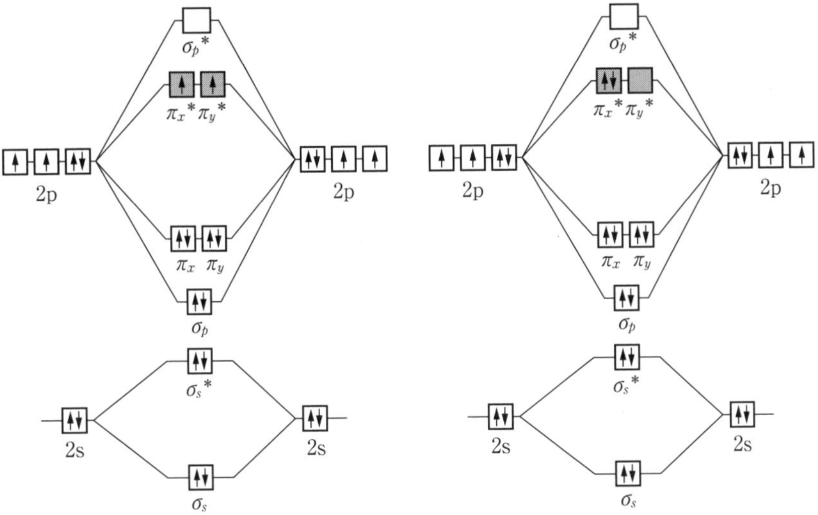

三重項酸素　　　　一重項酸素

図 1.21　三重項酸素と一重項酸素

還元），**スーパーオキシドアニオンラジカル**（$O_2^{-}\cdot$，1 電子還元），**過酸化水素**（H_2O_2，2 電子還元），**ヒドロキシラジカル**（$OH\cdot + OH^-$，3 電子還元）の 4 種となり，4 電子還元されると 2 つの水分子になる．

フリーラジカルも活性酸素種も反応性は高いが，両者は必ずしも一致しない．たとえば，一重項酸素や過酸化水素は不対電子をもたないためフリーラジカルではないが，エネルギーの高い反応性に富んだ分子であるため活性酸素種である．また，三重項酸素はフリーラジカルではあるが，基底状態のため活性酸素種ではない．

1.4.3　直接作用と間接作用

放射線の作用は，直接作用と間接作用の 2 つに大別される．

直接作用は，放射線によるエネルギーが直接溶質分子に吸収され，電離作用や励起作用を引き起こすことである．一方，**間接作用**では，放射線によるエネルギーが溶質分子の周囲の溶媒分子に作用して生じたフリーラジカルが溶質分子と化学反応する．生体では，70 %以上を占める水が溶媒であり，放射線に

図 1.22　放射線の線質と直接作用，間接作用の関係

よって水分子が電離や励起されて生じたフリーラジカルや活性酸素種が，標的となる細胞核の DNA 損傷を間接的に引き起こす．X 線などの低 LET 放射線の場合，ほ乳類細胞の DNA 損傷の 1/3 程度は直接作用によって引き起こされ，残りは間接作用によるものと考えられている．一方，高 LET 放射線の場合，放射線による電離や励起の密度が高いため直接作用の寄与が大きく，近傍で生じたラジカルどうしが反応して消滅しやすいため間接作用の寄与は小さい（図 1.22）．

1.4.4　間接作用の修飾因子

間接作用には，フリーラジカルや活性酸素種が関与するため，以下の修飾因子によって，その効果が修飾される．

①　間接作用は，**ラジカルスカベンジャー**によって軽減される．ただし，フリーラジカルは照射後 10^{-6} 秒以内ときわめて短時間で反応するため，あらかじめ照射前に存在していなければならない．理想的なラジカルスカベンジャーでは，低 LET 放射線の生物作用を 1/3 近くまで低減させることができると考えられている．

②　間接作用は，低温や凍結状態で軽減される（**温度効果**）．フリーラジカル分子の拡散が妨げられるためである．

③　間接作用は，酸素存在下で増大する．これを**酸素効果**という（第７章参照）．これは，間接作用である水の放射線分解によって生じたフリーラジカルが酸素と反応してさらに有毒なものとなることや，DNA に生じた有機ラジカルが酸素と反応し，修復されにくい過酸化形態となってしまうことなどが考えられる．

④　1.4.1 項の G 値の説明で示したように，単位体積当たりに生じるフリー

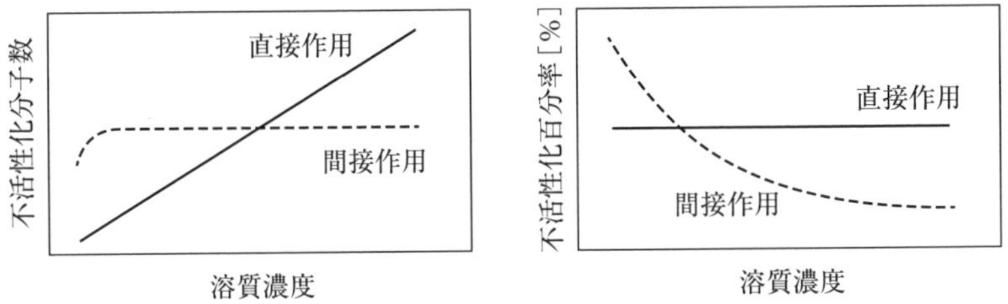

図 1.23　溶質の濃度と間接作用，直接作用の関係

ラジカルの数は一定のため，反応する溶質の数がラジカル数を上回る場合は，反応する溶質の数は図 1.23 の左図に示すように一定になる．そのため一定の線量であれば，右図に示すように間接作用は，溶質濃度が低い方が不活性化される溶質の割合が大きくなる．この効果を**希釈効果**という．一方，直接作用では，溶質濃度が高い方が低下しても不活性化される溶質の割合は変わらない．

1.5　放射線生物作用の諸過程

図 1.24 に生体における放射線作用の**物理的過程・化学的過程・生化学的過程・生物学的過程**についてまとめた．本章では，放射線によるエネルギーが電離や励起によって吸収される物理的過程，水の放射線分解によってフリーラジカルが生成する化学的過程，直接作用と間接作用による生化学的過程（ラジカル－分子反応）について学んだ．放射線が生体を通過するのは一瞬であり，物理的過程・化学的過程・生化学的過程が進むのも 10^{-6} 秒と一瞬であるが，次章以降で学ぶ生物学的過程では，その後に現れる可能性のある生物影響を考慮するとその期間は数十年以上に及ぶ．

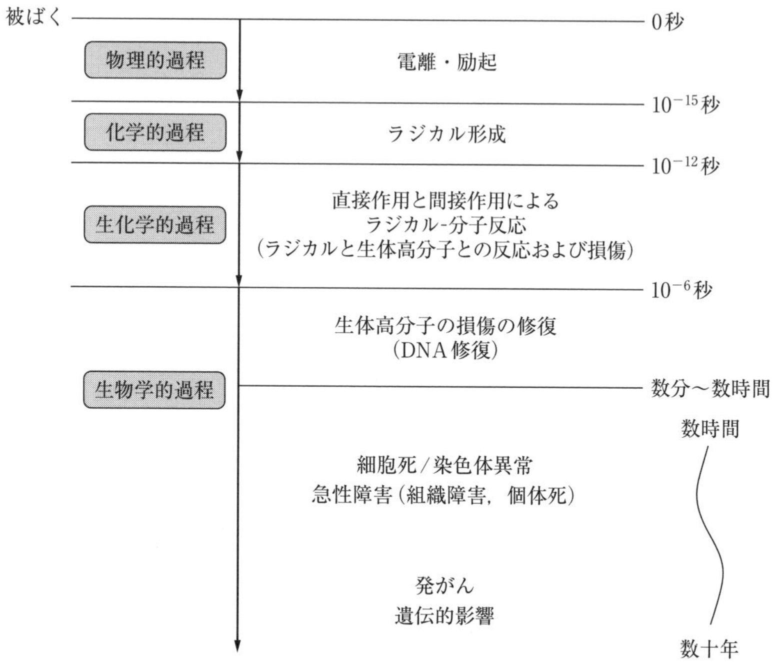

図1.24　物理的過程・化学的過程・生化学的過程・生物学的過程

DNAをはじめとする生体高分子の修復過程（～数時間以内）を生化学的過程に含める教科書も多いが，本書では2020年度診療放射線技師国家試験出題基準と合致させるため，生体高分子の修復過程は生物学的過程とした.

演習問題

1.1　DNAを構成する物質で260 nm付近の紫外線を良く吸収するのはどれか.

1. リボース　2. デオキシリボース　3. リン酸　4. 塩基　5. ウラシル

1.2　殺菌灯の主波長はどれか.

1. 赤外線　2. γ線　3. UVA　4. UVB　5. UVC

1.3　DNAに損傷を起こさないのはどれか.

1. X線　2. 赤外線　3. 紫外線　4. 抗がん剤　5. 陽電子線

1.4　間接電離放射線はどれか.

1. X線　2. α線　3. β線　4. 電子線　5. 陽子線

1.5　放射線の生物作用を示す用語はどれか.

1. 光電効果　2. 弾性散乱　3. 間接効果　4. 電子対生成

5. コンプトン効果

1.6 高LET放射線はどれか.

1. α線　2. β線　3. γ線　4. X線　5. 陽子線

1.7 正しい組合せはどれか.

1. 電子線――――――低LET放射線
2. 陽子線――――――高LET放射線
3. 速中性子線――――ブラッグ・ピーク
4. パイ中間子線―――OER（酸素増感比）が大きい
5. 炭素線――――――放射線損傷からの回復が大きい

1.8 分子に間接作用するのはどれか.

1. ・H　2. ・OH　3. システイン　4. グルタチオン
5. システアミン

1.9 活性酸素種でないのはどれか.

1. 一重項酸素　2. スーパーオキシドアニオンラジカル
3. 過酸化水素　4. 三重項酸素　5. ヒドロキシラジカル

1.10 生体に放射線を照射すると起こる現象で，最も短時間で生じるのはどれか.

1. 塩基損傷　2. DNA修復　3. 酵素の誘導　4. アポトーシス
5. コンプトン散乱

〈参考文献〉

1) Mitsunaga M., et al.：Cancer cell-selective in vivo near infrared photoimmunotherapy targeting specific membrane molecules, Nature Medicine, 17, 1685-1692, 2011
2) Alberts B. 他著，中村佳子他訳：細胞の分子生物学 第5版，ニュートンプレス，2010
3) 西臺武弘：放射線治療物理学 第3版，文光堂，2011
4) 青山喬，丹羽大貫：放射線基礎医学 第12版，金芳堂，2013
5) 江島洋介，木村博：放射線技術学シリーズ 放射線生物学 改訂2版，オーム社，2011
6) 松本義久：人体のメカニズムから学ぶ 放射線生物学，メジカルビュー社，2017
7) Hall E. J., Giaccia A. J.：Radiobiology for the radiologist, 7th ed, Lippincott Williams & Wilkins, 2012

2 放射線の細胞に対する作用および細胞応答

第1章では，物理的過程と化学的過程が一瞬の出来事であることを学んだ．この章では，直接作用や間接作用によって生じたDNA損傷が，細胞にどのような影響を及ぼすのか，また，DNA損傷に対して細胞がどのように対処するのかについて学ぶ．重篤なDNA損傷をそのままにしておくと細胞は死んでしまう．修復できた場合も，その修復が正確でなかった場合は元の遺伝情報を保てずに突然変異が蓄積し，発がんの原因となる．このように生物学的過程の初期過程は放射線によって傷ついた細胞のその後の運命を決めるとても重要な過程である．

2.1 DNA損傷と細胞への影響

第1章では紫外線で特に生じやすいDNA損傷として**ピリミジン二量体**（チミン二量体やシトシン二量体など）について学んだ．この二量体が生じる紫外線の有効スペクトルの範囲は狭く，260 nmの波長によって最もよく生じる．また，紫外線によってDNAの主鎖の切断が起こることはまれである．一方，放射線はDNAに対し，表2.1にまとめたようにさまざまな種類の損傷を起こす．それらの損傷は，**塩基損傷**，**脱塩基**，**DNA架橋**，**DNA鎖切断**の4つに大別される．

それぞれの損傷について説明する前に，DNA損傷をそのままにしておくと細胞にとってどのような影響があるか考えてみよう．生命は細胞を基本単位と

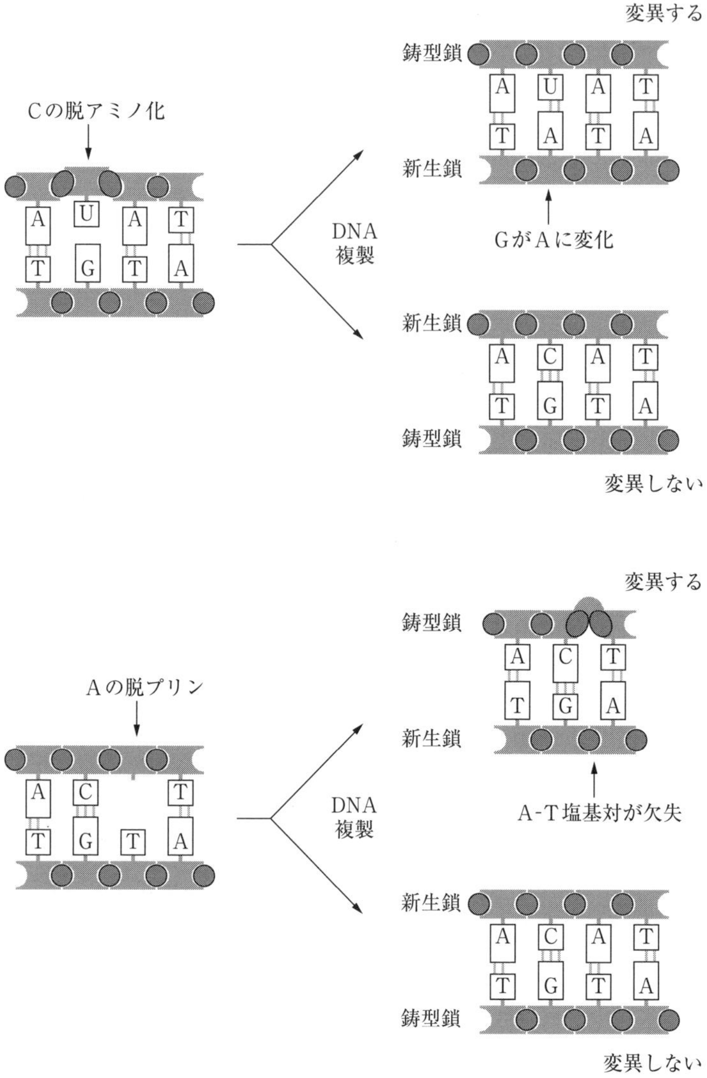

図2.1　化学変化した塩基をそのままにしておくと，それを鋳型として複製された鎖に遺伝子突然変異が生じる[1]

表 2.1 放射線によって生じる DNA 損傷の種類・形態・発生頻度

DNA 損傷の種類	損傷形態	低 LET 放射線 1 Gy 当たりの発生数
塩基損傷	DNA 鎖中の塩基の酸化的損傷	1000
脱塩基	DNA 鎖中の塩基の脱離	500
DNA 架橋	DNA 鎖内，DNA 鎖間，DNA-タンパク質間	150
DNA 一本鎖切断	DNA 二本鎖の片方の鎖が切断	1000
DNA 二本鎖切断	DNA 二本鎖の両方の鎖が切断	20〜50

し，細胞の遺伝情報は DNA に保存されている．図 2.1 のように，塩基の化学変化が修復されず，遺伝子上の DNA 塩基配列が変化してしまうことを**遺伝子突然変異**という．重要な遺伝情報が損なわれてしまった細胞は，活動が低下したり，死に至ったりするだけでなく，体細胞ではがん，生殖細胞では遺伝的影響の原因となり，生体に長期にわたって悪影響を及ぼすことがある．

2.1.1 塩基損傷

第 1 章で説明したように，塩基はピリミジン（T と C）とプリン（A と G）の 2 つに分けられる．放射線によってピリミジンの場合は 5，6 位の，プリンの場合は 7，8 位または 4，5 位の不飽和二重結合が反応しやすい．シトシンの場合，酸化反応として脱アミノ反応が起きるとウラシルになる．代表的な生成物を図 2.2 に示す．これらの塩基損傷は放射線に特有の反応ではなく，生体中の活性酸素やその他の化合物の代謝反応によっても生じるありふれた DNA 損傷であり，主に 2.2 節で説明する**塩基除去修復**によって修復される．

2.1.2 脱塩基

図 2.2 や図 2.3 では，DNA の**主鎖**を構成するリン酸-糖を（−P−dR−）で示した．糖であるデオキシリボース（dR）の 1 位の炭素とグリコシド結合を介して塩基は結合しているが，放射線によってこの結合が切断され，塩基が外れてしまうことがある．これを脱塩基といい，脱塩基自体は放射線によるものだけでなく，生きている 1 個の細胞の中で 1 日当たりプリン塩基で約 1 万個，ピリミジン塩基で数百個脱落し，日常的に起こるありふれた反応である．この脱塩基部位を**アプリン/アピリミジン**（apurinic/apyrimidinic：AP）**部位**とい

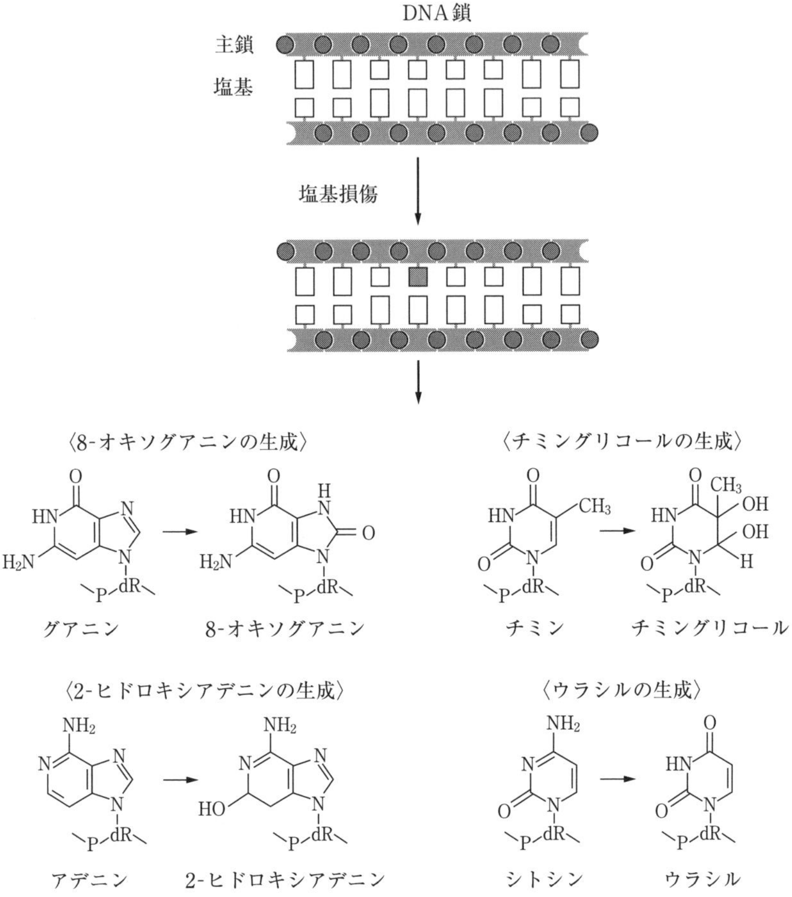

図2.2　塩基損傷とその生成物[2)]

う．先述した塩基除去修復の中間過程においても，損傷塩基を見つけて外す**グリコシラーゼ**の働きによって AP 部位が生じるため，AP 部位を認識して主鎖に切れ目を入れる **AP エンドヌクレアーゼ**（APE）は，塩基損傷と脱塩基の両修復過程で必要な酵素である．

2.1.3　DNA 架橋

図 2.4 に示すように，DNA の架橋形成反応には，DNA 鎖内，DNA 鎖間の

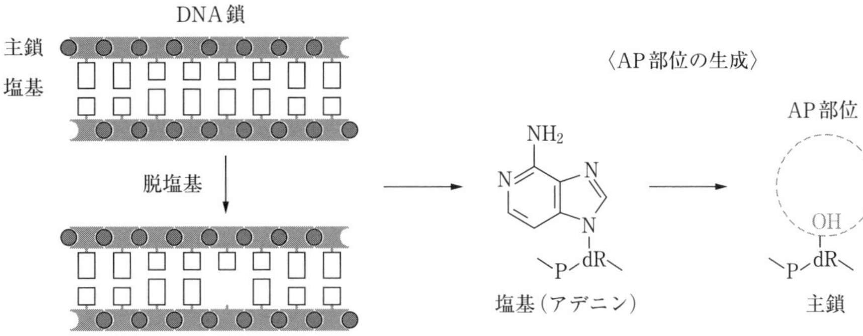

図 2.3 脱塩基[2)]

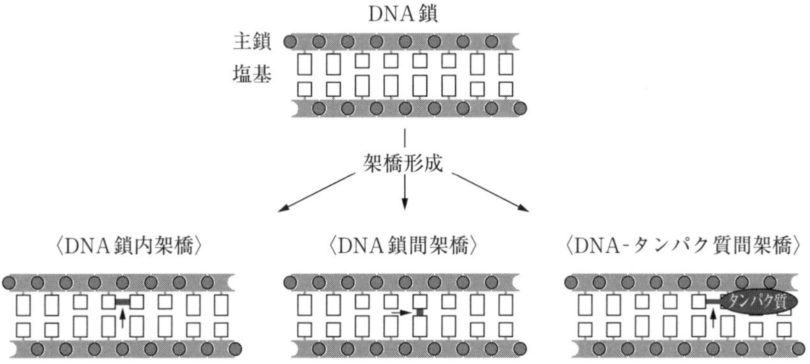

図 2.4 DNA 架橋

2 種がある．**DNA 鎖内架橋**（intra-strand cross link）では，同一鎖上の塩基どうしが共有結合を形成する．ピリミジン二量体の形成もこれに該当する．**DNA 鎖間架橋**（inter-strand cross link）では，水素結合で結合するはずの塩基対どうしが共有結合を形成してしまう．**DNA-タンパク質間架橋**では，ヒストンなどの核内タンパク質が DNA と共有結合を形成してしまう．いずれの架橋も通常の結合と異なる形態のため，DNA の複製や転写に支障をきたしてしまう．

2.1.4　DNA 鎖切断

DNA 鎖切断は，**一本鎖切断**と**二本鎖切断**に分けられる．これまでに紹介してきた塩基損傷，脱塩基，DNA 架橋を修復する際，元の遺伝情報を担保するのは損傷を受けていない相補鎖であり，相補鎖が健全であれば，よほど複雑な損傷でない限り，細胞がもつ修復機構によって元の鎖に修復することが可能である．一本鎖切断の修復も同様に健全な相補鎖を鋳型にできるため修復しやすい損傷である．2.2 節で説明するように，これらの修復では初期過程で働く酵素に違いはあっても，損傷部位（あるいは付近）の主鎖が切断された後は共通した修復機構に収れんされる．

DNA 二本鎖切断は，2 本同時に切断されてしまっているため，修復の鋳型となる鎖をすぐ側の相補鎖にしたくてもできない，非常に重篤な DNA 損傷である．では，DNA 二本鎖切断が生じた細胞は何を元に修復しているのだろうか．細胞はこのような重篤な損傷を元どおりに治したり，やりすごしたりするための修復機構を備えており，2.3 節で詳しく説明する．

なお，先に紹介した DNA 架橋においても，鎖間架橋の場合はどちらの鎖も傷ついてしまっている．元の遺伝情報を保持する鎖を簡単に用意できないの

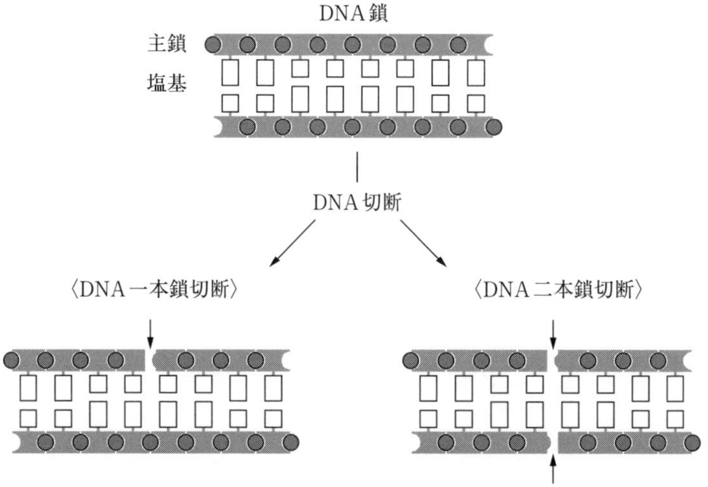

図 2.5　DNA の一本鎖切断と二本鎖切断

で，鎖間架橋も非常に修復しにくい損傷である．実際，鎖間架橋の修復はDNA 二本鎖切断の修復で用いられる相同組換え修復やその他複数の修復機構と組み合わせてどうにか修復する複雑なものであることがわかってきた．修復しにくく，DNA 複製が困難な損傷であることを逆手にとって，臨床ではマイトマイシン C（MMC），シスプラチン等の DNA クロスリンク薬剤が抗がん剤として広く利用されている．

2.1.5 DNA 損傷の検出法

表 2.2 に DNA 損傷の検出法（主に鎖切断）ついてまとめた．**免疫蛍光染色法**は簡便な作業で数 Gy 程度までは定量性にも優れているため，現在広く用いられている．しかしながら，**コメットアッセイ**と**パルスフィールドゲル電気泳動**は実際に切断された DNA 鎖を分離・染色して検出するのに対し，免疫蛍光染色法は DNA 損傷に応答した修復関連酵素によってコアヒストンタンパク質の一種である H2AX がリン酸化された状態を検出しているため，**リン酸化 H2AX（γ-H2AX）**はあくまでも DNA 二本鎖切断との相関が認められる**代用指標**（surrogate marker）であることに注意する必要がある．DNA の二本鎖切断以外の例として，DNA 複製フォークの進行阻害で生じた一本鎖 DNA 部分など，特殊な構造によっても H2AX のリン酸化が起きることが知られており，H2AX のリン酸化が起きているすべての場所で DNA 二本鎖切断が生じている（あるいは生じた）わけではないことは知っておいた方がよいだろう．つまり，細胞に与えた DNA 損傷刺激が DNA にどのような傷を与えるのか，あらかじめ知った上でリン酸化 H2AX を DNA 二本鎖切断の指標としてよいか判断すべきである．

表 2.2 DNA 損傷の検出法

DNA 損傷の検出法	DNA 損傷検出の原理
免疫蛍光染色法	蛍光標識した抗体を用いてリン酸化 H2AX（γ-H2AX）タンパク質を検出する．
コメットアッセイ法	細胞をゲル内に閉じ込め，切断された DNA を電気泳動により，分離・染色して検出する．
パルスフィールドゲル電気泳動法	細胞から DNA を抽出後，切断された DNA を電気泳動により，分離・染色して検出する．

2.2　塩基損傷，一本鎖切断の修復

ここでは，DNA 損傷のうち DNA 二本鎖切断以外の修復機構について，主なものを紹介する．先に説明したように，これらの損傷の場合，損傷鎖の相補鎖は健全であるため，相補鎖を鋳型とすることで元の遺伝情報を復元することが可能となる．

2.2.1　DNA 修復の基本機構

図 2.6 に損傷鎖の相補鎖が健全である場合の DNA 修復の基本機構について示す．

第 1 段階の除去過程では，まず，損傷を受けた DNA が識別されなければならない．損傷部位を識別，除去する機構はさまざまあり，そのどれかが働いた後，損傷部位（あるいは付近）の主鎖を**ヌクレアーゼ**が切断し，**ギャップ**が残る．

第 2 段階の再合成過程では，切断された DNA 鎖の 3′ 末端に**修復 DNA ポリメラーゼ**が結合し，健全な相補鎖を鋳型としてギャップを埋めていく．

第 3 段階の連結過程では，DNA ポリメラーゼがギャップを埋めたあとに残る糖-リン酸の主鎖の切れ目（**ニック**）を **DNA リガーゼ**がつなぐ．

これから紹介する修復機構で微妙な違いはあるが，主に DNA ポリメラーゼと DNA リガーゼによる共通の機構として，以下，ギャップを埋める第 2・第 3 段階の再合成・連結過程の詳細な説明は省いて説明する．

2.2.2　塩基除去修復（base excision repair：BER）

塩基除去修復では，第 1 段階の除去過程において，まず **DNA グリコシラーゼ**が働く（図 2.7）．塩基は，糖であるデオキシリボース（dR）の 1 位の炭素とグリコシド結合を介して結合しているが，DNA グリコシラーゼは損傷した塩基を認識し，グリコシド結合を切断することによって損傷塩基を除去する．DNA グリコシラーゼは，損傷の種類に応じて少なくとも 6 種存在し，ウラシル DNA グリコシラーゼのほか，チミングリコール DNA グリコシラーゼ，ヒ

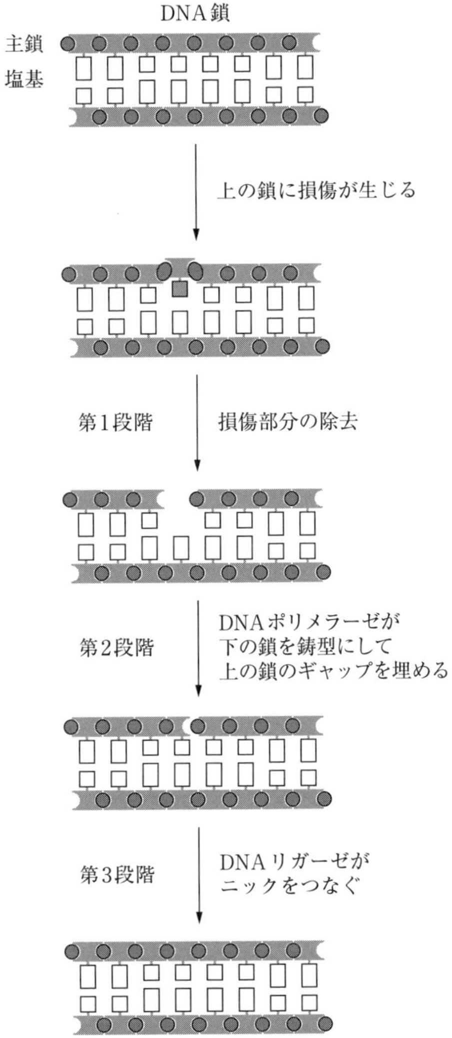

図2.6　DNA修復の基本機構は，除去，再合成，連結の3段階から成る[1)]

ドロキシメチルウラシル DNA グリコシラーゼ，ピリミジン二量体 DNA グリコシラーゼなどがある．

脱塩基後の AP 部位の主鎖の除去は，1塩基分の短い長さであっても主鎖の構成単位である（−P−dR−）1個分を除去しなければならない．AP 部位を

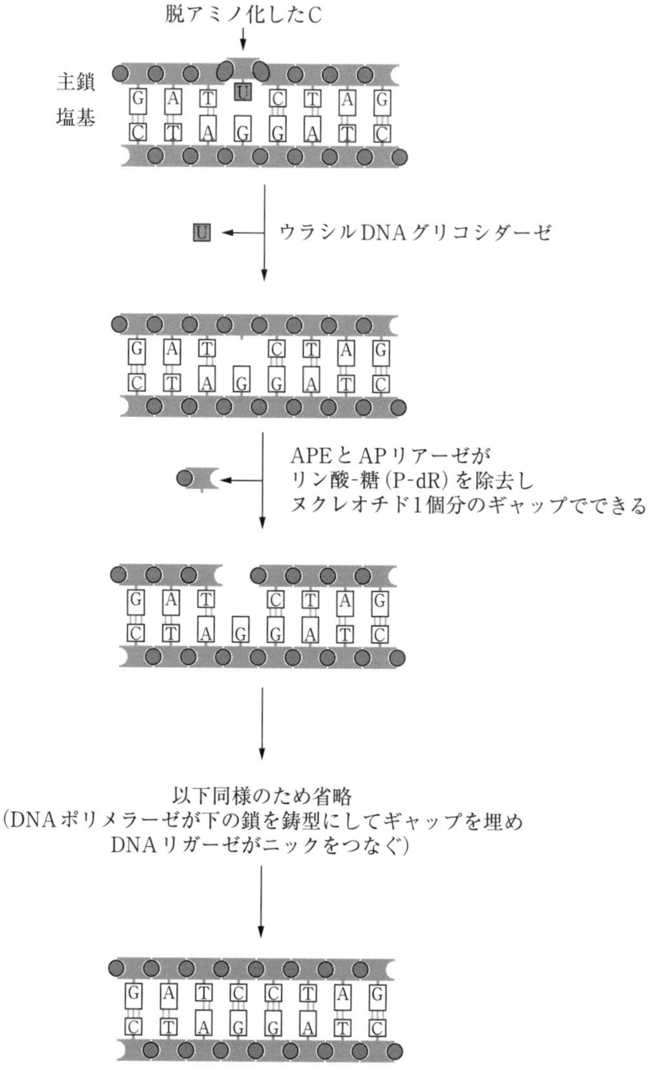

図2.7　塩基除去修復機構[1)]

認識する**APエンドヌクレアーゼ**（APE）は，AP部位のデオキシリボース残基の5′水酸基にリン酸を残す形で**ホスホジエステル結合**を切断する．AP部位の3′側は，AP部位のデオキシリボース残基の3′水酸基にリン酸を残さない形で**デオキシリボホスホジエステラーゼ**（**AP リアーゼ**）によって切断，除去される．つまり，略号で表すと P-dR の形で外れることになる．

2.2.3 ヌクレオチド除去修復（nucleotide excision repair：NER）

ヌクレオチド除去修復は，主として紫外線によって生じるピリミジン二量体を含む，さまざまな鎖内架橋に対する除去修復機構の 1 つである．除去されるヌクレオチドは，原核生物で 12 ヌクレオチド長，真核生物では構造特異的エンドヌクレアーゼが大きいので約 30 ヌクレオチド長になる（図 2.8）．転写中に鋳型鎖に沿って前進している RNA ポリメラーゼと共役する**転写共役修復**（transcription-coupled repair：**TCR**）と，非鋳型鎖や転写されていない領域における**ゲノム全体の修復**（global genomic repair：**GGR**）に分けられる．GGR では，**XPC 複合体**（XPC−RAD23−CETN2）が鎖内架橋によるゆがみを認

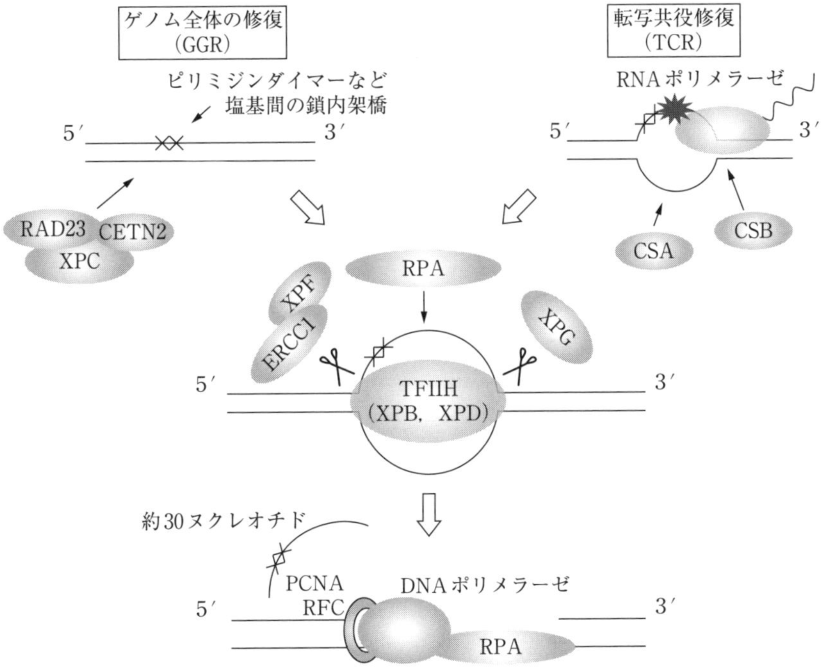

図 2.8　真核生物のヌクレオチド除去修復機構[3)]

識し，次に転写とヌクレオチド除去修復の両方で働く**多機能複合体** TFIIH（XPB，XPD ほか，複数のサブユニットから成る）が損傷部位に呼び込まれ，XPB および XPD の**ヘリカーゼ活性**によって局所的に DNA が一本鎖状態に巻き戻され，**一本鎖 DNA 結合タンパク質** RPA（replication protein A）が結合して約 30 塩基にわたるタンパク質-DNA 複合体が形成される．その後，二本鎖と一本鎖の境界部の構造を特異的に認識する**エンドヌクレアーゼ**として，5′側をエンドヌクレアーゼ ERCC1-XPF が，3′側を XPG が切断する．

2.2.4　光回復（photorecovery）

光回復酵素がピリミジン二量体を認識，結合した光回復酵素が，酵素中の**クロモフォア**と呼ばれる受光部で可視光線のエネルギーを吸収し，そのエネルギーでシクロブタン型リングを開裂して元に戻す修復機構である．生体内のエネルギーを消費せずにピリミジン二量体をモノマーに戻せる便利な仕組みであり，バクテリアから脊椎動物まで広範な種がこの修復機構をもっているが，有袋類を除くほ乳類（有胎盤ほ乳類，当然ヒトも含まれる）は，この機構をもたない．祖先動物において，主に暗闇で過ごす夜行性の活動が長期にわたったため，進化の過程で光回復機構を失ってしまったと考えられている．

2.2.5　一本鎖切断修復（single-strand break repair：SSBR）

一本鎖切断修復では，第 1 段階において，**ポリ ADP-リボースポリメラーゼ**（PARP）と呼ばれる酵素が，一本鎖切断部位を認識して DNA に結合する．DNA に結合した PARP は活性化され，ニコチンアミドアデニンジヌクレオチド（NAD^+）を基質として PARP 自身，ヒストンなどに ADP-リボースを付加重合し，塩基除去修復関連タンパク質を呼び込む．

PARP を阻害すると一本鎖切断は修復されないが，その損傷の一部は二本鎖切断へと変化し，2.3 節で説明する**相同組換え**（HR）によって修復される．BRCA1 は相同組み換え開始時における一本鎖突出末端の切り出しに関与し，BRCA2 は相同組換えを進行させる RAD51 フィラメントの形成に関与しており，**BRCA1/2** 変異乳がんや卵巣がんの細胞では，相同組換え修復が正常に機能しない．このような相同組換え修復不全のがんでは，抗がん剤であるシスプラチン等の白金製剤による DNA 損傷の増感剤として **PARP 阻害薬**が有効であることが発見され，**分子標的薬**として臨床応用されている[4,5]．

2.3　二本鎖切断修復（double-strand break repair：DSBR）

先に説明したように，DNA 二本鎖切断は，2 本同時に切断されてしまっているため，修復の鋳型となる鎖を相補鎖にしたいのにそれができない．細胞は，この非常に重篤な DNA 損傷に対し，傷ついていない姉妹染色分体を鋳型鎖として遺伝情報を復元する相同組換え修復と，鋳型鎖に依存せず切断部位をそのまま（あるいは少し末端を削って）結合する非相同末端結合修復の 2 つの方法で対処している．

修復の正確性は相同組換え修復の方が高いが，姉妹染色分体が利用できる時期は限られている．このことを理解するため，まずは細胞周期について簡単に説明する．

細胞は，染色体を含めた内容物を倍加し二分裂により殖えるが，この過程を**細胞分裂周期**または単に**細胞周期**と呼ぶ．細胞周期の主要なできごとは，**DNA 合成期**（**S 期**：synthetic phase）と**分裂期**（または**有糸分裂期**）（**M 期**：mitotic phase）の 2 つであるが，光学顕微鏡で観察すると休んでいるように見える M 期から次の M 期までの間を**間期**と呼び，S 期は間期の間に行われる．さらに間期は，S 期の前後に Gap 期があるので 3 つに分けられる．すなわち，S 期の前が **G_1 期**（gap 1 phase），S 期の後が **G_2 期**（gap 2 phase）である．分化や休止のため G_1 期から **G_0 期**（gap 0 phase）と呼ばれる休止期に移行することもある．

S 期の間に DNA が複製され，2 組ある**相同染色体**のコピーとして**姉妹染色分体**ができる．そのため，図 2.9 に示すように相同組換えをするために姉妹染色分体が利用できるのは S 期と G_2 期に限られる．一方，G_1 期は非相同末端結合修復の活性が高く，G_1 期で働けない相同組換え修復の欠点を補っている．また，M 期は姉妹染色分体が凝縮して利用できないだけでなく，非相同末端結合修復の活性も働きにくい状態にある（4 章 4.5.3 項参照）．

相同組換え修復について説明する前に，相同組換えが起こるもう 1 つの反応

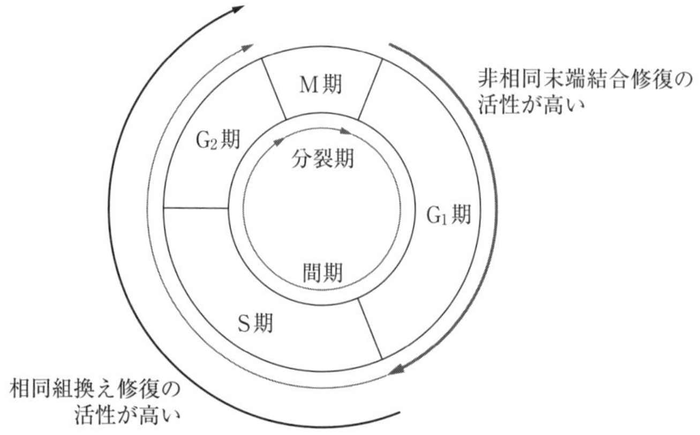

図2.9　2つの修復機構の細胞周期における活性の変化[2]

として，**減数分裂**について簡単に説明しておく．核相が4nから2nとなる**減数第1分裂**では，父方と母方の相同染色体どうしが対合し，その一部が**交叉**と呼ばれる相同組換えを起こすことで新たな染色体がつくられる．

DNA二本鎖切断後の相同組換え修復においても，減数分裂のように相同染色体を利用できればG_1期においても相同組換え修復が可能となるが，その頻度はきわめて低い．相同組換え修復において相同染色体を利用してしまうと，ヘテロ接合型の潜性遺伝子がホモ接合型となって細胞のがん化などの悪影響が現れるリスクが高まるため，簡単には相同染色体を利用できない仕組みになっていると考えられている．

コアヒストンとなる**ヒストン八量体**（ヒストンH2A，H2B，H3，H4が2分子ずつ）（5章5.4節参照）の中で2分子を占めるのが，**ヒストンH2A**である．先述したようにDNA二本鎖切断の初期応答では，ヒストンH2Aのうち約20%を占めるバリアントであるH2AXがリン酸化される．リン酸化酵素全般を**キナーゼ**というが，H2AXは，二本鎖切断によって活性化するキナーゼであるATM，ATR，DNA-PKcsによってリン酸化される．**このリン酸化H2AX**（**γ-H2AX**）は，目印として二本鎖切断修復関連タンパク質の呼び込みに関与している．

2.3.1 相同組換え修復（homologous recombination（HR）repair）

図2.10に**相同組換え修復機構**について示す．この機構は，姉妹染色分体を鋳型として遺伝情報を復元する修復方法である．まず，二本鎖切断があることを知らせるセンサーとして，3つの分子から成る複合体が切断部位に結合する．この複合体は，3つの分子の頭文字をとって**MRN複合体**（MRE11/RAD50/NBS1）という．次なるセンサー分子として**ATMキナーゼ**が二量体として結合し，二量体分子内で互いにリン酸化し合う．ATMの自己リン酸化をきっかけにさまざまな修復タンパク質が切断部位に集まってくる．

修復反応の第1段階として，まずMRE11や他の**エキソヌクレアーゼ**活性により5′末端が分解され，3′末端突出型の一本鎖部位が形成される．この部位にヌクレオチド除去修復でも働く**一本鎖DNA結合タンパク質**RPAが結合してフィラメントを形成する．RPAはその後RAD51というタンパク質に置き換わり，RAD51フィラメントは，姉妹染色分体DNAの相同領域を認識して侵入し，**Dループ**と呼ばれる部分的に開かれた構造中にヘテロ二本鎖が形成される．この過程を**相同的対合反応**という．

以降は，相同組換え修復機構として**合成依存的DNA鎖アニーリング**（synthesis-dependent strand annealing：SDSA）**経路**と呼ばれる機構について紹介する．SDSAモデルは，Dループおよび三本鎖交換反応を経るが，**ホリデイ構造**と呼ばれる四本鎖交換反応の分岐点を形成しないことが特徴である（図2.10（a））．「二本鎖DNA切断修復経路」と名づけられているもう1つのモデルは，ホリデイ構造が2つ形成される**ダブルホリデイ構造**（double Holliday Junction：dHJ）を特徴とするが，このモデルではホリデイ構造の解消様式の違いによって姉妹染色分体が交換される「交差型」と交換されない「非交差型」の2通りができうる．DNA損傷時の**姉妹染色分体交換**（sister-chromatid exchange：SCE）は，化学物質によるDNA鎖間架橋の修復では頻繁に観察されるため，組換え修復中間体としてdHJが高頻度で生じていると考えられている．一方，放射線損傷ではSCEの頻度が低いため，dHJは一部しか形成されず，非交差型の修復産物しか生じないSDSA経路による修復を主経路とする説の論拠となっている．

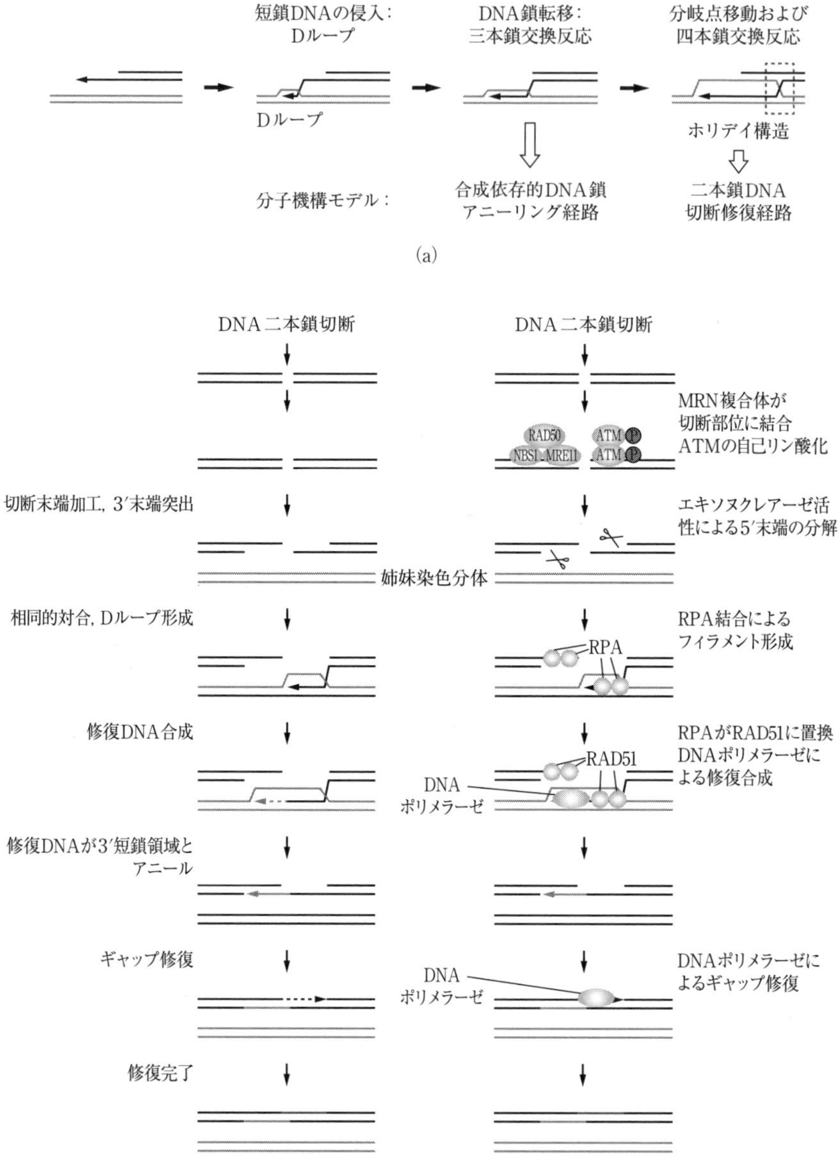

図 2.10　相同組換え修復機構[2,5~7)]

(a) 三本鎖交換反応および四本鎖交換反応，(b) SDSA 経路．左側は DNA のみ，右側はタンパク質ありで示した．

相同的対合反応の結果，ヘテロ二本鎖の 3′ 末端から姉妹染色分体 DNA 由来の相補鎖を鋳型として行う DNA ポリメラーゼによる修復合成が行われ，切断によって失われた塩基配列が回復される．その後，新生鎖が姉妹染色分体 DNA から離れ，損傷部位のもう 1 つの 3′ 突出末端とアニール後，元の鎖と連結される．最後に，もう一方の鎖のギャップが修復されて完了する（図 2.10（b））．

2.3.2　非相同末端結合修復（non-homologous end joining（NHEJ）repair）

非相同末端結合修復は，切断された DNA 末端を直接結合する反応である．この結合による修復は，鋳型鎖を必要としないため迅速ではあるが，切断を受けた DNA 末端の形状によっては末端がさらに削られた上で連結される．したがって相同組換え修復と異なり正確な修復が保障されない．姉妹染色分体を利

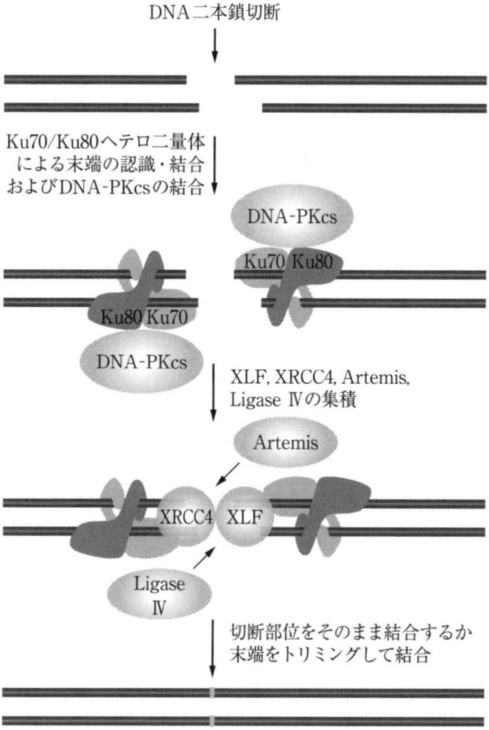

図 2.11　非相同末端結合修復機構[1,2,5]

用できない G_1 期や G_0 期は非相同末端結合によって二本鎖切断が修復される．

非相同末端結合は二本鎖切断を「やり過ごす」ための修復ともいえ，ほ乳類の体細胞ではよく見られる．その結果，切断部位には塩基配列の欠損が生じるが，ほ乳類ゲノムではタンパク質をコードする部分はごく少ないので，この機構でも切断されたDNAをつなぐ解決策として容認しうる．

この機構による修復では，まず**Ku70/Ku80**という複合体が切断部位に生じた2つのDNA末端に結合する．ほぼ同時期に**DNA-PKcs**というキナーゼも結合し，修復反応が始まるきっかけとなる．

次に，足場タンパク質としてXRCC4，XLFが，また，エキソヌクレアーゼ活性をもつArtemisも切断部位に集まり，切断部位の形状によっては末端がトリミングされる．切断部位の末端どうしを最終的に連結するのが**Ligase IV**である（図2.11）．

2.4　細胞周期チェックポイントおよび分裂遅延

第7章で詳しく説明するが，細胞の放射線感受性は細胞周期によって変化する．最も高感受性なのはM期である．M期にDNA切断があると染色体の異常分配が起きやすいためである．S期の放射線感受性は，姉妹染色分体を用意しやすい後半の時期に向かって放射線抵抗性となるが，DNA損傷が突然変異として残ってしまわないようS期に入る前に時間をかけてDNA損傷を治さなければならない．そのため細胞は，傷ついたDNAを抱えたままS期やM期に入らないように G_1 期や G_2 期で停止，またはS期やM期の最中であればその時期にとどまるよう停止させる仕組みをもっている．この防御機構は，**細胞周期チェックポイント**と呼ばれ，この機構が働いて細胞集団の増殖が鈍化することを「**分裂遅延**（division delay）」という．図2.12のようにそれぞれの期において，細胞周期の進行を進めてよいかチェックする分子が働いている．

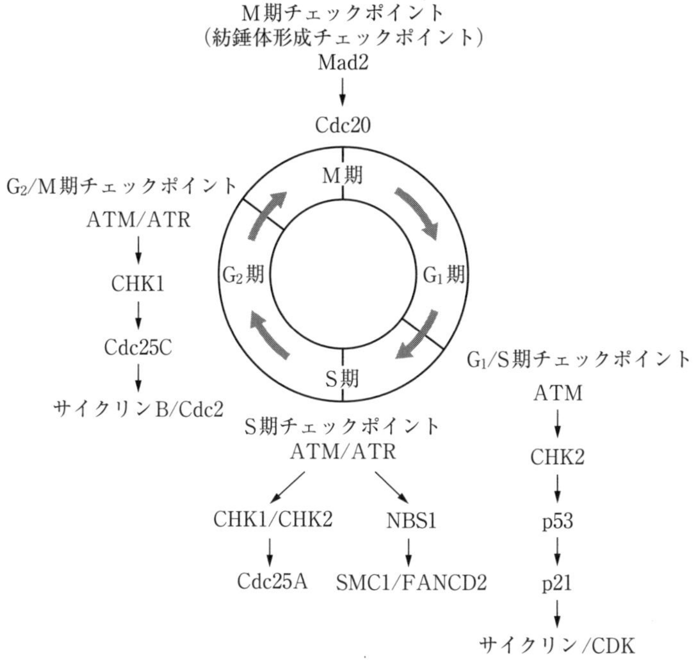

図2.12　細胞周期チェックポイントおよびチェックポイントタンパク質[2)]
スラッシュ（/）の付いているチェックポイントは，スラッシュの前の時期からスラッシュの後の時期に移行しないように働くチェックポイントであり，スラッシュのないS期チェックポイントとM期チェックポイントは，それぞれDNA複製中，細胞分裂中に働くチェックポイントであることに注意してほしい．

2.5　放射線による細胞死

放射線被ばくした細胞の運命は，細胞が由来する組織や被ばく線量によって一定の傾向は示すものの，均一なように見える細胞集団であっても一様ではない．ここでは個々の細胞がどのような死を迎え，形態的・生化学的特徴に基づいてどのように細胞死が分類されるのかについて学ぶ．

2.5.1　分裂死，間期死，増殖死

まず，放射線生物学における細胞死分類について説明する．放射線生物学に

おける細胞死分類では，「**細胞分裂の有無**」と「**コロニー形成能の有無**」の2つが重要な判断基準となる．

「細胞分裂の有無」による細胞死分類では，一度も細胞分裂せず，間期のうちに死ぬ細胞死を**間期死**（interphase death）と定義し，1～数回の分裂を経て死ぬ細胞死を**分裂死**（mitotic death）と定義する．分裂死では1～数回分裂したら子孫細胞のすべてが死んでしまうこともあれば，そうではなく，分裂後に片方が死に，もう一方が生き残ることもあるので注意してほしい．間期死と分裂死の違いは細胞が由来する組織によって，被ばく後の細胞死が分裂の前に起こりやすい細胞とそうでない細胞に分かれたことに基づいている．このように細胞死が起こりやすい時期の違いの原因は何であろうか．

よほどの高線量を被ばくしない限り，細胞増殖能の高い細胞の多くは，分裂遅延後，細胞周期の進行を再開しようとする．このとき，修復しきれなかったDNA損傷や染色体異常を抱えてM期に入ると染色体の異常分配が起きやすく，染色体の一部が欠落した細胞は，細胞の生存に必要な遺伝子を欠くことで死に向かい，分裂死が起きると考えられている．細胞周期においてM期の細胞が最も放射線感受性なのは，DNA損傷を治して分裂死を防ぐ時間的余裕が他の期に比べて少ないからである．

間期死は，文字どおり，細胞分裂を経ず，間期の間に起こる細胞死である．そのきっかけは数十Gy以上の高線量被ばくによって細胞が機能を停止する場合と，放射線高感受性組織において1Gy前後の線量の被ばくでも起こる**アポトーシス**と呼ばれる細胞の自殺機構が働く場合の2つに分けられる．そのため，前者は**低感受性間期死**，後者は**高感受性間期死**と呼んで区別される．高感受性間期死は，リンパ球や生殖細胞，その他の放射線高感受性組織の幹細胞において起こり，生体あるいは子孫を維持する上で将来にわたって有害な影響を及ぼす可能性の高い細胞ほど，このタイプの間期死が起きやすい．

このように，分裂死と間期死の分類によってすべての細胞死はどちらかに分類可能であるが，放射線照射後の細胞群では，分裂遅延が高じ，完全に増殖を停止した**老化細胞**が出現する場合がある．この老化細胞には，見た目では普通の細胞と区別のつかない細胞や，細胞が融合したものなどいろいろとあるが，細胞分裂ができなくても代謝が継続していることが特徴である．これは分裂死

表2.3　放射線生物学における細胞死分類

細胞死のタイプ	細胞死の定義
分裂死 (mitotic death)	分裂を経て起こる細胞死
間期死 (interphase death)	分裂を経ずに起こる細胞死（高感受性間期死と低感受性間期死がある）
増殖死 (reproductive death)	細胞が増殖能を失うこと（増殖死＝間期死＋分裂死＋細胞老化）

と間期死の定義に当てはまらない状態であるが，放射線による細胞障害を定量的に解析しようとする場合，無視できない存在である．特に放射線腫瘍学においては，がん細胞の増殖能を失わせることが目標であるため，増殖能を失った細胞とそうでない細胞を区別しなければならない．そのため，増殖能を失った細胞を一律に「死んでいる」と見なす細胞死の概念として，**増殖死**（reproductive death）を定義した．この定義によってようやく老化細胞は「死んでいる」細胞として扱うことが可能となる．実際の細胞実験では，第3章で説明する**コロニー形成能**（Colony-forming ability）を指標とした判定法において，老化細胞は死んだ細胞と見なされる．以上をまとめると表2.3のようになる．

2.5.2　細胞生物学分野における細胞死分類

放射線生物学における3つの細胞死分類は現象論に基づいた分類であるが，これから示す細胞死分類は，形態学的特徴や生化学的特徴に基づいた分類であり，主として細胞生物学や病理学の分野の研究進展により定義された細胞死である．

細胞死研究の進展は目覚ましく，一部の細胞死は制御可能で，細胞死制御が疾患の予防や制御にきわめて重要であることがわかってきた．放射線による組織障害も，その組織の細胞がどのように死ぬのか理解することで，放射線被ばく影響の軽減や放射線治療における組織感受性の修飾といった生物学的アプローチが近い将来可能となることが期待されている．

20世紀末の生物学では，**アポトーシス**と**ネクローシス**の2つに大別する分類が主流であったが，本書ではこのような二元論でしばりつけた分類はせず，放射線細胞死において考慮すべき重要な細胞死として6つの細胞死様式を紹介

表 2.4　放射線細胞死において考慮すべき6つの細胞死様式[8)]

細胞死のタイプ	形態的特徴	生化学的特徴	細胞死としての特徴
アポトーシス	細胞の球状化，縮小 核の凝縮，断片化 細胞膜の泡状化（球状突起やアポトーシス小体の形成）	カスパーゼ依存的	能動的な死
ネクローシス	細胞質の膨張 細胞膜の破裂 細胞質中の細胞小器官の膨張 軽微な核凝縮	—	過度の細胞死刺激による受動的な死
分裂期崩壊（分裂破局）	多核や微小核 巨細胞の出現	—	染色体の断片化や異常分配（分裂死とほぼ同義）
老化（細胞老化）	核内のヘテロクロマチンの凝縮	老化関連ベータガラクトシダーゼ（SA-β-gal）活性陽性	細胞分裂能の恒久的喪失
パイロトーシス	細胞膜の完全性喪失による細胞の膨潤および破裂 染色体 DNA はある程度断片化されるが，核の形態変化は乏しい	カスパーゼ-1 依存的 インフラマソームによる炎症性カスパーゼの活性化 IL-1β や IL-18 などの炎症性サイトカインを放出	マクロファージなどの免疫担当細胞において起こる炎症誘導性の細胞死
オートファジー性細胞死	二重膜から成る自食胞が細胞質に形成 核凝縮（クロマチン凝縮）は起こらない	カスパーゼ非依存的 オートファゴソーム数の増加 オートファゴソームマーカー分子の増加	オートファジーを伴う細胞死

する（表2.4）．理由は明白で，アポトーシスとネクローシスは本質的に間期死タイプの細胞死であり，この2つの細胞死だけでは，分裂死の実体や増殖死における細胞老化の実体を説明することができないからである．放射線生物学においても時代に即した細胞死分類のアップデートが必要である．

まず，アポトーシスとネクローシスについて説明する（図2.13）．アポトーシスは，カー，ワイリー，キュリーの3名の病理学者によって提唱された多細胞生物における細胞の自殺機構の一種である．**自死**とも呼ばれる．アポトーシ

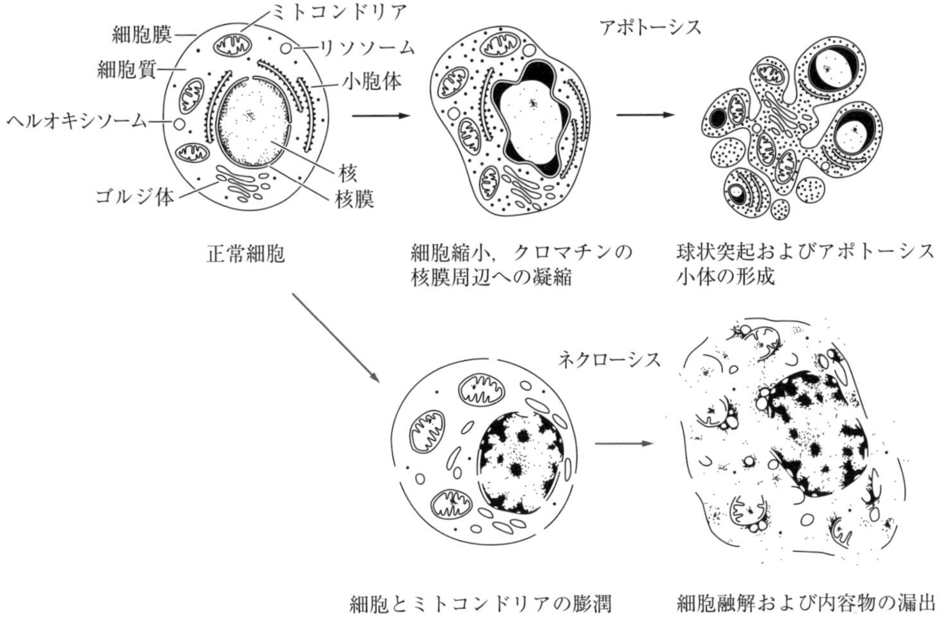

図 2.13 正常細胞の構造，およびアポトーシス，ネクローシスの進行と特徴[9)]

スは，自らが死ぬことで他の細胞や生体の機能を守るための利他的な細胞死として，不要になった細胞や，有害となる異常細胞を除去する仕組みである．急性放射線症，特に**造血器系症候群（骨髄死）**におけるアポトーシスの寄与は大きい．また発生学では，器官形成期に特定の細胞が特定の時期に死ぬことを**プログラム細胞死**と呼び，アポトーシスと区別することがあるが，プログラム細胞死の実行はアポトーシス実行分子によって遂行されている場合が多い．最も代表的なアポトーシスの実行分子は，**カスパーゼ**と呼ばれるタンパク質分解酵素（プロテアーゼ）であり，タンパク質配列中の特定のアスパラギン酸残基のC 末端側を切断するシステインプロテアーゼである．アポトーシスの形態的特徴の多くは，このカスパーゼによって特定のタンパク質が切断されることによって引き起こされる．また，カスパーゼ自身の活性化は，放射線などによるDNA 損傷の場合，アポトーシスを促進する細胞内情報伝達はミトコンドリアに集約される．具体的にはミトコンドリア外膜の膜透過性が亢進され，細胞質

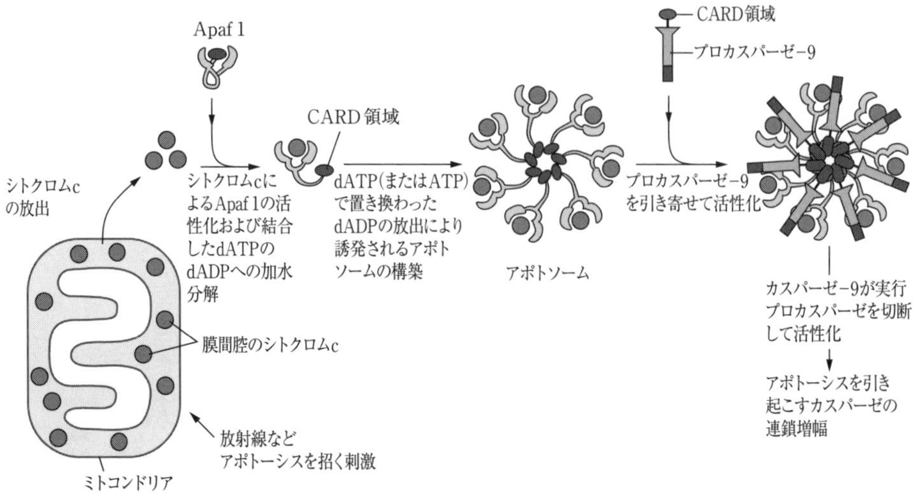

図 2.14　ミトコンドリア外膜の膜透過性亢進，アポトソーム形成，およびカスパーゼ-9 活性化[1]

に放出された**シトクロム *c*** などのミトコンドリア膜間腔タンパク質が引き金となって，アダプター分子である **Apaf-1** および**開始カスパーゼ**である**カスパーゼ-9** がシトクロム *c* とともにそれぞれ 7 分子ずつ集まって**アポトソーム**と呼ばれる高分子複合体を形成し，アポトーシスを引き起こす**実行カスパーゼ**の連鎖増幅に至る（図 2.14）．

一方，**ネクローシス**は，アポトーシスのような能動的で制御された細胞死ではなく，過度の物理的・病理的刺激によって引き起こされる「受動的で制御できない」細胞死である．**細胞壊死**，あるいは単に**壊死**とも呼ばれる．最も大きな違いとして，アポトーシスでは細胞膜の泡状化によるアポトーシス小体の形成など，細胞膜の動的な変化はあるが早期は細胞膜の健全性が保たれており，隣接細胞やマクロファージなどによって速やかに貪食されるのに対し，ネクローシスは細胞膜の健全性はもとより破綻しており，内容物の漏出によって炎症反応が引き起こされることが特徴である（図 2.13）．

アポトーシスの発見後，がんの放射線療法や化学療法において，治療直後のアポトーシス頻度とその後の腫瘍制御率が結び付くかどうか多くの研究がされたが，血球系の悪性新生物を除き，初期応答におけるアポトーシス頻度はその後の腫瘍制御と多くの場合相関しないことが明らかとなった[10]．すなわち，がん治療においては，放射線や抗がん剤が誘導する腫瘍細胞死としてアポトーシスだけでなく分裂死や細胞老化等，他の細胞死を考慮する必要がある．

分裂期崩壊（分裂破局，分裂期破局）は，細胞分裂に伴う染色体の欠落や異常分配を原因とする細胞死であり，放射線生物学における分裂死とほぼ同義の細胞死である．形態学的に多核や微小核が観察されるのが特徴である．この分裂期崩壊を起こした細胞の最終形態は，アポトーシスやネクローシスや老化などであるため，純粋な細胞死として認められない時期もあったが，今では病理学的に重要な細胞死として認められている．

老化（あるいは**細胞老化**）は，細胞が恒久的に分裂を停止し，増殖できなくなった状態である．DNA 損傷やテロメアの短縮などゲノムの不安定化によって引き起こされ，がん化の進行を抑制するために細胞に備わった防御反応であると考えられている．老化細胞の特徴として，**老化関連ベータガラクトシダーゼ**（senescence-associated β-galactosidase：SA-β-gal）活性が陽性となること，細胞核内のヘテロクロマチンが凝縮することなどがあげられる．

パイロトーシスは，マクロファージなどの免疫担当細胞において起こる感染防御性の細胞死である．**インフラマソーム**と呼ばれるアポトソームと類似した複合体形成によってカスパーゼ-1 をはじめとする**炎症性カスパーゼ**が活性化され，IL-1β や IL-18 などの**炎症性サイトカイン**の放出を伴うことが特徴である．急性放射線障害における造血器系障害はアポトーシス制御によって軽減できることが明らかにされていたが，カスパーゼ-1 やインフラマソームのアダプター分子である ASC，あるいは二本鎖 DNA のパターン認識受容体である AIM2 を欠いたマウスにおいて腸管の放射線障害が軽減されることが発見され，放射線による有害事象軽減の観点から注目されている[11]．

オートファジー性細胞死は，文字どおりオートファジーを伴う細胞死である．オートファジーは自食作用と訳され，細胞内に**オートファゴソーム**と呼ばれる自食胞が増加する．もともとは栄養飢餓状態の細胞が生存を図るため，細胞質内の構成物を分解して再利用するための機構である．本質的にオートファジーは細胞死抵抗的に作用するが，アポトーシスが起こせない状態の細胞ではオートファジーを伴う細胞死の増加が確認されている．放射線照射した細胞では，一部の細胞でこの細胞死が起こることが報告されており，その誘導機構や放射線細胞死における寄与の程度について今後の解明が待たれる.

演習問題

2.1　細胞に対するγ線照射によって最も多く生じるのはどれか.

1. 染色体損傷　2. アポトーシス　3. DNA 塩基損傷
4. DNA 一本鎖切断　5. DNA 二本鎖切断

2.2　放射線がDNAに与える損傷で誤っているのはどれか.

1. 塩基損傷　2. 架橋形成　3. 一本鎖切断　4. 二本鎖切断
5. ヌクレオチド除去

2.3　γ線によるDNA損傷について正しいのはどれか.

1. 一本鎖切断は修復されない.　2. 二本鎖切断は細胞死に関連する.
3. 塩基損傷は二本鎖切断より少ない.
4. 一本鎖切断数はイオン数に等しい.
5. 二本鎖切断の修復機構は一種類である.

2.4　放射線によるDNA二本鎖切断で正しいのはどれか.

1. 一本鎖切断よりも多くできる.　2. 相同組換え修復機構がある.
3. 放射線以外では二本鎖切断は生成しない.
4. 相同組換え修復は細胞周期に無関係である.
5. ピリミジン二量体が直接原因で二本鎖切断が生成される.

2.5　現在考えられている相同組換え修復モデルのいずれにおいても必要とされる修復中間体構造はどれか.

1. Ku70/Ku80 複合体　2. ヌクレオチド除去　3. D ループ
4. ホリデイ構造　5. ダブルホリデイ構造

2.6　放射線によるDNA二本鎖切断修復で正しいのはどれか.

1. 相同組換え修復では三本鎖交換構造は形成されない.
2. G_0期は非相同末端結合によって修復される.
3. G_1期は相同組換えによって修復される.
4. 非相同末端結合修復では元の鎖の遺伝情報は必ずしも保たれない.
5. 相同組換え修復では損傷部位にMRN複合体が結合しない.

2.7　細胞へのγ線照射で正しいのはどれか.

1. 細胞周期が短縮する.

2. G_0 期は感受性が高い.

3. G_1 前期は感受性が高い.

4. G_2 期は延長する.

5. S 期は感受性が高い.

2.8 増殖中の細胞への放射線照射後，最も早期に生じるのはどれか.

1. 間期死　2. 増殖死　3. 突然変異　4. 分裂遅延　5. アポトーシス

2.9 放射線によるアポトーシスで重要な役割を担う細胞小器官はどれか.

1. 小胞体　2. ゴルジ体　3. リソソーム　4. ペルオキシソーム

5. ミトコンドリア

2.10 増殖死でないのはどれか.

1. 間期死　2. 分裂死　3. アポトーシス　4. 分裂遅延　5. 細胞老化

2.11 アポトソームを構成する主要 3 分子はどれか.

1. カスパーゼ-9　2. DNA 二本鎖　3. シトクロム *c*

4. カスパーゼ-1　5. Apaf-1

2.12 放射線による細胞死で正しいのはどれか.

1. 細胞死はアポトーシスかネクローシスのどちらかに分類される.

2. 分裂死ではアポトーシスは起こらない.

3. 増殖死した細胞は恒久的に増殖能を失う.

4. 分裂死と増殖死は同義である.

5. 増殖死は細胞分裂を経てから起こる.

〈参考文献〉

1) Alberts B. 他著，中村佳子，他監訳：細胞の分子生物学 第 5 版，ニュートンプレス，2010

2) 松本義久：人体のメカニズムから学ぶ 放射線生物学，メジカルビュー社，2017

3) 伊藤伸介，他：DNA 修復と転写のクロストーク，蛋白質 核酸 酵素，52，1823-1831，2007

4) Rottenberg S., et al.：High sensitivity of BRCA1-deficient mammary tumors to the PARP inhibitor AZD2281 alone and in combination with platinum drugs, Proceedings of the National Academy of Sciences of the United States of America 105, 17079-17084, 2008

5) Carruthers, R. D., Chalmers, A. J.：DNA repair in radiation oncology, Wenz, F.

(ed.), Radiation Oncology, Springer Nature, 2019, DOI：10.1007/978-3-319-52619-5_111-1

6) 胡桃坂仁志, 他：構造から理解する相同DNA組換え機構, 生化学, 80, 511-520, 2008

7) 村山泰斗, 岩崎博史：真核生物のリコンビナーゼによる相同組換え, 蛋白質 核酸 酵素, 53, 1351-1359, 2008

8) Galluzzi L., et al.：Molecular definitions of cell death subroutines：recommendations of the Nomenclature Committee on Cell Death 2012, Cell Death and Differentiation 19, 107-120, 2012

9) Kerr J. F. R.：Neglected opportunities in apoptosis research, TRENDS in Cell Biology, 5, 55-57, 1995

10) Brown J. M., Attardi L. D.：The role of apoptosis in cancer development and treatment response, Nature Reviews Cancer, 5, 231-237, 2005

11) Hu B., et al.：The DNA-sensing AIM2 inflammasome controls radiation-induced cell death and tissue injury, Science, 354, 765-768, 2016

3 放射線細胞死と生存率曲線

これまでに，物理的過程と化学的過程によって生じた放射線損傷に対する細胞応答の基本的事項について学んだ．この章では，細胞死を定量的に扱う実験モデルや数理モデルについて説明する．生体を構成する分子はタンパク質だけでもおよそ10万種類あるといわれており，細胞はDNA修復や細胞死などの高次機能を担う分子が協調して成り立つ複雑な系ではあるが，放射線による致死的な損傷を，標的とヒット，あるいは染色体の致死的損傷に単純化して説明しようとする数理モデルは，実際の生存率曲線と一致する部分も多い．また，放射線損傷後の細胞の回復能力を理解する上でも有用である．

3.1 細胞の生死判定におけるエンドポイントの重要性

本章では，まず実際の細胞死の定量法について説明する．ここでは，まず放射線生物学における生存率曲線を得るための「**エンドポイント**」について考えよう．エンドポイント（endpoint）とは，原義的には終点や端点の意味をもち，研究や実験においては，目的の活性や試験成績等を評価するための最終的な指標や評価項目のことを意味する．第2章では放射線照射後に起こるさまざまな放射線細胞死について学んだ．放射線細胞死を評価するためのエンドポイントは，腫瘍学的な観点では，がんの制御が治療上の**真のエンドポイント**（true endpoint）であり，病理学的な観点では，放射線障害の多くは幹細胞が増殖能を失うことが原因であるため，細胞実験ではこれらに近い細胞死の概念として，**増殖死**（reproductive death）が指標として長年用いられてきた．

近年の細胞死研究の進展に伴い，さまざまな細胞死判定法が開発されてきたが，これらを**代用エンドポイント**（surrogate endpoint）として判定すると，特に数日内の短期の細胞死判定では，放射線による真の細胞致死効果や腫瘍制御率の予測を見誤ることが起こりうるので注意が必要である[1)]．

3.1.1　コロニー形成法による増殖死の定量

では，長期にわたる細胞の生死として増殖死を判定するためには，具体的に何を指標としたらよいのであろうか．放射線生物学分野では，放射線による細胞致死効果を評価する信頼性の高い手法として，照射された細胞のコロニー形成能を指標として増殖死を定量化する**コロニー形成法**（colony formation assay）が古くから用いられている．細胞がもつ遺伝的に同じ娘細胞（クローン）を生み出す能力を失うことなく生き残ることを**クローン原性生存**（clonogenic survival）といい，細胞培養においては，細胞の倍加時間が24時間程度であれば，2週間前後で十分な大きさの細胞集落（コロニー）に成長する．この時点で，コロニー1個の出発点となった細胞1個が生き残ったものと判断でき，コロニー形成に至らなかった細胞は増殖死した細胞とみなすことができる．この定義に従うと，大部分の心筋細胞や脊髄の神経細胞のように終末分化して分裂増殖できない細胞は，最初から“死んでいる”状態となってしまうため，すべての細胞の死の定義として相応しくはないが，第2章で学んだように間期死，分裂死，細胞老化，増殖遅延など，放射線損傷細胞がたどる運命はさまざまである．増殖死の定義を用いれば，様態に関わらず一律に増殖能を失った細胞を「死んでいる」状態と定義できるため，放射線生物学や腫瘍学においては，コロニー形成法による増殖死の定量的評価が重要視されている．

3.1.2　コロニー形成法による増殖死判定の実際および生存率の求め方

コロニー形成法は，クローン増殖させる培養条件が確立されていれば，細菌，酵母，ほ乳類細胞など，さまざまな細胞を用いて実験することが可能である．非接着性の浮遊細胞でも軟寒天培地中に細胞を閉じ込めれば，スフェロイドと呼ばれる球状のコロニーを形成するので同様の定量的評価が可能となる．

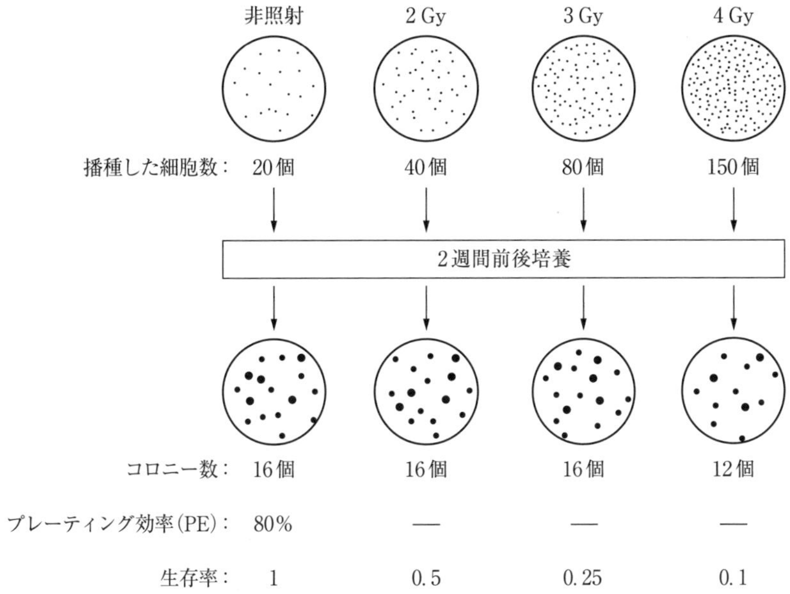

図 3.1　コロニー形成法の実際および生存率の求め方[2)]

また，ファージと呼ばれる細菌に感染するウイルスでは，コロニー形成法に似た方法として，寒天培地上に細菌とウイルスを播種し，ウイルス感染の伝播によって同心円状に溶菌したプラークを計数することでウイルス粒子の活性の有無を定量することができる．

コロニー形成法による生存率曲線の求め方について図 3.1 に示した．図 3.1 では播種する細胞数や形成されたコロニー数は簡素化した．実際は有効数字 2 桁の生存率が得られるようにするため，数十個程度コロニーが形成されるよう播種細胞数を調整する．各コロニーの大きさには差異があり，一般に 50 個未満の細胞からなる集団は，できそこないの「増殖死した」コロニーと見なして計数しない．ここではそのような小コロニーや，播種後にまったく増殖しなかった細胞は，培養後のプレートでは図示していない．

コロニー形成法で留意したいのは，非照射細胞（0 Gy）であっても播種した細胞のすべてがコロニーを形成するわけではないことである．そのため，培養プレート中に播種した細胞数が同数の場合，生存率は一義的に次式で表される.

$$生存率=\frac{放射線照射群で形成されたコロニー数}{放射線非照射群で形成されたコロニー数} \tag{3.1}$$

実際の実験では，図3.1にも示したように，放射線照射群では播種細胞数を増やさないとまとまった数のコロニーが得られないが，上式をそのまま適用しようとして，非照射群でも同数の細胞を蒔くと，たくさんの細胞を播種した培養プレートでは計数できないほどびっしりコロニーができてしまう．そのため，非照射群のコロニー形成数が適切な数になるよう播種細胞数を設定して得られたコロニー形成効率を**プレーティング効率**（plating efficiency：PE）として，照射しなければコロニー形成に至る正味の播種細胞数を分母にとる．PEが百分率の場合，PEで正規化した**生存率**（surviving fraction）は，次式のようになる．

$$生存率=\frac{形成されたコロニー数}{播種した細胞数\times(PE/100)} \tag{3.2}$$

もしくは，コロニー形成効率を百分率ではなく

$$コロニー形成効率=(形成されたコロニー数)/(播種細胞数)$$

として，播種細胞数に依らない割合（ratio）どうしの比として

$$生存率=\frac{放射線照射群のコロニー形成効率}{放射線非照射群のコロニー形成効率} \tag{3.3}$$

としても求まる．図3.1のそれぞれの生存率について実際に計算して確認してほしい．

3.2　実際の生存率曲線および標的ヒットモデル

実際に得られた生存率曲線は，ウイルス，細菌，放射線高感受性のほ乳類細胞に見られる指数関数型の生存率曲線と，放射線抵抗性細菌や多くのほ乳類細胞に見られるS字型（シグモイド型）の生存率曲線の2つに分類された（図3.2）．

これらの「**線量-効果関係**」を基に，放射線の生物作用を数理的に説明しようとする試みが1920年代以降に盛んに行われた．1924年にクラウザーによって最初の**標的理論**が提出され，1929年にはキュリー夫人が当時得られたデー

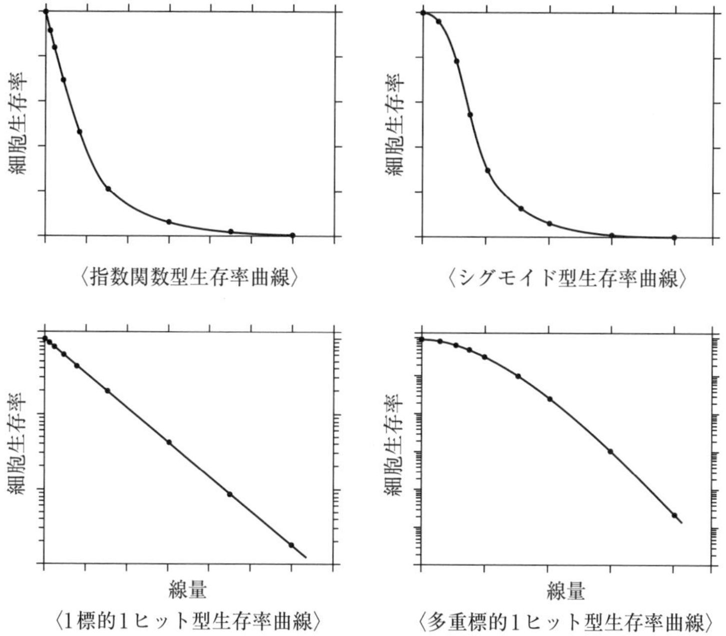

図 3.2　指数関数型生存率曲線と S 字型生存率曲線[4)]

上図は縦軸が線形目盛，下図は縦軸が対数目盛．指数関数型生存率曲線は 1 標的 1 ヒットモデルと合致し，シグモイド型生存率曲線は多重標的 1 ヒットモデルによって近似される．

タをまとめ，量子放射線生物学として量子論的考察を進めた．次に標的理論の構築に精力的に取り組んだリーにより，1946 年の彼の著書“Actions of Radiations on Living Cells”において **1 標的 1 ヒットモデル**による理論や，標的の本体に関する考察が集大成された．**標的ヒットモデル**は，ほ乳類細胞の培養技術の向上とともにさらに発展し，1967 年，エルカインドとウィットモアにより**多重標的 1 ヒットモデル**も完成した[3)]．理論的に考えられる他のモデルとして，1 標的多重ヒットモデル，多重標的多重ヒットモデルがあるが，数学的に扱いやすいこともあって用いられることが多い 1 標的 1 ヒットモデルと多重標的 1 ヒットモデルについて本書では詳しく説明する．

1 標的 1 ヒットモデルと多重標的 1 ヒットモデルの基本的な考えを以下にまとめる．

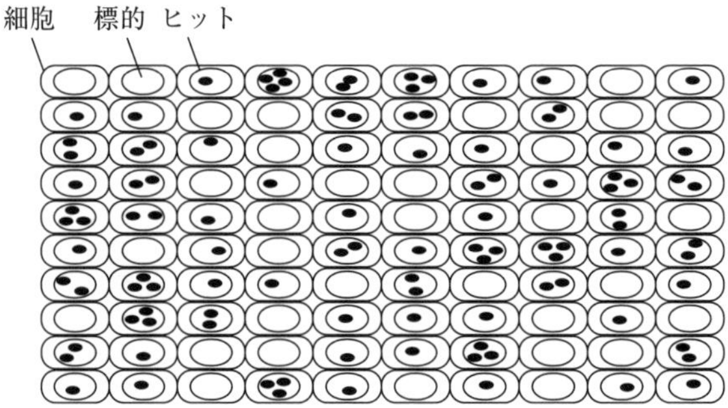

生じたヒット数：	0	1	2	3	4
ヒットされた細胞の発生率(理論値)：	0.368	0.368	0.184	0.0613	0.0153

図3.3　標的に平均1個のヒットが生じる線量を照射したとき，実際の細胞に生じるヒットのばらつきはポアソン分布に従う[5]

① 細胞の中に生存に必須な標的が存在する．

② その標的は細胞全体と比べて小さい．

③ 標的がヒットされれば細胞は死に，ヒットされなければ死なない（all or nothing の量子論的考え方）

④ ヒットはそれぞれ独立して起こり，ヒットの起こる確率は**ポアソン**（Poisson）**分布**に従う（図3.3）．

⑤ 1細胞に1標的の場合は，1つのヒットで細胞は死ぬ（1標的1ヒットモデル）．

⑥ 1細胞に n 個の標的があり，そのおのおのに1個ずつ，合計 n 個ヒットすると細胞は死ぬが，$n-1$ 個のヒットまでは致死量未満となる（多重標的1ヒットモデル）．

3.2.1　1標的1ヒットモデル

1標的1ヒットモデルでは，細胞の中に1個の標的があり，この標的が放射線によって打ち抜かれる（ヒットされる）と細胞が死ぬ．標的がヒットされる確率は，放射線量とともに高くなる．

標的にヒットが生じる平均値（期待値）を m とすると，m が小さいとき，

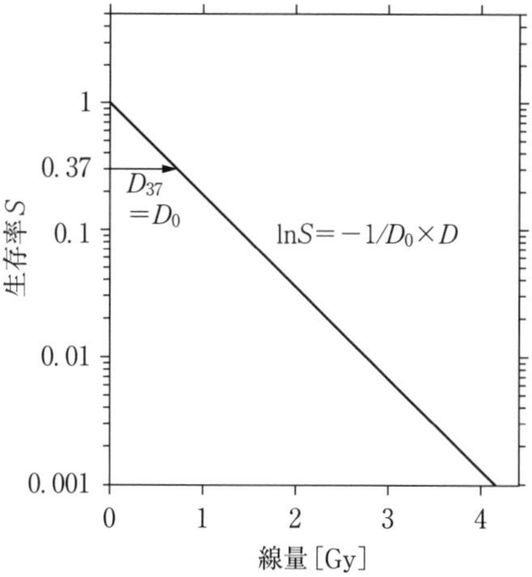

図 3.4 1標的1ヒットモデル生存率曲線
この図のように線形-対数プロットでは直線となるが，線形-線形プロットでは図 3.2 のように曲線となるので，1 標的 1 ヒット型でも生存率「曲線」という．

ヒットの起こる確率は「離散的」になるので**ポアソン分布**に従う．このとき，標的に r 個の放射線が当たる確率は

$$P(r) = \frac{e^{-m} \cdot m^r}{r!} \tag{3.4}$$

となる．ここで，生存率 S は，1 個もヒットしない確率であるから

$$S = P(0) = \frac{e^{-m} \cdot m^0}{0!} = e^{-m} \tag{3.5}$$

となる．平均 1 個のヒットが生じる線量を $\boldsymbol{D_0}$，あるいは**平均致死線量**（mean lethal dose）という．この D_0 を用いると，ヒットの期待値 m は，$m = D/D_0$ とおけるので，式（3.5）に代入して

$$S = e^{-D/D_0} \tag{3.6}$$

となり，両辺の対数をとると

$$\ln S = -D/D_0 \tag{3.7}$$

とおける．すなわち，横軸に線形目盛で線量 D，縦軸は対数目盛で生存率 S をとってグラフにすると，傾きが $-1/D_0$ の直線で表すことができ，図 3.4 の

ようになる．

実際に線量 D が D_0 となるときを考えてみよう．このとき，式（3.6）より $S=e^{-1}\fallingdotseq 0.37$ となり，1標的1ヒットモデルでは37%生存率を与える線量 $\boldsymbol{D_{37}}$ が D_0 となる．D_0 は，細胞の放射線感受性の指標となり，D_0 が小さいほど放射線高感受性であり，D_0 が大きいほど放射線抵抗性である．**傾き**（$-1/D_0$）においては，D_0 が小さく，傾きが急なほど感受性が高い．

3.2.2　標的の実体

ここでは，放射線による殺細胞作用の標的が細胞核やDNAであることを示すいくつかの実験例について紹介する．

① **ポロニウム α 線による細胞核照射実験**

ポロニウム微小針を用いて α 線を照射すると，飛程に細胞質が含まれても細胞は死なず，飛程と細胞核が1〜2 μm 重なるようになってはじめて細胞は死ぬ．

② **アメーバの部分照射実験**

アメーバの細胞全体を照射して5%生存率を与える D_5 線量を，除核したアメーバおよび単離核それぞれに照射する．照射した除核細胞に非照射の単離核を戻すと生存率は95%であったが，非照射の除核細胞に照射した単離核を戻すと生存率は細胞全体に照射した場合と同じ5%であった．

③ **大腸菌の放射性同位体取り込み実験**

DNA，RNA，タンパク質それぞれの構成単位となるチミジン，ウリジン，ヒスチジンを β 線放出核種であるトリチウムで標識して大腸菌に取り込ませると，トリチウムチミジンで培養した大腸菌の致死率が最も高くなった．

④ **ハロゲン化ピリミジンによる放射線増感**

チミジンのアナログとしてDNAに取り込まれる5-ブロモ-2′-デオキシウリジンを細胞に取り込ませると放射線に増感するようになるが，DNAに取り込まれないデオキシウリジンでは増感しない．

⑤ **標的の質量**

次項で詳しく説明するが，D_{37} から求めた標的質量は，一本鎖核酸ウイルスのDNA含量と一致する．酵母では核相の倍数性の増加に伴い放射線抵抗性になる．

3.2.3　標的理論の歴史的考察

現在の標的ヒットモデルでは，標的とヒットはセットで論じられるが，理論の構築期においては，ヒット理論では変化の実態ではなくヒットの様式のみを追求し，標的理論では標的の実体やヒットによる変化を追求する理論として両者は区別されて考えられていた．今のように2つの考えが1つにまとまった理由の1つに，標的理論では標的の実体を捉えきれなかったという理論的な行き詰まりがある．複雑な生物作用の理解は一筋縄ではいかないという教材として以下に紹介する[6)]．

標的の質量を M [kg] とし，単位質量に生じるヒット数を a [ヒット/kg] とすると，期待値 m は Ma で表され，$Ma=D/D_0$ となり，1標的1ヒットモデルでは，$Ma=D/D_{37}$ となる．また，1 Gy は，6.25×10^{18} eV/kg であるが，核酸の電離1個に必要なエネルギーが約 70 eV であることと合わせると，1 Gy$=9\times10^{16}$ ヒット/kg となる．これを a に代入すると，$M\times9\times10^{16}=1/D_{37}$，すなわち

$$M=1/(D_{37}\times9\times10^{16})\,[\mathrm{kg}]=1/(D_{37}\times9\times10^{13})\,[\mathrm{g}] \qquad (3.8)$$

となり，D_{37} がわかれば標的の質量が計算できると期待された．

式 (3.8) に基づいて得られた標的質量は，一本鎖 RNA ウイルスや一本鎖 DNA ウイルスの核酸含量と一致したが，二本鎖 DNA ウイルスの実際の DNA 含量に対して計算値は 1/5 以下，細胞では，細菌の DNA 含量に対して 1/10 以下，酵母では 1/50 以下，ほ乳類細胞では 1/500 以下，植物細胞では 1/5000 以下の標的質量にしかならなかった．これは平均1個の致死性ヒットを起こす D_{37} 線量において，標的 DNA に対して致死量未満のヒットが多数要求されることを意味しており，一本鎖核酸ウイルスでは1個の電離が致死性ヒットとなるが，細菌では 10 個以上，酵母では 50 個以上，ほ乳類細胞では 500 個以上，植物細胞では 5000 個以上の電離が標的に生じないと致死性ヒットにならず，電離による DNA 鎖の損傷が細胞死に直結しない仕組みを細胞が備えていることが示唆された．

第2章では DNA 修復の際，損傷した鎖の相補鎖が健全であれば，相補鎖を

鋳型にして元どおりの鎖に復元できることを学んだ．損傷した際にバックアップとなる配列情報が確保できる二本鎖 DNA ウイルスでは，宿主細胞の修復酵素系を借りて DNA 修復できるのに対し，一本鎖核酸ウイルスでは，一本鎖のゲノムが一度切れてしまうと修復不能になることが，両者の放射線感受性の大きな違いの原因だろうと現代ではすぐに理解できる．このような解釈は，生物学的研究手法によって明らかにされた細胞の DNA 修復の仕組みを理解していないと難しい．放射線生物学の理解は，物事をできるだけシンプルに捉えようとする物理学的アプローチだけでなく，細胞というブラックボックスの中で起きている生体分子の複雑な働きを解き明かす生物学的探求が不可欠である．

3.2.4　多重標的1ヒットモデル

1標的1ヒットモデルは指数関数型の生存率曲線を説明するモデルであるが，S字型生存率曲線を説明するモデルの1つとして考案されたのが，**多重標的1ヒットモデル**である．多重標的1ヒットモデルでは，細胞の中に n 個の標的があり，そのおのおのに1個ずつ，合計 n 個ヒットすると細胞は死ぬが，$n-1$ 個のヒットまでは致死量未満となる．

それぞれの標的が打ち抜かれる確率は，「1個も当たらない」つまり，「0個当たる」以外の場合であるから

$$1-P(0)=1-e^{-D/D_0}$$

n 個すべての標的が打ち抜かれる確率は，その n 乗で

$$(1-e^{-D/D_0})^n$$

よって，細胞が生き延びる確率は，この余事象で

$$S=1-(1-e^{-D/D_0})^n$$

となる．$D \gg D_0$ のとき，n 個すべての標的が打ち抜かれる確率をテイラー展開によって1次近似すると

$$S=1-(1-ne^{-D/D_0})=ne^{-D/D_0} \tag{3.9}$$

となり，両辺の対数をとると

$$\ln S=-D/D_0+\ln n \tag{3.10}$$

とおける．すなわち，D が高線量域になると n を y 切片にもつ式（3.9）の指

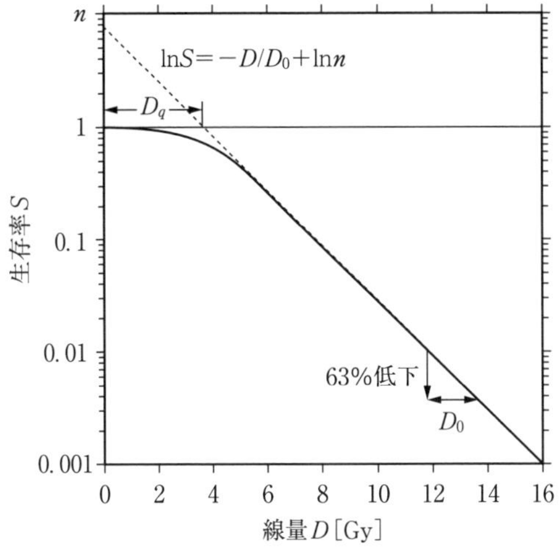

図3.5　多重標的1ヒットモデル生存率曲線

数関数に漸近する．この $\boldsymbol{n}$ を**外挿値**という．これをグラフに表すと図3.5のようになる．低線量域では，細胞の修復能力や回復能力の働きにより，直線ではなく緩やかに低下する曲線となる．この緩やかな曲線部分を「**肩**」という．この肩があるため**多重標的1ヒットモデル**のときは，$D_0=D_{37}$ とはならないことに注意してほしい．このモデルでの D_0 は，「生存率曲線が指数関数に漸近する部分で，生存率が63%低下するのに必要な線量」である．漸近線の x 切片は $\boldsymbol{D_q}$ と表す．高線量域側から見ると，あたかも，D_q 以下では生存率低下が起こらず，そこから指数関数的に生存率が低下するように見えるため，D_q は**類しきい値線量**あるいは準しきい値線量（quasi-threshold dose）と呼ばれ，肩の大きさ（回復能）を表す指標となる．なお，式（3.10）より，$\ln n=D_q/D_0$ の関係がある．ヒトを含めたほ乳類細胞の多くは，低LET放射線では，n は1〜10，D_0 は0.6〜3.0 Gy，D_q は0〜5.0 Gy の間を示す．D_q がゼロとなる細胞は，リンパ球系の細胞や卵細胞など，放射線によってアポトーシス（高感受性間期死）が誘導されるタイプの細胞で，1標的1ヒットモデルがフィットし，D_0 値も非常に低い．また，分裂死タイプの細胞でも高LET放射線では，肩のない1標的1ヒットモデルがフィットするようになる．

3.2.5　放射線損傷からの回復

放射線損傷は，細胞が治すことのできない**致死的損傷**（lethal damage：LD）と治すことのできる回復性損傷に分けることができ，回復性損傷はさらに**亜致死損傷**（sublethal damage：SLD）と**潜在的致死損傷**（potentially lethal damage：PLD）の2種類に分けられる．SLD **回復**（sublethal damage recovery：SLDR，発見者にちなんで Elkind **回復**ともいう）と PLD **回復**（potentially lethal damage recovery：PLDR）の詳細については第7章を参照されたい．ここでは，多重標的1ヒットモデルのパラメータとの関係についてまとめておく．

SLDR：

① 1回目の照射でできた**致死的でない損傷**（**亜致死損傷**）は，2回目の照射までにその一部または全部が修復される．この回復を**亜致死損傷回復**という．

② 細胞生存率曲線の肩の大きさ，すなわち D_q に依存した回復である．

③ 単回照射の生存率曲線と比べると，等線量分割照射では，n や D_q は変化するが，生存率曲線の傾きは変化しないため，D_0 は変化しない．

PLDR：

① 照射後の細胞が「**増殖に適さない環境**」に置かれると，増殖が抑制されている間に本来致死となるはずだった損傷（**潜在的致死損傷**）が修復され致死にならないことがある．この回復を潜在的致死損傷回復といい，単回照射でも観察される．

② 増殖に適さない環境は，**接触阻害**（contact inhibition），低酸素，低栄養，低 pH，低温などである．

③ 細胞生存率曲線の直線部分の傾き（つまり，$-1/D_0$）が緩やかになるので，D_0 は大きくなる．

3.3　直線-2次曲線モデル（linear-quadratic model：LQ モデル）

多重標的1ヒットモデルは，D_0 のように現在でも使われる有用なパラメー

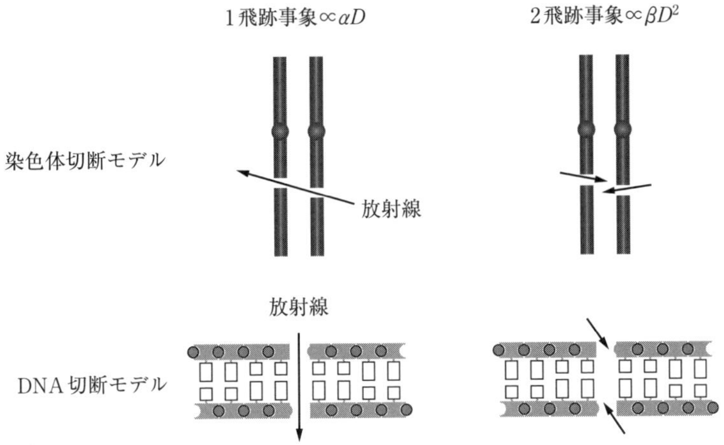

図3.6　LQモデルにおける1飛跡事象と2飛跡事象による放射線損傷の生成[5]
上図の染色体切断モデルではDNA二本鎖切断を1個の損傷と考えるが，下図のように1本鎖切断を1個の損傷と考えて，2個の損傷が揃って二本鎖切断が生ずる頻度で説明しようとするDNA切断モデルもある．

タをもたらしたが，このモデルの明らかな弱点は，図3.5にあるようにD_qから原点までの低線量域における生存率がほぼ横ばいで描かれてしまうことである．実際には低線量でも有意な致死効果があり，緩やかではあるが最初からある程度の傾きがある．1回線量が2Gy程度の分割照射を行う放射線治療においては，このモデルでは分割照射による放射線効果を予測することが難しい．

低線量域（0～3Gy）における低LET放射線反応により近づけ，数学的にも曲線を描くのに最も単純な数式として，低線量域では直線成分の影響が強く，高線量域では2次曲線成分の影響が強くなる**LQモデル**（**直線-2次曲線モデル**）が現在広く用いられている．このモデルは，二動原体染色体や環状染色体のような不安定型染色体異常の発生頻度がLQモデルにフィットしたことから提唱された．放射線による分裂死が染色体異常によることとも合致し，生存率曲線にも適用されるようになった．

図3.6の上図に示すように，致死的な不安定型染色体が生じる交換型染色体異常は，2つの染色体で切断（DNA二本鎖切断）が起こる必要がある．2本の染色体の切断が起こるのは，1本の放射線の飛跡で2本の染色体が切断され

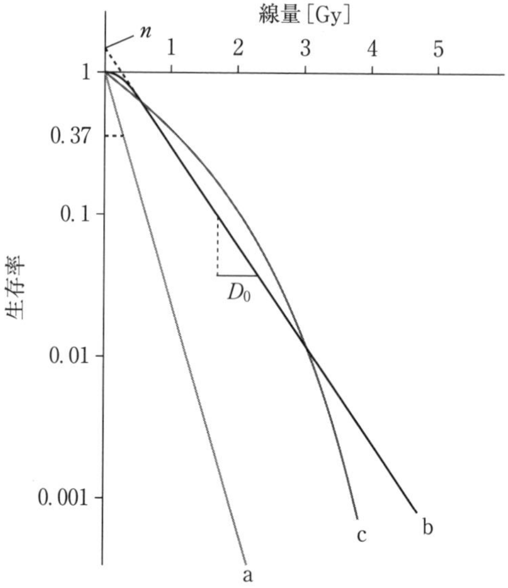

a：$S=e^{-D/D_0}$（1標的1ヒットモデル）
b：$S=1-(1-e^{-D/D_0})^n$（多重標的1ヒットモデル）
c：$S=e^{-(\alpha D+\beta D^2)}$（LQモデル）

図3.7　1標的1ヒットモデル，多重標的1ヒットモデル，LQモデル[4)]

る場合（**1飛跡事象**）と，別々の放射線の飛跡で起こる場合（**2飛跡事象**）の2通りを考える．頻度は，1飛跡事象は線量Dに比例し（αD，**α項**ともいう），2飛跡事象は線量の2乗（βD^2，**β項**ともいう）に比例する．これに従うと，染色体異常の頻度は，双方の和の$\alpha D+\beta D^2$となる．細胞生存率は，このような致死性損傷が起こらない確率であるので

$$S=e^{-(\alpha D+\beta D^2)} \tag{3.11}$$

となる．

図3.7に1標的1ヒットモデル，多重標的1ヒットモデル，LQモデルの生存率曲線をまとめた．LQモデルを表す式（3.11）は，標的ヒットモデルと同様にあくまでも近似式であり，特にβ項の寄与が高くなる高線領域，およそα/β比（次章参照）の2倍以上の線量では，2次曲線の曲がり続けてしまう性質のため，実際の生存率よりも低い生存率を示してしまうことに注意する必要がある．また，高LET放射線では，電離密度の高まりによって1飛跡事象が

増し，α 項だけの指数関数的直線，図中では1標的1ヒットモデルに近づく．

演習問題

本章の演習問題は，主に診療放射線技師国家試験の過去問題から出題しているが，3章で扱った項目だけで解答できる問題は少ない．第4章も学習した後に取り組んでほしい．

3.1　放射線感受性が高い細胞の特徴で正しいのはどれか．

1．核/細胞質比が大きい．　2．D_0 値が大きい．　3．D_q 値が大きい．

4．外挿数 n が大きい．　5．分裂指数が大きい．

3.2　放射線感受性の高い細胞の特徴でないのはどれか．

1．D_0 が小さい．　2．α/β 比が小さい．　3．分裂指数が大きい．

4．核/細胞質比が大きい．　5．照射後のアポトーシスの頻度が高い．

3.3　未照射の細胞Aを培養皿に100個まいて一定期間培養したところ，形成されたコロニーは60個であった．細胞AにX線を4 Gy照射後，1500個の細胞を培養皿にまいた場合は，90個のコロニーが形成された．X線4 Gyにおける細胞生存率（surviving fraction）はどれか．

1．0.060　2．0.10　3．6.0　4．10　5．1.5

3.4　直線-2次曲線モデルで正しいのはどれか．

1．β は直線部の係数である．

2．α/β 値は単位を持たない．

3．10 Gy以上で実験値と一致する．

4．腫瘍縮小効果の α/β 値は小さい．

5．正常組織の急性反応の α/β 値は大きい．

3.5　放射線による細胞生存率曲線のモデルで正しいのはどれか．

1．多標的モデルでの D_0 は標的数を表す．

2．多標的モデルは1 Gy程度で実際の生存率曲線に一致する．

3．多標的モデルでの D_q は細胞率が0.37になる線量である．

4．LQモデルの β は D^2 の係数（D は線量）である．

5．LQモデルでは正常組織の急性反応の α/β は小さい．

〈参考文献〉

1）Brown J. M., Attardi L. D.：The role of apoptosis in cancer development and treatment response, Nature Reviews Cancer, 5, 231–237, 2005

2）Hall E. J., Giaccia A. J.：Radiobiology for the radiologist, 7th ed, Lippincott Williams & Wilkins, 2012

3）Bodgi L., et al.：Mathematical models of radiation action on living cells：From the target theory to the modern approaches. A historical and critical review, Journal of Theoretical Biology, 394, 93–101, 2016

4）坂本澄彦，佐久間貞行：医学のための放射線生物学，秀潤社，1985

5）江島洋介，木村博：放射線技術学シリーズ 放射線生物学 改訂２版，オーム社，2011

6）松山晃：放射線の殺菌作用をめぐる諸問題，RADIOSOTOPES, 22, 724–736, 1973

4 細胞および組織の放射線感受性

この章では，細胞および組織の放射線感受性について学ぶ．放射線の生物作用は，細胞死誘導による急性障害だけでなく，生き残った細胞についても，晩発性障害や，突然変異による発がん，遺伝的影響を考慮しなければならない．また，組織の放射線感受性は，その組織の機能を担う実質細胞，特に幹細胞の放射線感受性について理解することが重要であるが，実質細胞を支えている血管系や結合組織の放射線感受性も影響することに注意が必要である．

4.1 細胞増殖と放射線感受性，細胞死様式と放射線感受性

第3章で述べたように，ほ乳類細胞で最も感受性の高い細胞と最も抵抗性の細胞の感受性の差は，D_0 値で約 6～7 倍の差がある．細胞の放射線感受性については，1906 年に提唱された有名な**ベルゴニー・トリボンドーの法則**がある．この法則では細胞の**分裂頻度**と**未分化度**が放射線感受性を増大させる重要な因子とされるが，組織の放射線感受性の順番付けは，実際の動物実験や放射線治療における正常組織障害の臨床データに基づいており，この法則に当てはまらない放射線感受性を示す細胞も多い．たとえば，リンパ球は，免疫刺激がないとほとんど分裂しない上，分化度も高度であるが非常に放射線高感受性の細胞である．このような法則外の細胞が出てきてしまうのは，その細胞が被ばく後にアポトーシスを起こしやすいか，あるいは別の**細胞死様式**（mode of cell death）で死に至るか，複数の細胞死様式で死に至るかなど，その細胞が備え

る細胞死特性に関する視点がこの法則に欠けていることが一因である．

4.1.1　ベルゴニー・トリボンドーの法則[1)]

1895年のレントゲンによるX線の発見からおよそ10年後の1906年，フランスの医師・生物学者のベルゴニーとトリボンドーは，ラットの精巣に放射線を照射して，細胞の放射線感受性に関する以下の法則を見出した．

①　分裂頻度の高い細胞ほど放射線感受性が高い．

②　将来，長期にわたって分裂を続ける細胞ほど放射線感受性が高い．

③　形態的，機能的に未分化な細胞ほど放射線感受性が高い．

精巣組織においては，分裂頻度が高く分化度の低い精原細胞が最も放射線感受性が高く，精母細胞，精細胞，精子の順に分化度が高くなるにつれて放射線感受性が低下するという結果を得た．この法則は，精巣だけでなく細胞再生系組織全般に大まかに当てはめることができ，1つの組織内においては個々の細胞の放射線感受性にある程度適用することが可能であるが，異なる組織間での評価では当てはまらないことも多い．

以下に①から③の法則のそれぞれについて当てはまる例を挙げておく．

①　分裂頻度の高い細胞：造血幹細胞，腸陰窩細胞，精子形成細胞
　　分裂頻度の低い細胞：神経細胞，筋細胞，顆粒球，腸上皮細胞，骨細胞（成人）

②　将来，長期にわたって分裂を続ける細胞：卵胞成熟後の卵母細胞，胎児期の細胞

③　未分化な細胞：同じ組織の実質細胞で比較すれば，未分化な幹細胞の方が基本的に放射線感受性は高い．一般に細胞は未分化な細胞ほど**核/細胞質比**（nuclear/cytoplasmic ratio：**N/C ratio**，細胞質（細胞）全体の面積に対する核面積の比）が大きく増殖も盛んとなる．特に腫瘍細胞ではこの傾向に従うことが多く，N/C比が高い細胞の放射線感受性は高くなる．最近では，胚性幹細胞（embryonic stem cell：ES細胞）や人工多能性幹細胞（induced pluripotent stem cell：iPS細胞）の放射線感受性も高いことが明らかにされている．

4.2　$\boldsymbol{\alpha/\beta}$

第3章で述べたLQモデルを思い出そう．細胞生存率Sは

$$S=e^{-(\alpha D+\beta D^2)} \tag{3.11}$$

と，Dの関数として表される．

このとき，1次項（α項）と2次項（β項）による細胞死が等しい線量を **$\boldsymbol{\alpha/\beta}$比（値）** という（図4.1）．

$$\alpha D=\beta D^2$$

$$D=\alpha/\beta$$

すなわち，α/β比より低い線量ではα項の寄与が大きく，α/β比より高い線量ではβ項の寄与が大きくなっていく．いい換えると，αは原点付近の直線部の傾斜で，およそα/β比の2倍以上の高線量域の曲線の形はほぼβで決まる．

次に，線量-効果関係として細胞の吸収線量と生存率がわかっているときのα/β比を求めてみよう．

式（3.11）の両辺の対数をとると

$$\ln S=-(\alpha D+\beta D^2)$$

$$-\ln S/D=\alpha+\beta D \tag{4.1}$$

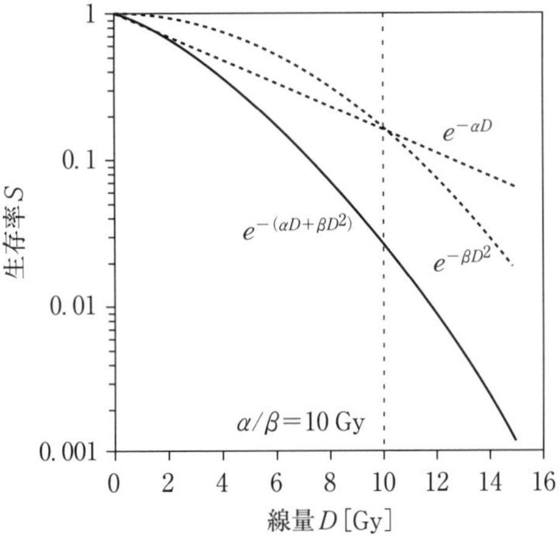

図4.1　α/β比

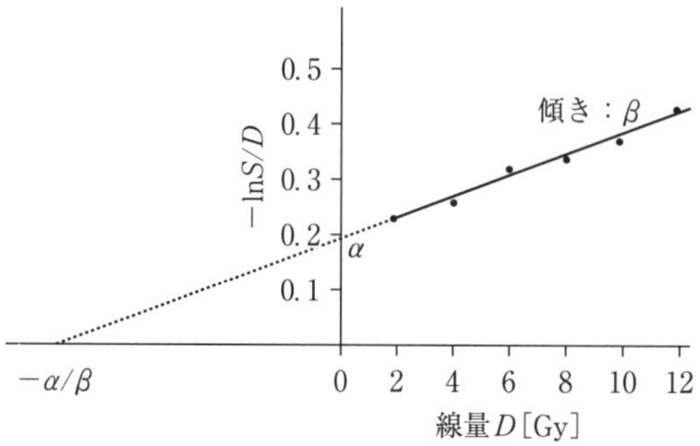

図 4.2　線量Dおよび $-\ln S/D$ プロットによる α/β の求め方

となり，生存率Sは常に1以下であるので $-\ln S$ は常に正の値になることに注意してほしい．図4.2にあるように，実測値から線量Dに対して $-\ln S/D$ をプロットして得られた直線の傾きがβ値であり，この直線を外挿したときのy切片がα値である．さらにこの直線を外挿したx切片は，$-\ln S/D$ がゼロになる線量なので $-\alpha/\beta$ となり，α/β 比が求まる．

4.3　腫瘍組織と臓器の早期反応と後期反応

α/β 比は，組織の放射線感受性を表す指標としてどのような指標となるのだろうか．表4.1に正常組織の α/β 比をまとめた．また，**前立腺がん**を除いた多くのがんの α/β 比は10 Gy以上であるが，前立腺がんの α/β 比は後期反応組織と同等の1.5 Gyとされるのが特徴である．

正常組織障害は，一般に分裂頻度の高い組織にみられる**早期（急性）反応**と，分裂頻度の低い組織に見られる**後期（晩期）反応**に分けられる．早期反応組織の α/β 比は5～20 Gy前後と大きいため，図4.3に示すように生存率曲線の肩は小さく，高線量域になるまで曲がり出さない．一方，後期反応組織の α/β 比は1～5 Gy程度と小さいため，生存率曲線の肩は大きく，低線量で曲がり始める．後期反応組織は肩が大きいため，分割照射により回復しやすい．

また，前立腺を除く，多くの腫瘍組織の α/β 比は早期反応組織に近い10以上の値を示す．臨床においては，がん組織への線量集中性を高めて早期・後期

表 4.1 正常組織の α/β 比[2)]

早期反応		α/β 比 [Gy]
皮膚（落屑）		9.4~21
毛包（脱毛）	成長期	7.7
	休止期	5.5
口唇粘膜（落屑）		7.9
空腸上皮（コロニー）		7.1
大腸上皮（コロニー）		8.4
精巣（コロニー）		13.9
脾臓（コロニー）		8.9

後期反応		α/β 比 [Gy]
脊髄（麻痺）	頸髄	2.5~3.4
	腰髄	4.1~5.2
脳（LD50/10ヶ月）		2.1
水晶体（白内障）		1.2
腎臓	ウサギ	0.4
	マウス	1.6~4.1
膀胱		7.2~7.8
肺（間質性肺炎 LD50）		2.1~4.3
腸管（狭窄/穿孔）		3.0~5.0
真皮・皮下組織		0.3~2.4
全身照射（LD50/1 年）		5.1

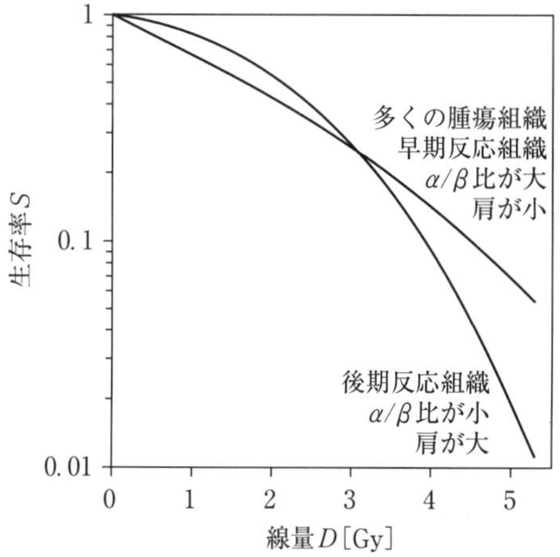

図 4.3 早期反応組織と後期反応組織の生存率曲線

反応組織の障害をできるだけ抑えることが重要であるが，放射線治療計画における**時間的線量配分**として，1 回線量を低下させ分割回数を増やすことにより，腫瘍組織における回復は抑えつつ α/β 比の低い（肩の大きい）後期反応組織の障害を軽減することができる．逆に 1 回線量を高くする**寡分割照射**では後期反応組織の障害は増大する．

4.4　組織感受性の決定因子

組織の放射線感受性の順番付けは，実際の動物実験や放射線治療における正常組織障害の臨床データに基づいており，ここで述べる決定因子とは，放射線病理学的な知見として，組織の観察所見から得られた洞察であることを始めに断っておく．染色した組織標本中の細胞死を判定することは，細胞培養法による増殖死とはエンドポイントが異なり，病態の進行をいくつもの時点で切り取って経時的に観察することになるため，多くの労力が必要である．将来的には，組織感受性に関するこれらの知見と，次節4.5で述べる細胞の放射線応答がより明瞭に結び付き，特定の分子レベルの反応が細胞および組織の放射線感受性を決定する因子として網羅されるようになることが望まれる．

4.4.1　キャサレットによる組織放射線感受性の分類

1961年および1963年に，アメリカのキャサレット（Casarett）は，それぞれの組織の放射線感受性を分類した．分類の基準となる指標については，基本的にベルゴニー・トリボンドーと同じ分裂頻度と分化度であるが，Casarettが取り入れた新しい視点は，それぞれの組織の機能を担っている実質細胞だけでなく，それらを支える血管系や結合組織の感受性に着目した点である．血管系や結合組織の放射線感受性は，表4.2に示したように第Ⅱ群と第Ⅲ群の中間

表4.2　キャサレットによる放射線感受性分類[3)]

感受性	グループ	増殖，分化	実質細胞，組織の例
Ⅰ	増殖幹細胞	分裂，未分化	造血幹細胞，小腸クリプト（幹細胞），精原細胞，表皮幹細胞，リンパ球
Ⅱ	分化している幹細胞	分裂，分化	血液系の分化した幹細胞，精母細胞，食道上皮細胞，膀胱上皮細胞
Ⅱ～Ⅲ	血管系，線維芽細胞などの結合組織系		
Ⅲ	再生可能な分裂頻度の低い細胞	通常はほとんど分裂しない分化	肝臓，腎臓，膵臓，副腎，甲状腺，脳下垂体，成人の骨，成人の軟骨
Ⅳ	分裂終了細胞	分裂終了，分化	神経細胞，筋線維，顆粒球，腸上皮細胞

に位置し，特に晩発性障害においては実質細胞だけでなく，血管系や結合組織による障害を考慮する必要がある．

4.4.2 レブロンドによる組織放射線感受性の分類

1964年にカナダのレブロンド（Leblond）は，組織における細胞集団動態，具体的には組織内の実質細胞数の趨勢に基づき，それぞれの組織の放射線感受性を分類した[4]．

① 細胞静止系組織（static cell population）：放射線抵抗性
神経や筋肉のように組織が完成した後は分裂しない組織．

② 細胞増加系組織（expanding cell population）：放射線に比較的抵抗性
肝臓や腎臓のようにある年齢まではゆっくりと細胞数が増加し続ける組織．

③ 細胞再生系組織（renewing cell population）：放射線高感受性
幹細胞が盛んに分裂をして分化した細胞を供給する一方で，寿命や新陳代謝による脱落のため全体として細胞数が平衡を保っている組織．造血系組織，消化管上皮，皮ふ，水晶体等．

④ 細胞新生系組織（neoplastic cell population）：放射線高感受性
脱落する細胞数を上回るだけの細胞増殖を行う胎児性組織や腫瘍組織．

4.4.3 組織放射線感受性のまとめ

以上，組織の放射線感受性について，おおまかな分類を表4.3にまとめた．なお，この表から乳腺組織が除外されているのは性差の他，女性では第二次性徴期や妊娠期，授乳期において内分泌ホルモンによって乳腺細胞の分裂頻度や

表4.3 組織の放射線感受性のまとめ[5]

1	リンパ組織，骨髄組織
2	生殖腺
3	腸粘膜上皮，水晶体上皮，幼児骨髄
4	唾液腺，消化管上皮（咽頭口腔から胃まで），表皮，皮脂腺，毛のう上皮，膀胱・尿管上皮，毛細血管
5	肺・腎臓上皮，汗腺上皮
6	肝・膵上皮，甲状腺・下垂体・副腎上皮
7	骨，軟骨，筋肉
8	神経

分化度が変化し，放射線感受性が変化するためである．

4.5 放射線感受性に関する分子生物学的知見

ここでは，放射線感受性を司るいくつかの重要分子について説明する．第3章で特にその傾向が感じ取れると思うが，旧来の放射線生物学では，細胞内で起こっていることはブラックボックスのまま，線量-効果関係について増殖死を指標に解析する手法がとられ，一定の成果が得られた．しかしながら，増殖死も，標的ヒットモデルも，LQモデルも，時間的線量配分も概念としては重要であるが，このままではこれ以上放射線感受性の本質に迫ることは難しい．さらに本質に迫るためには，生物学的研究手法による**DNA損傷応答**（DNA damage response：**DDR**）の全容解明が最も重要な研究課題の1つとなる．第2章に示した**DNA修復機構**，**細胞周期チェックポイント機構**，**細胞死誘導機構**はまさにその途上の成果である．

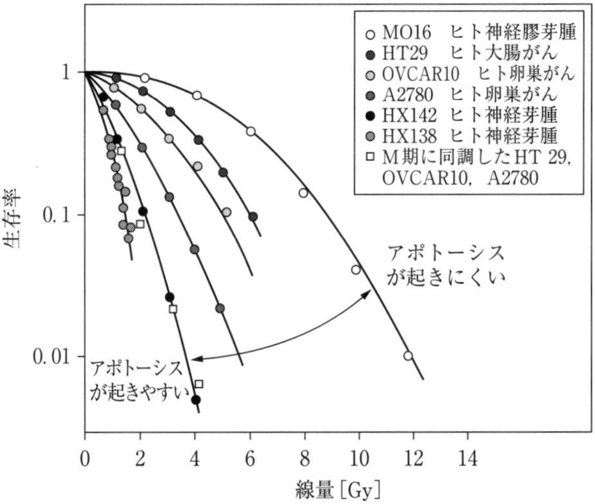

図4.4　細胞の放射線感受性をアポトーシスの起こりやすさで説明できた研究例[6)]

アポトーシスの起こりやすさについては，細胞から抽出したDNAをアガロースゲル電気泳動で分離後，アポトーシス細胞に特有のDNA断片化である「DNAラダー」のバンド強度で決定した．

細胞の放射線感受性の決定因子として，細胞死誘導機構が重要な役割を果たしていることを示す例を図 4.4 に示す．この図は，放射線感受性の異なる 6 つのヒト腫瘍細胞の放射線感受性とアポトーシスの起こしやすさが相関していることを示している．本章の冒頭で，ベルゴニー・トリボンドーの法則には，細胞種によって異なった細胞死様態を示すにもかかわらず，そのことが評価項目に含まれていないことを指摘したが，この実験結果は，細胞のアポトーシスの起こしやすさを考慮することによって，細胞の放射線感受性の違いをある程度説明できる場合があることを示している．また，これらの生存率曲線は細胞周期非同調の細胞で得られたものであるが，興味深いことに，ある程度の放射線抵抗性を示した 3 つの細胞株を M 期に同調して照射すると，みな一様の放射線感受性を示したことである．このことは，これらの細胞株の放射線抵抗性が間期の細胞応答によることを示している．

4.5.1 DNA 損傷応答（DDR）の変化による放射線感受性修飾

細胞や組織の放射線感受性に関する重要分子についても有用な知見が得られつつある．放射線感受性解析は，多くの場合，不死化した腫瘍細胞株を用いて解析が進められたが，腫瘍細胞の場合，それぞれの腫瘍に起こった体細胞変異量が異なるため（これを**腫瘍遺伝子変異量**（tumor mutation burden）という），組織分類が同じ細胞株どうしであっても，特定の遺伝子の欠損による放射線感受性の変化を見出すことが難しい（図 4.4 の結果は希有な例ともいえる）．同じ遺伝的背景で比較するため，目的の遺伝子が欠損している，あるいは人為的に欠損させた細胞に，目的の遺伝子を発現させて放射線感受性の変化を調べることも現在では可能となったが，ここからは，腫瘍細胞の放射線感受性ではなく，より信頼のおける実験結果として，人為的に遺伝子改編したマウス（**ノックアウトマウス**や**トランスジェニックマウス**）や，**ヒト遺伝病**の原因遺伝子解析から見出された重要分子について紹介したい．

4.5.2 放射線高感受性組織における細胞死誘導機構の関与

p53 タンパク質は，「**ゲノムの守護神**」と呼ばれ，第 5 章で詳説するようにがん抑制遺伝子産物として重要であるだけでなく，DDR において，主として

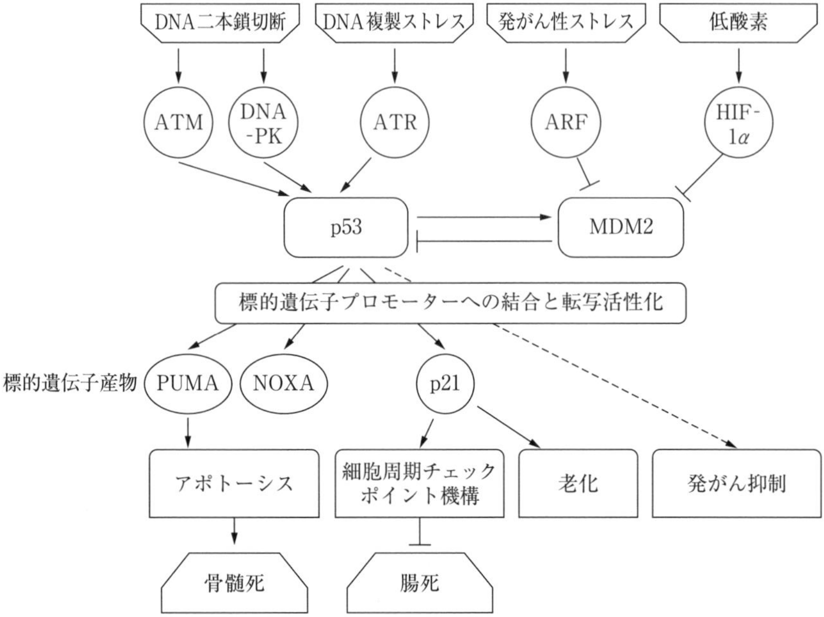

図 4.5　DNA 損傷応答（DDR）における p53 の機能および関連性の高い組織障害
矢印は促進作用，T バーは抑制作用を示す．ストレスに対してゲノムの安定性を維持するケアテイカー（この図では ATM，ATR，DNA-PK）と呼ばれる分子の働きによってリン酸化等の翻訳後修飾を受けた p53 タンパク質は安定化し，細胞内で蓄積，活性化する．p53 によるアポトーシスの誘導は放射線による骨髄死を促進する．p53 による細胞周期チェックポイント機構の活性化は放射線による腸死を抑制する．なお，細胞周期制御やアポトーシス誘導の機能を欠いた p53 変異体でも発がん抑制能が保持されることから，これらの機能と発がん抑制能は独立した関係にあると考えられている[9~11]．

転写因子として働き，被ばくした細胞の遺伝子発現を変化させ，アポトーシス，細胞周期チェックポイント，細胞老化，発がん抑制など多様な細胞応答に関わる重要分子である（図 4.5）．p53 ノックアウトマウスを用いた全身照射試験では，**骨髄死**相当線量に対して抵抗性を示すが，腸死相当線量では野生型マウスよりも放射線に増感してしまう[7]．p53 による DDR を抑制すると骨髄死を抑制できても腸死は抑制できないのはなぜだろうか．

これは腸上皮幹細胞の主たる放射線細胞死はアポトーシスではなく，分裂死タイプの（かつ炎症性の）細胞死であり，この細胞が生き残るためには**サイク**

リン依存性キナーゼ（CDK）を阻害する **p21** を誘導し，細胞をG_1期で停止させる細胞周期チェックポイント機構を働かせて細胞死の進行を止める必要があるからと考えられている．この p21 は **p53 の標的遺伝子**として転写誘導されるため，p53 ノックアウトマウスでは放射線被ばく後も p21 は誘導されず，G_1/S 期チェックポイントが働かない（2 章，図 2.12 参照）．また，p21 ノックアウトマウスも p53 ノックアウトマウスと同様に腸死相当線量の全身照射や腹部照射に対して野生型マウスよりも感受性を示す．このように腸上皮は放射線高感受性組織ではあるが，骨髄よりは放射線抵抗性の組織であり，腸上皮幹細胞の放射線抵抗性に **p53-p21** 経路が重要な役割を果たしていることがわかる[8]．

さらに，p53 の遺伝子座を 2 コピー余計にもつ **Super p53 マウス**と呼ばれるトランスジェニックマウスは，腹部照射試験において野生型マウスよりも抵抗性を示すことも明らかになっており，腸死を防ぐためには p53 活性が高い方が有利に働くことも裏付けられている[8]．以上から，図 4.5 に示すように，p53 は骨髄の放射線誘発アポトーシスの促進因子として，腸上皮幹細胞の放射線細胞死では分裂死を防ぐ抵抗性因子として機能し，組織によって相反する働きを示すことに注意する必要がある．

骨髄細胞の放射線急性障害におけるアポトーシスの寄与については，p53 ノックアウトマウスだけでなく，アポトーシス誘導分子のノックアウトマウスの解析からも明らかにされている．**Bcl-2 ファミリー分子**に属し，細胞死促進性の **BH123 タンパク**に分類される Bax と Bak は，ミトコンドリア経路の「ここを経ないとミトコンドリアの膜透過性が亢進しない」ゲートウェイ分子である（図 4.6）．Bax と Bak を欠損させたダブルノックアウトマウスでは発生過程のプログラム細胞死が抑制されて，マウスの手に水かきが生じるなど，さまざまなアポトーシスが抑制される[12]．この両分子を造血組織特異的にノックアウトしたマウスは，骨髄死相当線量の全身照射試験において野生型マウスよりも抵抗性を示す[8]．

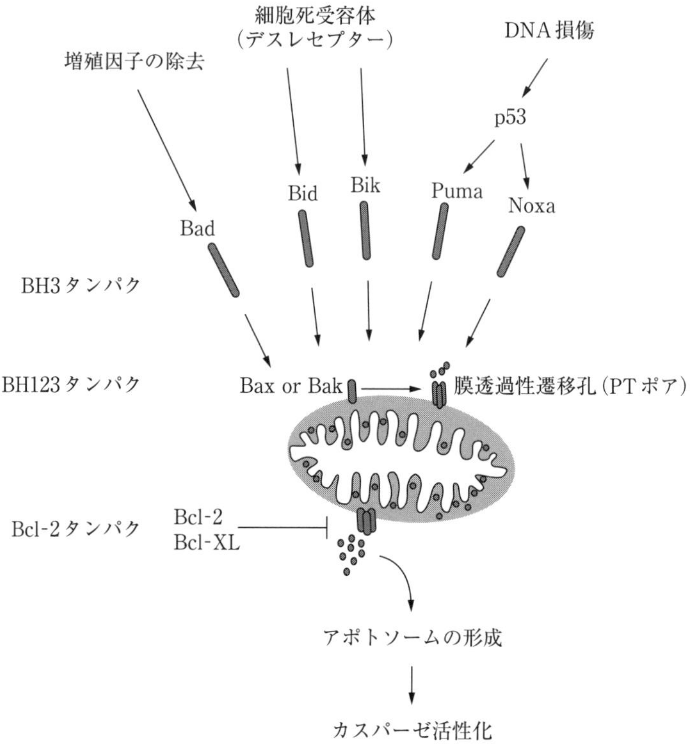

図 4.6　ミトコンドリア経路（内因性経路）によるアポトーシス誘導[13]
アポトーシス刺激の種類に応じて特定の **BH3 タンパク**が活性化する．放射線などの DNA 損傷では **PUMA** と **Noxa** が p53 転写によって活性化する．活性化した BH3 タンパクはミトコンドリア外膜で Bax や Bak を活性化して，ミトコンドリア外膜の透過性が亢進する．この Bax や Bak の活性化については，これらの分子が複合体形成して，膜間タンパクを漏出させる膜透過性遷移孔を形成すると考えられている．また，p53 自身がミトコンドリアの Bcl-2 ファミリー分子に直接作用してミトコンドリア外膜の透過性を高める場合もある．Bcl-2 や Bcl-xL は，Bax や Bak に拮抗してアポトーシスを抑制する．

腸上皮幹細胞の放射線急性障害における炎症性細胞死の重要性については，マクロファージなどの免疫担当細胞の炎症誘導性細胞死である**パイロトーシス**の関連分子をノックアウトすることによって明らかにされた[14]．パイロトーシスでは，**インフラマソーム**と呼ばれるアポトソームと類似した複合体形成によってカスパーゼ-1 をはじめとする炎症性カスパーゼが活性化され，IL-1β や IL-18 などの炎症性サイトカインが放出される．経路上の分子であるカスパ

表 4.4 アポトーシスとパイロトーシスの分子機構相関

細胞死様式	細胞障害因子	パターン認識受容体	アダプター分子	開始カスパーゼ
内因性アポトーシス	シトクロム c	Apaf-1 分子中の WD-40 リピート	Apaf-1	カスパーゼ-9
パイロトーシス	二本鎖 DNA	AIM2 （PYHIN4 ともいう）	ASC	カスパーゼ-1

ーゼ-1，インフラマソームのアダプター分子である ASC，二本鎖 DNA のパターン認識受容体である AIM2 のいずれをノックアウトしても放射線による腸死が抑制され，放射線腸管障害と炎症性細胞死の深い関わりが明らかにされている．パイロトーシスは，自然免疫を機能させるために進化的に保存されている細胞死誘導機構であり，内因性アポトーシスと分子機構が似ていることを表 4.4 に示す[15]．

細胞膜も放射線に対する重要な標的分子と考えられている．細胞膜損傷からのアポトーシス誘発シグナル伝達機構には，放射線によって活性化する**スフィンゴミエリナーゼ-セラミド経路**が重要な役割を果たしている．スフィンゴミエリンが加水分解された後に生じるセラミドがアポトーシス応答を引き起こす**セカンドメッセンジャー**として働くと考えられており，酸性スフィンゴミエリナーゼが遺伝的に欠損するニーマン・ピック病患者からのリンパ芽球は放射線によるアポトーシス感受性が著しく低下する[16]．酸性スフィンゴミエリナーゼノックアウトマウスの解析では，胸腺細胞や脾臓細胞などのリンパ組織の放射線誘発アポトーシスが低下するだけでなく，肺組織の放射線細胞死も抑制され，p53 ノックアウトマウスの肺組織では放射線細胞死が抑制されないのとは対照的な応答を示す．また，セラミドがセカンドメッセンジャーして働くことを妨げる**抗セラミドモノクローナル抗体**をマウスに尾静脈投与すると，放射線誘導腸死に対する抵抗性が得られることも明らかにされている[17]．

4.5.3 DNA 修復機構と放射線感受性

日本を含む複数の研究機関で，相当数のヒトの皮膚線維芽細胞と末梢血リンパ球の放射線感受性が生体外（*ex vivo*）で調べられた[18〜20]．その結果，これらの細胞の放射線感受性の個人差は，健常人では測定技術の誤差範囲に入るも

表 4.5　放射線高感受性遺伝病とその特徴[21)]

遺伝病	原因遺伝子	臨床症状	放射線への感受性	紫外線への感受性
毛細血管拡張性運動失調症	*ATM*	小脳運動失調症，精神遅滞	高い	—
ナイミーヘン症候群	*NBS1*	小頭症，鳥様顔貌	高い	—
AT 様疾患	*MRE11*	神経変性疾患，運動失調症	高い	—
ファンコニ貧血	*FA* 遺伝子群	再生不良性貧血，奇形	高い	—
Ligase Ⅳ症候群	*Ligase IV*	小頭症，発育遅滞，免疫不全	高い	—
ブルーム症候群	*BLM*	発育不全，免疫不全	高い	—
ワーナー症候群	*WRN*	早老症，白内障	高い	—
色素性乾皮症	*XP* 遺伝子群	皮膚がん	—	高い
コケイン症候群	*CS* 遺伝子群	早老症，白内障	—	高い
セッケル症候群	*ATR*	小頭症，鳥様顔貌	—	高い

のであったが，**毛細血管拡張性運動失調症**（ataxia-telangiectasia：AT）の患者は，相同組換え修復経路の重要分子である *ATM* 遺伝子にホモ接合型変異を有し（第2章参照），AT 細胞は，健常人細胞に比べて X 線に対する感受性がおよそ3倍も高かった．このような放射線高感受性のヒト遺伝病患者については，放射線治療においては特別な配慮が必要である．

表 4.5 に，紫外線高感受性遺伝病を含むヒトの**放射線高感受性遺伝病**についてまとめた．第2章の DNA 修復の項で述べた重要分子の多くが放射線高感受性遺伝病の原因遺伝子となっていることがわかる．また，いずれも常染色体潜性遺伝である．

このような遺伝病を抱えた細胞ではなく，正常組織それぞれの放射線感受性の違いを DNA 修復分子の活性の違いで説明することは現在のところ難しい．しかしながら，5章表 5.4 に示すように，BRCA1/2 変異による発がんの好発部位が乳房と卵巣であることは，組織ごとの DNA 修復機構に違いがあることを示唆している．

また，M 期の放射線高感受性（図 2.9，図 4.4，図 7.11 参照）に関しては，この時期特有の機構として DNA 損傷部位に修復分子を集まりにくくしたり，NHEJ による DNA の末端結合修復を抑制したりする機構があることが関係している[22,23)]．なお，この抑制機構を人為的に解除して DNA 修復機構を活性化すると，テロメア融合や二動原体染色体などの染色体異常が逆に増加してしまうことから，M 期では DNA 修復活性を低下させざるを得ないことがうかがえる．また，放射線によって誘起される中心体の過剰複製による染色体不安定化および分裂期崩壊も関係しているかもしれない[24,25]．これらの分子生物学的知見は，分裂頻度の高い細胞における放射線高感受性を説明する知見として有用であろう．ただし，この場合，組織の放射線感受性を一義的に決定している分子は，分裂頻度を決定している分子になるので注意してほしい．造血幹前駆細胞に静止期（G_0 期）を誘導することで放射線抵抗性を付与する防護剤も開発されており，細胞増殖速度の制御は放射線感受性修飾に有効である[26]．

以上に示した実例から，細胞周期チェックポイント機構，細胞死誘導機構を制御することで，実際に放射線感受性を修飾することが可能となることが実感できたと思う．研究段階ではあるが，これらの知見のいくつかが応用され，放射線感受性を修飾する新規手法が開発されつつある．がん細胞の全ゲノムシーケンスによって治療方針を決める**がんゲノム医療**が普及しつつある現在，放射線治療においても，特定の組織の放射線感受性を人為的に修飾する方法が確立され，正常組織選択的な放射線防護によるリスク臓器の耐容線量の向上や，がん組織選択的な放射線増感による根治線量の低減が達成されることを期待したい．DNA 修復機構については，2 章 2.2.5 項で述べたように，BRCA1/2 変異がん細胞の DNA 修復機構の欠陥を利用して，白金製剤による化学療法の増感剤として PARP 阻害薬がすでにがん治療に応用されているが，同じように放射線治療においても特定のがんに対する DNA 修復阻害剤による放射線増感法が開発されることを期待したい．

演習問題

4.1　ベルゴニー・トリボンドーの法則に関係あるのはどれか．

1. 線量率　2. 細胞の分化度　3. 線量・時間関係
4. 放射線のエネルギー　5. 細胞の酸素分圧

4.2　X 線による放射線治療で Bergonié–Tribondeau〈ベルゴニエ・トリボンドー〉の法則を考慮し設定すべきなのはどれか．

1. 線量　2. 固定具　3. 臨床標的体積　4. 計画標的体積
5. X 線のエネルギー

4.3 細胞の放射線感受性について誤っているのはどれか.

1. 核/細胞質比の大きい細胞は感受性が高い.
2. 分裂指数が大きいほど感受性が高い.
3. 未分化な細胞ほど感受性が高い.
4. D_0 が大きい細胞は感受性が低い.
5. アポトーシスを起こしやすい細胞は感受性が低い.

4.4 放射線感受性が高い細胞はどれか.

1. 神経細胞　2. 筋肉細胞　3. 軟骨細胞　4. 骨髄細胞
5. 腸上皮細胞

4.5 放射線感受性で正しいのはどれか.

1. 未分化な細胞は高い.
2. 増殖の遅い細胞は高い.
3. 同じ腫瘍内の細胞間に差はない.
4. 低酸素細胞は高い.
5. 温熱との併用で低下する.

4.6 α/β が 1〜3 Gy とされるのはどれか.

1. 筋肉　2. 癌細胞　3. 口腔粘膜　4. 腸管上皮　5. リンパ球

4.7 α/β が小さいのはどれか.

1. 粘膜炎　2. 皮膚炎　3. 神経障害　4. 骨髄抑制　5. 筋肉萎縮

4.8 p53 によって転写制御されない遺伝子産物はどれか.

1. ATM　2. MDM2　3. PUMA　4. NOXA　5. p21

4.9 アポトーシス促進性の Bcl-2 ファミリー分子でないのはどれか.

1. Bcl-2　2. Bax　3. Bak　4. PUMA　5. NOXA

4.10 DNA 損傷応答において ATM が酵素として触媒する機能はどれか.

1. DNA 二本鎖切断　2. メチル化　3. リン酸化　4. DNA 鎖の連結
5. DNA 鎖の末端を分解

4.11 DNA 損傷応答の関連分子について誤っているのはどれか.

1. p53 の安定性は翻訳後修飾によって調節されている.
2. p53 やヒストン H2AX はいくつかのケアテイカーによってリン酸化される.
3. DNA 修復関連分子の異常による遺伝病の多くが常染色体顕性遺伝である.
4. MDM2 は p53 の分解を促進する.
5. p21 は細胞周期チェックポイントや細胞老化を制御する.

4.12 特定の遺伝子の発現変動による放射線感受性の変化を調べる手法として適さないのはどれか.

1. 顕性遺伝子の場合，細胞に遺伝子を導入して発現させる.
2. 潜性遺伝子や毒性遺伝子の場合，細胞に遺伝子を導入して発現させる.
3. ゲノム編集技術により細胞内の遺伝子を破壊（ノックアウト）する.
4. RNA 干渉技術により細胞内の遺伝子発現を低下（ノックダウン）させる.
5. 遺伝子ノックアウトマウスと野生型マウスの放射線感受性を比較する.

〈参考文献〉

1）Bergonié, J., Tribondeau, L.：De quelques resultats de la radiotherapie et essai de fixation d'une technique rationnelle, C. R. Acad. Sci., 143, 983-995, 1906［for English translation see Fletcher, G. H.：Interpretation of some results of radiotherapy and an attempt at determining a logical technique of treatment, Radiation Research, 11, 587-588, 1959］
2）鈴木紀夫：放射線分割照射法の基礎，b. LQ モデル理論と分割照射，癌・放射線療法'95（癌の臨床別冊），150-158，大川智彦編集，篠原出版，1995
3）Casarett, G. W.：Concept and criteria of radiologic aging, Cellular Basis and Etiology of Late Somatic Effects of Ionizing Radiation, pp. 189-205, Harris, R. J. C. ed., Academic Press, 1963
4）Leblond C. P.：Classification of cell population on the basis of their proliferative behavior, National Cancer Institute Monograph, 14, 119-150, 1964
5）江島洋介，木村博：放射線技術学シリーズ　放射線生物学　改訂 2 版，オーム社，2011
6）Hall E. J., Giaccia A. J.：Radiobiology for the radiologist, 7th ed, Lippincott Williams & Wilkins, 2012
7）Komarova E. A., et al.：Dual effect of p53 on radiation sensitivity *in vivo*：p53 promotes hematopoietic injury, but protects from gastro-intestinal syndrome in mice, Oncogene 23, 3265-3271, 2004
8）Kirsch D. G., et al.：p53 controls radiation-induced gastrointestinal syndrome in mice independent of apoptosis, Science, 327, 593-596, 2010
9）Christophorou M. A., et al.：The pathological response to DNA damage does not contribute to p53-mediated tumor suppression, Nature, 443, 214-217, 2006

10）Li T., et al.：Tumor suppression in the absence of p53-mediated cell-cycle arrest, apoptosis, and senescence, Cell 149, 1269-1283, 2012
11）Valente L. J., et al.：p53 efficiently suppresses tumor development in the complete absence of its cell-cycle inhibitory and proapoptotic effectors p21, Puma, and Noxa, Cell Reports, 3, 1339-1345, 2013
12）Lindsten, T., et al.：The combined functions of proapoptotic Bcl-2 family members Bak and Bax are essential for normal development of multiple tissues, Molecular Cell, 6, 1389-1399, 2000
13）Adrain C., Martin, J. M.：The mitochondrial apoptosome：a killer unleashed by the cytochrome seas, TRENDS in Biochemical Sciences , 26, 390-397, 2001
14）Hu B., et al.：The DNA-sensing AIM2 inflammasome controls radiation-induced cell death and tissue injury, Science, 354, 765-768, 2016
15）増本純也：インフラマソーム，日本臨床免疫学会会誌，34, 346-354, 2011
16）Santana P., et al.：Acid sphingomyelinase-deficient human lymphoblasts and mice are defective in radiation-induced apoptosis, Cell, 86, 189-199, 1996
17）Rotolo, J., et al.：Anti-ceramide antibody prevents the radiation gastrointestinal syndrome in mice, The Journal of Clinical Investigation, 122, 1786-1790, 2012
18）Kushiro, J., et al.：Absence of correlations between radiosensitivities of human T-lymphocytes in G_0 and skin fibroblasts in log phase, Radiation Research, 122, 326-332, 1990
19）Green, M. H. L., et al.：Comparative human cellular radiosensitivity：III. γ-radiation survival of cultured skin fibroblasts and resting T-lymphocytes from the peripheral blood of the same individual, International Journal of Radiation Biology, 59, 749-765, 1991
20）Geara, F. B., et al.：Intrinsic Radiosensitivity of Normal Human Fibroblasts and Lymphocytes after High- and Low-Dose-Rate Irradiation, Cancer Research, 52, 6348-6352, 1992
21）松本義久：人体のメカニズムから学ぶ 放射線生物学，メジカルビュー社，2017
22）Orthwein, A., et al.：Mitosis inhibits DNA double-strand break repair to guard against telomere fusions, Science, 344, 189-193, 2014
23）Terasawa, T., et al.：Canonical non-homologous end joining in mitosis induces genome instability and is suppressed by M-phase-specific phosphorylation of

XRCC4, PLOS Genetics, 10, e1004593, 2014
24) Sato, N., et al. : A possible role for centrosome overduplication in radiation-induced cell death, Oncogene, 19, 5281-5290, 2000
25) Dodson, H., et al. : Involvement of centrosome amplification in radiation-induced mitotic catastrophe, Cell Cycle, 6, 364-370, 2007
26) Johnson, S. M., et al. : Mitigation of hematologic radiation toxicity in mice through pharmacological quiescence induced by CDK4/6 inhibition, The Journal of Clinical Investigation, 120, 2528-2536, 2010

5 遺伝子突然変異と染色体異常

この章では突然変異について学ぶ．まず，突然変異の時系列として，これらの現象は放射線損傷後，損傷したDNAを元の状態に戻せずに生き残った細胞に起こる出来事であることに留意してほしい．また，突然変異が体細胞に生じた場合は発がんの原因となり，生殖細胞に生じた場合は遺伝的影響となるため，放射線の確率的影響を理解する上でとても重要である．さらに遺伝的影響は継世代影響であるため，個体生存をおびやかす対立遺伝子であっても潜性遺伝子となって不顕性化したり，胎生致死遺伝子となって胚発生の過程で自然選択によって排除されたりするので注意する必要がある．

5.1 遺伝子および遺伝子発現の分子生物学的理解

まず始めに，**遺伝子突然変異**（gene mutation）とは遺伝子を構成するDNAの塩基配列が変化することであり，DNAの塩基配列変化のすべてを含めたい場合は単に突然変異と呼んだ方が適切であることに注意してほしい．では遺伝子とは何であろうか．ここではまず**遺伝子**および**遺伝子発現**についての理解を深めよう．

細胞の遺伝情報は，**DNA → RNA →タンパク質** の向きに流れる．それぞれの合成過程を**複製**（replication）**→転写**（transcription）**→翻訳**（translation）という．DNAの二重らせん構造をワトソンとともに発見したクリックは，これを「**分子生物学のセントラルドグマ**（中心命題）」と名付けた．後にテロメ

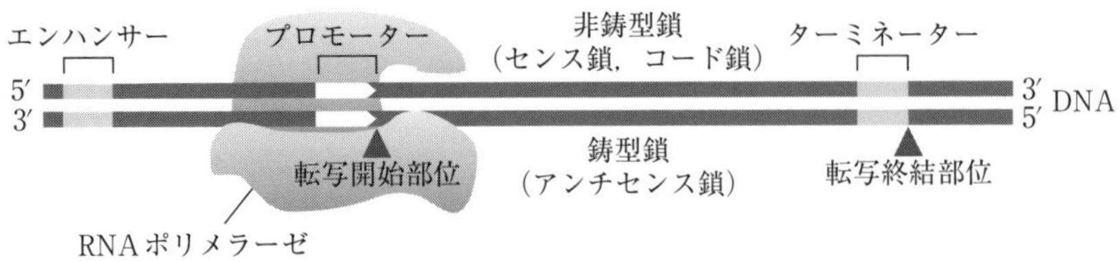

図 5.1　遺伝子の基本構造[1)]

ラーゼによるテロメアDNAの合成のようにRNAを鋳型にDNAを合成する逆転写反応も例外として発見されたが，セントラルドグマは基本的に生命活動の根本原理といってよい．

遺伝子とは，遺伝学的には遺伝形質を決定するDNAや染色体の領域であり，分子生物学的にはタンパク質やRNAを合成するための機能単位となるDNA領域である．また，DNAのもつ遺伝情報が最終産物としてタンパク質やRNAに変換されることを**遺伝子発現**という．遺伝子発現では，まず遺伝子の塩基配列がRNAに転写される．転写を触媒する酵素は**RNAポリメラーゼ**である．DNA分子内に転写の開始と終了の位置をRNAポリメラーゼに知らせる塩基配列として**プロモーター**と**ターミネーター**がある．遺伝子の基本構造を図5.1に示す．

遺伝子のプロモーターは非対称でRNAポリメラーゼを特定の向きにしか結合させない．転写は，センス鎖の5′→3′の方向にしか進まないので，正しい向きに結合したRNAポリメラーゼは迷わず一方のDNA鎖（鋳型鎖）だけを転写する．RNAポリメラーゼによるRNA合成の基質は，ヌクレオシド三リン酸（ATP，UTP，GTP，CTP）である．転写の開始シグナルはプロモーターと呼ばれる塩基配列であり，終結シグナルはターミネーターと呼ばれる塩基配列である．転写活性化因子の結合領域が，転写開始点に近い場合にプロモーター，遠く離れている場合にエンハンサーと呼んで区別することがある．なお，センス鎖とは，文字どおり「意味のある鎖」として，（RNAではウラシルとなる塩基が，DNAではチミンになる違いはあるが）転写されるRNAと遺伝情報の対応を同じくする鎖のことをいう．また，この図では下の鎖が鋳型鎖となっているが，長いDNA鎖上の各遺伝子の転写は一方通行ではなく，上

表 5.1　RNA の分類

RNA の種類	機　能	各遺伝子の転写を担う RNA ポリメラーゼ（※）
rRNA （リボソーム RNA）	リボソームの基本構造となり，タンパク質合成を触媒する．	Ⅰ（5.8S, 18s, 28s rRNA） Ⅲ（5s RNA）
tRNA（運搬 RNA）	翻訳の中心的役割を担うアダプター分子．アミノ酸と共有結合し，自身のアンチコドンを介して mRNA のコドンと相補鎖を形成	Ⅲ（すべての tRNA）
mRNA （メッセンジャー RNA）	コーディング遺伝子の転写産物 タンパク質のアミノ酸配列を指定（コード）する	Ⅱ（すべてのコーディング遺伝子）
snRNA （核内低分子 RNA）	mRNA 前駆体のスプライシングなど	Ⅱ（ほとんどの snRNA） Ⅲ（一部の snRNA）
snoRNA （核小体低分子 RNA）	rRNA のプロセシングと化学修飾に利用される	Ⅱ（すべての snoRNA）
scaRNA （低分子カハル小体 RNA）	snoRNA の一種．snoRNA と snRNA の修飾に利用される	Ⅱ（すべての scaRNA）
miRNA （マイクロ RNA）	遺伝子発現調節（通常は mRNA と部分相補的に結合して翻訳を阻害）	Ⅱ（すべての miRNA）
siRNA （低分子干渉 RNA）	遺伝子発現を抑制（ノックダウンと呼ばれる） mRNA と完全相補鎖を形成して選択的分解を誘導する	Ⅱ（すべての siRNA）
テロメア RNA	逆転写酵素テロメラーゼによるテロメア DNA 合成の鋳型となる	Ⅱ
その他のノンコーディング遺伝子	X 染色体不活性化，小胞体へのタンパク輸送などさまざまな過程に関与	—

※ 真核生物の RNA を合成する酵素は，RNA ポリメラーゼⅠ，Ⅱ，Ⅲの 3 種がある．

の鎖が鋳型鎖となって逆方向に転写が進む遺伝子もあることも覚えておいてほしい．

次に真核生物の遺伝子発現の過程について見てみよう．最終産物として RNA をコードする遺伝子は**ノンコーディング遺伝子**（非コーディング遺伝子）と呼ばれる．表 5.1 に示すようにリボソーム RNA（ribosomal RNA：rRNA），運搬 RNA（transfer RNA：tRNA），核内低分子 RNA（small nuclear RNA：snRNA），マイクロ RNA（microRNA：miRNA）や低分子干渉

RNA（small interfering RNA：siRNA）など多岐に渡り，その機能も酵素のように触媒としてタンパク質合成やRNAプロセシングの機能をもつもの，特定のmRNAと相補鎖を形成して翻訳を選択的に抑制するかmRNAの選択的分解を引き起こして遺伝子発現を抑制するもの，核内小構造の形成に関わるものなど多様な機能を担っている．2018年5月28日の時点のヒトゲノムの研究報告では，発見されたノンコーディング遺伝子は21,856種類に上り，タンパク質をコードするコーディング遺伝子の21,306種類をついに上回った[2)]．RNAは，自然界に大量に存在するRNA分解酵素（RNase）によって分解されやすいが，分解による劣化を防ぎ，細胞内の全RNAをうまく抽出すると，細胞の乾燥重量においてタンパク質が占める70%には及ばないものの，RNA重量は数%にもなる．また，rRNAは全RNAの大半を占めるため，電気泳動プロファイル上で28S rRNAと18S rRNAのピーク面積比が，分解の進んでいないRNAかどうかを評価する品質指標にもなっている．

また，がん細胞が血中に分泌する**エクソソーム**と呼ばれる細胞外小胞に含まれるmiRNAがバイオマーカーとして注目され，エクソソーム中に含まれる特定のmiRNAの変動を調べることで乳がんや大腸がんなど各種のがんを高感度で検出できる**リキッドバイオプシー**（液体生検）が，がんの早期診断法として実用化されつつある．

表5.1に示すように，最終産物としてタンパク質をコードする遺伝子は**コーディング遺伝子**と呼ばれ，メッセンジャーRNA（messenger RNA：mRNA）として転写される．mRNAが全RNAに占める割合は，わずか3～5%にすぎないが，その種類は何万種類にも及び，1種類のmRNAは各細胞に平均10～15コピーしか存在しない．最終産物であるタンパク質の発現量の多寡は，転写の段階，翻訳の段階，翻訳後のタンパク質の安定性（分解速度）など各段階で調節されるため，mRNAのコピー数が多いからといって必ずしもタンパク質の発現量が多くなるわけではないが，図5.2に転写効率や翻訳効率の違いによる遺伝子発現量調節の模式図を示す．

この転写効率の違いは，基本転写因子群が結合するTATAボックスなどの**コアプロモーター**だけでなく，遺伝子の上流や下流，あるいは遺伝子内部のイントロン配列に存在し，その遺伝子の転写効率を変化させる**応答エレメント**

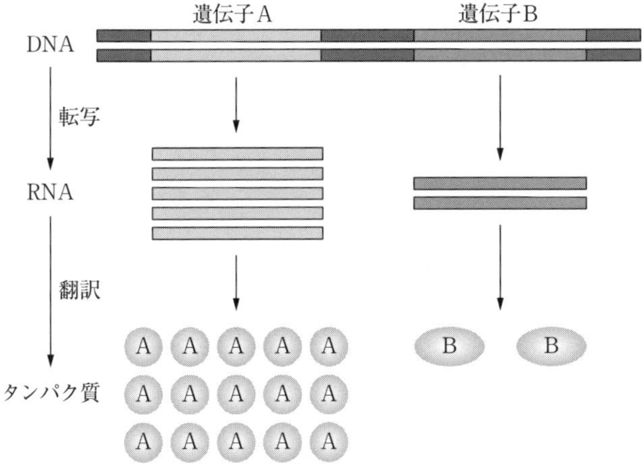

図 5.2 転写効率や翻訳効率の違いによる遺伝子発現量の調節

(response element：RE) によっても制御される．RE は特有の塩基配列をもち，回文配列やダイレクトリピート配列などが見られ，特定の RE に特定の**転写因子**が結合することで，介在因子を介して転写を高めたり，抑えたりする働きをする．RE 自身がプロモーターやエンハンサーと呼ばれることもある．

たとえば，放射線の初期応答因子である p53 の RE は，5′-Pu-Pu-Pu-C-(A/t)-(T/a)-G-Py-Py-Py-3′ という 10 塩基配列（Pu：プリン塩基，Py：ピリミジン塩基，A/t：A>t の頻度，T/a：T>a の頻度，1 章 図 1.3 は p53RE の一例）が，0〜13 塩基を挟んで直列に 2 回繰り返した総 20〜33 塩基とその相補鎖から成る．放射線損傷後，ATM 等の DNA 修復関連酵素（ケアテイカー）によってリン酸化された p53 は，MDM2 との結合が低下することによって安定化し，p53RE に四量体として結合することで種々の p53 標的遺伝子の発現が増加，あるいは減少する（4 章図 4.5 参照)．

真核生物の遺伝子の多くは，タンパク質のアミノ酸配列をコードするエキソン（exon，あるいは翻訳配列）とその間に介在する**イントロン**（intron，あるいは介在配列）が交互に並んでいる．すなわち，個々の遺伝子上でタンパク質の設計図は分断されている．この分断の数は非常に多いことがあるが，まれに単一エキソンでコードされ，イントロンをもたない核ゲノム上の遺伝子もある．また，真正細菌やオルガネラ（ミトコンドリアや葉緑体）のゲノムの遺伝

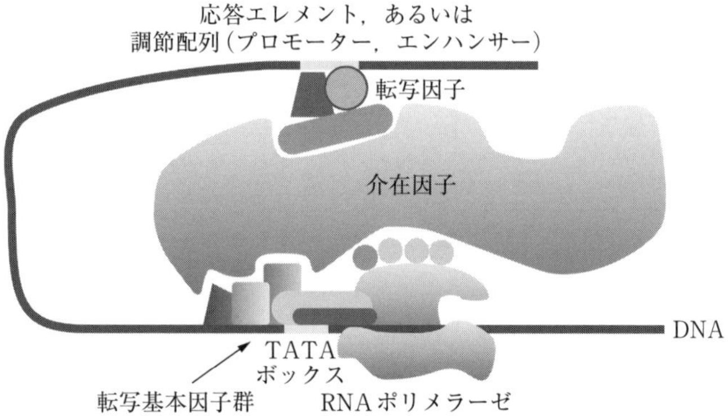

図5.3　応答エレメントに結合した転写因子による転写調節機構[1]

子はイントロンをもたない．イントロンを取り除いてエキソンをつなぎ合わせる過程を**スプライシング**といい，5つのsnRNAと7つの小タンパクから成るスプライソソームによって触媒される．図5.4に転写されたmRNA前駆体のRNAプロセシングとして，5′末端の**キャップ形成**，スプライシング，**ポリアデニル化**（ポリA付加）を経て成熟mRNAが核外に搬出され，タンパク質の合成と折りたたみに至る過程を示す．

イントロンの生物学的意義とは何であろうか．先ほど真正細菌やオルガネラのゲノムにはイントロンがないと書いたばかりであるが，これらの細菌やオルガネラにはイントロンの原型となる原始的なイントロン様の配列が存在しており，元々は逆転写酵素やDNA切断酵素をもち，レトロウイルスに似た機構で自己の遺伝子を増やす利己的な遺伝子だったことを示唆する研究結果が得られつつある[3]．

この仮説では，真核生物は，原始的イントロンが潜伏していたオルガネラとの共生をきっかけに，進化の過程で自身の遺伝子のほとんどにイントロンが介在することを許してしまったと推測している．真相は今後の研究の進展を待つ他ないが，現在の真核生物がこれを巧みに利用していることは，イントロンによって分散してしまったエキソンを継ぎ接ぎする**選択的スプライシング**と呼ばれる機構の発達に見て取れる．この機構は，1つの遺伝子から複数のmRNA産物をつくり出す，高度に制御されたRNAの編集機構であり，生物の複雑性

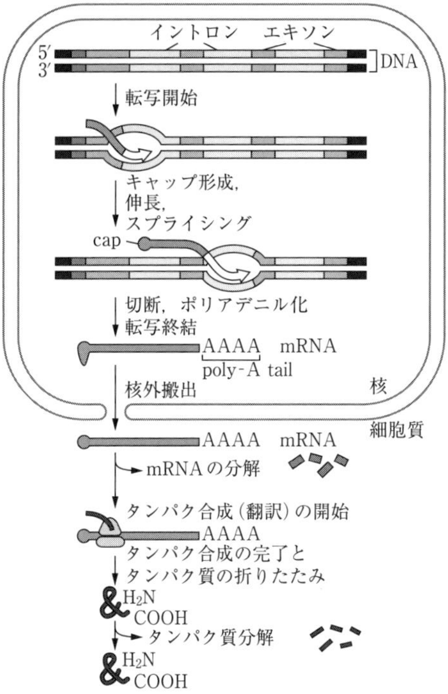

図5.4 真核生物の遺伝子発現[1)]

が増すにつれて頻繁に見られるようになる．ヒトでは，全遺伝子の少なくとも3/4が選択的スプライシングを受け，2万強のコーディング遺伝子から5万〜10万種類のタンパク質を作り出せると考えられている．

もう1つの意義は，遺伝子内部に書き換えが容易な余地を残しておくことであろう．イントロンには，転写因子が結合する応答エレメントやプロモーターが存在することも多く，進化の過程で新しいタンパク質をつくることにも役立っている例が報告されている．この余地としての意義は，放射線損傷によって誘発されるDNAの突然変異や，非相同末端結合修復による塩基配列の欠損を容認する上で，放射線生物学上，重要な役割を果たしていると考えられている．

転写で合成されたmRNAからタンパク質を合成する過程である**翻訳**は，tRNAの3′末端とアミノ酸のカルボキシ基が共有結合した**アミノアシル**

表5.2　コドン表

2文字目→ ↓1文字目	U		C		A		G	
U	UUU UUC	Phe(F)	UCU UCC	Ser(S)	UAU UAC	Tyr(Y)	UGU UGC	Cys(C)
	UUA UUG	Leu(L)	UCA UCG		UAA UAG	Stop(終止)	UGA UGG	Stop(終止) Trp(W)
C	CUU CUC CUA CUG	Leu(L)	CCU CCC CCA CCG	Pro(P)	CAU CAC	His(H)	CGU CGC	Arg(R)
					CAA CAG	Gln(Q)	CGA CGG	
A	AUU AUC AUA	Ile(I)	ACU ACC ACA	Thr(T)	AAU AAC	Asn(N)	AGU AGC	Ser(S)
	AUG	Met(開始)	ACG		AAA AAG	Lys(K)	AGA AGG	Arg(R)
G	GUU GUC GUA GUG	Val(V)	GCU GCC GCA GCG	Ala(A)	GAU GAC	Asp(D)	GGU GGC	Gly(G)
					GAA GAG	Glu(E)	GGA GGG	

tRNAと**リボソーム**が共役して行われる．アミノアシル tRNA は，自身の RNA 配列中に**アンチコドン**と呼ばれる3つ組塩基をもち，mRNA のコード領域中の3つ組塩基配列であるコドンに対応したアミノアシル tRNA がリボソーム中のタンパク質合成部位に結合し，新しいアミノ酸が合成ペプチド鎖に付加されていく．表5.2に遺伝暗号表（コドン表）およびアミノ酸の3文字・1文字略号を示す．

5.2　遺伝学における遺伝子および遺伝様式

本章の最初の頁で，遺伝学における遺伝子とは，遺伝形質を決定する DNA や染色体の領域であることをすでに説明したが，ここでいう遺伝形質とは，生殖細胞を介して次世代に伝わる遺伝情報を意味する．よって，放射線によって生じた遺伝子や染色体の突然変異のすべてが次世代に伝わるわけではない．突

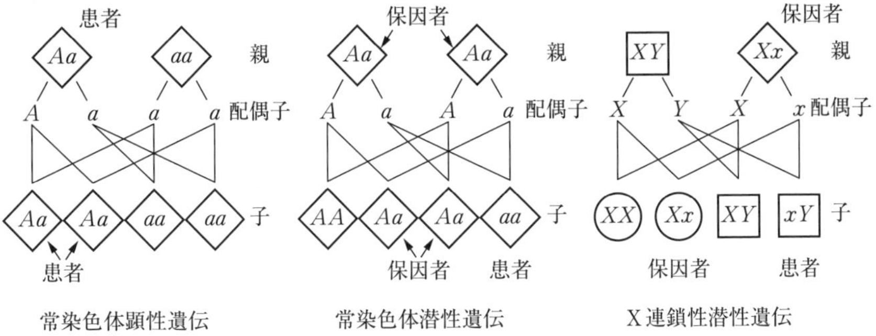

図 5.5 遺伝様式[4)]
本書では，2017 年 9 月の日本遺伝学会の提案に従い，遺伝形質の現れやすさを表す「優性・劣性」の用語を「顕性・潜性」に変更して表記した．

然変異が体細胞に生じた場合はがんの原因にはなるが，次世代に伝わる遺伝的影響となるには突然変異が生殖細胞に生じた場合に限ることに注意してほしい．

遺伝の様式は，**常染色体顕性**，**常染色体潜性**，そして **X 連鎖性**（伴性）の 3 つに分けられている（図 5.5）．ヒトの場合，常染色体は 2 本ずつの相同染色体から成り，相同染色体上の同じ遺伝子座に位置する遺伝子を互いに**対立遺伝子**という．

常染色体顕性遺伝の場合，A が異常で顕性を示し，対立遺伝子 a が潜性とすると，Aa の患者と健常人（aa）との間に子供が生まれると子供の 1/2 が Aa のヘテロ接合となり，異常が現れる．

常染色体潜性遺伝の場合，a が異常で潜性を示し，対立遺伝子 A が顕性とすると，保因者（Aa）間で子供が生まれると子供の 1/4 が aa のホモ接合となり，異常が現れる．

X 連鎖性潜性遺伝の場合，遺伝病の原因となる対立遺伝子座が X 染色体上にある．女性保因者における遺伝様式を図に示した．異常な対立遺伝子 x は潜性であるため娘の 1/2 は保因者となるが異常は現れない．一方，息子では X 染色体が 1 本しかないため 1/2 に異常が現れる．また，罹患男性からその息子に遺伝することはないが，娘はいずれも保因者となるため孫の男子の 1/2 に異常が現れる．

X連鎖性顕性遺伝を示す疾患はまれである．この遺伝様式の場合，罹患男性のすべての娘に異常が現れ，息子には遺伝しない．女性保因者（健常遺伝子とのヘテロ接合体）の子供は男女ともに1/2に異常が現れるが，一般に男性よりも女性の方が症状は軽い．

5.3　突然変異

まず，突然変異は

①　遺伝子を構成するDNAの塩基配列が変化する「**遺伝子突然変異**」

②　染色体の構造や数が変化する「**染色体突然変異**」

の2つに大別される．染色体の数については，**倍数性**が変化したり，一部の染色体が増減して**異数化**したりすることを**ゲノム突然変異**と呼んで区別することがある．

表現型に変化が生じた細胞や個体を「**突然変異体**（mutant）」という．突然変異をどれだけ許容できるかは，生物種の維持や進化の根幹をなしている．すなわち，あまりにも突然変異しやすい生物は，発がんや遺伝的影響によって種の存続が難しくなってしまうし，逆にあまりにも突然変異しにくい生物は，がんにはなりにくいが集団中の遺伝子プールの多様性が失われやすく，進化の停滞や環境の変化に適応できない事態を招く恐れがある．

ヒトも含め進化の途上にある生物は，祖先生物からの「非常に正確だが完璧ではない」DNA複製・修復機構を受け継いでおり，環境要因として物理的・化学的にDNAの変異を引き起こす**変異原**（mutagen）がない場合でも，1回の細胞分裂につき，1遺伝子当たりおよそ100万分の1（10^{-6}）のエラーが起こると計算されている．

この非常に低い自然変異率は，1000万塩基を複製して1塩基誤るDNAポリメラーゼの正確さと，新生鎖の誤りを見つけ出し，その部位を除去して再合成するミスマッチ（誤対合）**修復機構**の働きによってDNA複製の精度がさらに100倍高められていることによって担保されている．

しかしながら，かなり正確な複製であってもヒトの体内では一生におよそ10^{16}回の細胞分裂が起こるため，一生の間に個々の遺伝子に独立に生じる変異

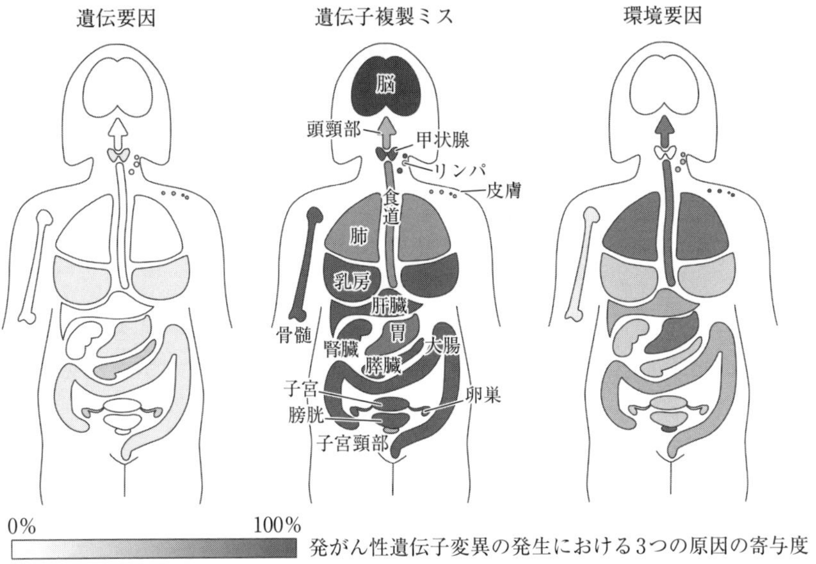

図 5.6　発がん性遺伝子変異の発生における 3 つの原因の寄与度[5]

がんの原因には大きく分けて，大気汚染，喫煙，食事といった環境要因，親から受け継いだ遺伝要因，自然に起き，防ぐことの難しい遺伝子の複製ミスの 3 つに分けられる．世界保健機構の一機関である国際がん研究機関に登録された世界各国のがん患者のデータベースなどを使い，32 種のがんについて調べた．その結果，全体ではがんを引き起こす遺伝子変異の 66%は遺伝子複製ミスが原因なのに対し，環境要因は 29%，遺伝要因は 5%であると見積もられた．

の回数は，約 10^{10} 回と膨大な数に上る．この数は，約 40 兆個あるとされるヒトの細胞に散らばっているため，1 個の細胞が抱え込む変異数ではないことに注意する必要はあるが，それでもかなり大きな数字である．ヒトの一生において，どんなに節制した生活を送ってもがんが自然発生してしまうことを示す研究データを図 5.6 に示す．2017 年にトマセッティとフォーゲルシュタインは，がんの 3 大要因とされる**遺伝子複製ミス**，**環境要因**，**遺伝要因**のそれぞれの寄与度を見積もった．生活習慣や環境の改善によってがんの発生を減らせる環境要因によるがんは約 3 割に過ぎず，遺伝子複製ミスによる「避けられない」がん（医学的には一次予防によって低減できないがん）が大きな比重を占めていると考えられている．このようながんには，がん検診による早期発見および早期治療（二次予防）が重要である．

5.3.1　塩基配列の変化に基づいた遺伝子突然変異の分類

以下のように分類される.

①　塩基置換変異（点突然変異）

塩基が元の塩基と違うものに変わる.

トランジション変異は，プリン塩基が異なるプリン塩基へ置換する．あるいは，ピリミジン塩基が異なるピリミジン塩基へ置換する.

トランスバージョン変異は，プリン塩基とピリミジン塩基間の置換.

紫外線や変異原性のある化学物質の多くは，主に塩基置換変異を誘発する.

②　欠失変異

1塩基以上のヌクレオチドが欠失して起こる.

ブレオマイシンなどのDNA二本鎖切断を誘導する化学物質や放射線では欠失変異誘発頻度が高い.

③　挿入変異

1塩基以上のヌクレオチドが挿入されて起こる.

5.3.2　タンパク質翻訳の際のアミノ酸配列の変化に基づいた遺伝子突然変異の分類

以下のように分類される.

①　ミスセンス変異

コドン中の塩基の1つまたは複数が置換し，アミノ酸配列が変化したタンパク質が合成される.

②　サイレント変異

コドン中の塩基の1つまたは複数が置換されるが，アミノ酸配列が変化しないため，合成されるタンパク質も変化しない.

③　ナンセンス変異

本来はアミノ酸をコードしていたコドンが終止コドンになり，タンパク質合成が停止する.

④　フレームシフト変異

塩基の挿入や欠失が起こり，コドンの読み枠がずれ，異なるアミノ酸配列の

① 元の配列（センス鎖（非鋳型鎖））

ATG GAA GAT ATA TGT GCA CTC TGA
M E D I C A L *

② TGTのGの次のTがCに変わった配列 ⟶ サイレント変異

ATG GAA GAT ATA TGC GCA CTC TGA
M E D I C A L *

③ TGTのGの次のTがAに変わった配列 ⟶ ナンセンス変異

ATG GAA GAT ATA TGA GCA CTC TGA
M E D I *

④ TGTのGがCに変わった配列 ⟶ ミスセンス変異

ATG GAA GAT ATA TCT GCA CTC TGA
M E D I S A L *

⑤ TGTのGの後にCが1個入った配列 ⟶ 挿入フレームシフト変異

ATG GAA GAT ATA TGC TGC ACT CTG A
M E D I C C T L

⑥ TGTのGが抜けてしまった配列 ⟶ 欠失フレームシフト変異

ATG GAA GAT ATA TTG CAC TCT GA
M E D I L H S

図5.7 遺伝子突然変異の分類

タンパク質が合成される．

図5.7にそれぞれの例を示す．

5.3.3 遺伝子突然変異および遺伝的影響の分子進化学的理解

分子進化学とは，DNAの塩基配列やタンパク質のアミノ酸配列など分子レベルの変化を調べ，生物の進化や系統関係を研究する学問である．現在広く受け入れられている考えは，日本人の木村資生が提唱した「**中立進化説**」である[6)]．この説は，分子レベルでの遺伝子突然変異の大部分が自然選択による淘汰を受けると考える「**自然選択説**」とは異なり，分子レベルでの遺伝子突然変異のかなりの部分が，自然淘汰に対して有利でも不利でもない「**中立変異**（中立突然変異）」であり，生じた中立変異のその後の存亡は生物集団中の遺伝的浮動に委ねられると考えるのが特徴である．

木村は，多くの生物の分子比較から，同じタンパク質をコードする遺伝子では分子進化の速度がほぼ一定であること，また，機能的に重要な分子ほど進化速度が遅いことを見出し，「機能的に重要でない分子（または分子内の重要でない部分）ほど，そうでないものより進化の過程でアミノ酸やDNA塩基の置換が急速に起こり，置換率（進化速度）の最高は突然変異率で決まる」と結論付けた．

放射線生物学において，放射線による遺伝子突然変異誘発率の正確な算出は非常に重要な課題であるが，その導出に当たっては，この中立進化説の主旨を十分考慮した遺伝的多型解析が求められよう．すなわち，継世代時に自然淘汰を受ける重要遺伝子を評価対象遺伝子として含めれば含めるほど，導出される遺伝子突然変異誘発率は低下してしまうからである．ICRP 2007年勧告では，自然突然変異率についてはヒト（2.95×10^{-6}/座位/世代），誘発突然変異率についてはマウス34遺伝子座のデータ（3.6×10^{-6}/座位/Gy）を用いて**倍加線量**を0.82 Gyと推定しているが，全体の4割にあたる14種の遺伝子座が，1 Gy当たりの誘発突然変異率がゼロとなるハウスキーピング遺伝子等（つまり継世代時に自然淘汰を受ける重要遺伝子）で占められている[7]．UNSCEAR（原子放射線の影響に関する国連科学委員会）の勧奨に従い，過度に正確な印象を避けるため引き続き1 Gyという倍加線量値をICRPは代表値としている（第6章参照）．

以上から，放射線による遺伝子突然変異誘発率を求めるためには，生じた変異がすべて中立変異となるジャンク（がらくた）DNA領域か，ゲノム全体のヌクレオチド変異誘発率を調べることで偏りのない値が得られることが期待される．ジャンクDNAの解析は，ミニサテライトやマイクロサテライトなどの短いタンデムリピート（short tandem repeat：STR）や偽遺伝子の解析，また，ゲノム全体の解析は，次世代シーケンサーを用いたゲノムワイドな解析が適していると考えられており，今後の研究により，より正確な倍加線量が算定されるだろう．

5.3.4　遺伝子突然変異の線量-効果関係

次項で述べる染色体突然変異の線量-効果関係はLQモデルとよく整合するが，遺伝子突然変異の線量-効果関係はLモデル，すなわち線量に対して直線的に増加する．図5.8に示すように低LET放射線では線量率効果が認められることが多く，高LET放射線は単位線量当たりの遺伝子突然変異の誘発効率

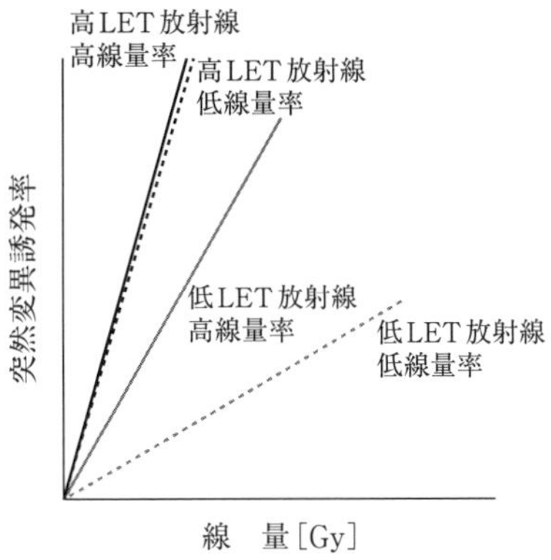

図5.8　遺伝子突然変異の線量-効果関係

は高いが，線量率効果は認められないことが多い．

5.4　染色体の構造と分類

ヒトの核ゲノムは，32億塩基対から成り（細胞当たりでは総64億塩基対），これが22種類の**常染色体**と2つの**性染色体**に分納される（図5.9）．核相が二倍体であるヒトの場合，23対46本から成り，46本すべてを並べたものをヒト**核型**（karyotype）という．常染色体の番号は，顕微鏡下での見た目で大きいものから順に番号が付けられたが，21番と22番など，実際の塩基対数の比較では大小関係が逆転する染色体がいくつかある．

染色体DNAは，**ヒストン**と呼ばれる塩基性タンパク質と強く結合しており，**ヌクレオソーム**と呼ばれるDNA-タンパク質粒子の繰り返し構造を形成する．ヌクレオソームは，**コアヒストン**と呼ばれる**ヒストンタンパク八量体**のコアの周りに147塩基対のDNA鎖が1.7回巻き付いてできている．ヌクレオソームのコア粒子は，数十塩基対の**リンカーDNA**でつながっているため，約200塩基対ごとに1つのヌクレオソームが配置される．ヌクレオソームが規則的に詰め込まれて**30 nm クロマチン繊維**を形成する．クロマチンは密に凝縮しているが，構造的に凝縮度が低く動的な領域と，凝縮度が高くほとんど転写されない領域があり，前者を**ユークロマチン**（**真正染色質**），後者を**ヘテロク**

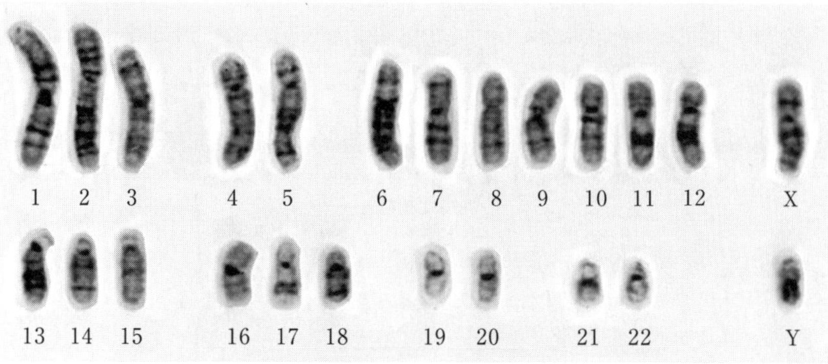

図5.9　ヒト染色体

姉妹染色分体間の接着が解除される前の分裂中期のヒト正常染色体を，ギムザ液と呼ばれる染色液を用いた**Gバンド法**で染色したもの．Gバンド法では，ヘテロクロマチン領域が特に濃く染まるため，再現性のある縞模様のバンドとして目に見える状態となる（京都大学・放射線生物研究センター，放射線染色体異常データベースより転載）．

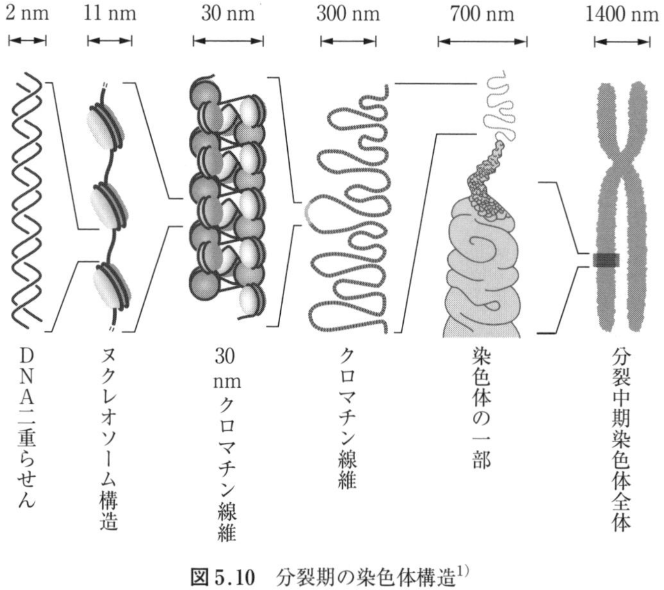

図5.10　分裂期の染色体構造[1)]

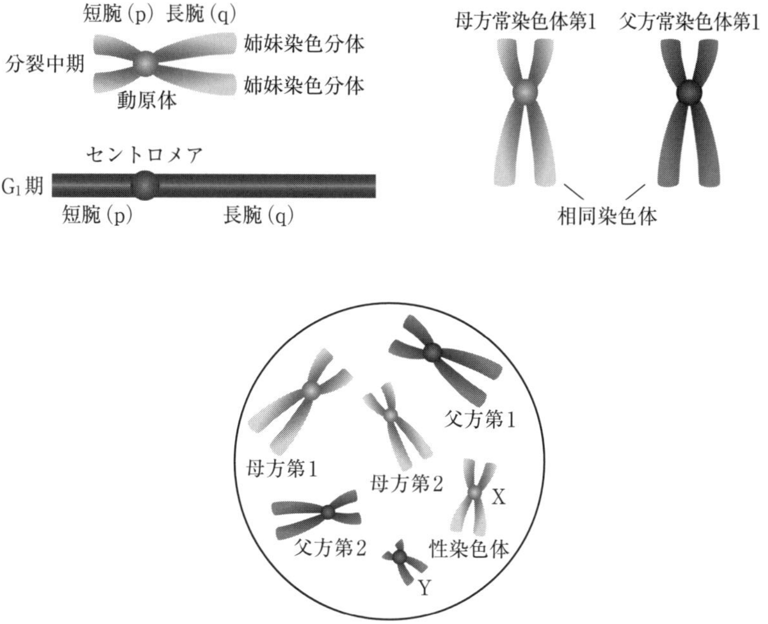

図 5.11　染色体および染色体構造の基本的名称[1)]

2 対の常染色体と 2 つの性染色体を核型とする模式細胞を示す．**姉妹染色分体**は，1 本の染色体が複製されてできた 1 対の染色体であり，遺伝情報は基本的にまったく同じである．一方，**相同染色体**は，母方および父方から由来した同形同大の一対の染色体であり，対立遺伝子座の遺伝情報は母方および父方に由来するため異なることがある．減数分裂前期では互いに対合して二価染色体を形成する．図中では，対となるグレーと黒の染色体の関係に当たる．M 期に紡錘体が結合する染色体の特殊構造は**動原体**と呼ばれ，動原体が形成される染色体領域を**セントロメア**という．セントロメアで区切られる染色体部分を「腕」といい，短い方の腕を**短腕**，長い方の腕を**長腕**という．

ロマチン（**異質染色質**）と呼んで区別する．ヘテロクロマチン領域に生じた DNA 二本鎖切断は修復されにくいという報告もある．図 5.10 に分裂期の染色体構造を示す．染色体 1 本の DNA 鎖の平均長は約 5 cm であるのに対し，各染色体は数 μm であるので，凝縮率は μm/cm の比，数万分の 1 となり，高度に凝縮されていることがわかる．

染色体の構造異常について説明する前に，染色体および染色体構造の基本的名称についてのまとめを図 5.11 に示す．

5.5 染色体突然変異（染色体異常）

染色体の構造や数が変化することを**染色体突然変異**（**染色体異常**）という．染色体構造の変化は，染色体 DNA の切断後，誤って再結合された場合に生じ，DNA 塩基配列の変化を伴う．一方，倍数性の変化や異数化などの染色体数の変化は，DNA 塩基配列の変化を伴わない染色体異常であるが，異数化するだけでその染色体がコードする遺伝子産物の発現量は変動するため，その影響は大きい．

5.5.1 染色体異数化

たとえば，ほ乳類では遺伝子量補償という雌雄間の X 染色体の遺伝子産物の量を等しくする機構が進化しており，この機構を妨げて X 染色体の遺伝子産物量を 2 倍にする変異は致死性変異となる．雌の体細胞では発生の早い時期にどちらか一方の X 染色体をヘテロクロマチン化させて不活性化させるため，母親由来の X 染色体と父親由来の X 染色体のどちらか一方が休止したモザイク状の細胞分布となる．

表 5.3 に**染色体異数化**（**ゲノム突然変異**）による代表的なヒトの先天性染色体異常による疾患を示す．常染色体の 13，18，21 番染色体と性染色体の異数化による疾患が知られており，他の番号の常染色体の異数化はほとんどが致死的である．先天性染色体異常の多くは，親の生殖細胞形成時に染色体の一部が不分離となり，不分離配偶子と正常配偶子が受精することが原因であり，親の体細胞は正常染色体であることが多い．相同染色体や性染色体が 3 本となる場合は**トリソミー**，1 本となる場合は**モノソミー**という．

放射線照射後には，細胞融合や染色体の不分離などによって多核の，核型が変化した細胞も出現するが，先天性染色体異常は，継世代で起こる遺伝的影響であるため，細胞や個体の生存をおびやかす染色体異数化は，生殖細胞の形成過程，あるいは接合や胚発生の初期過程で排除されやすく，放射線影響として現れにくい．一方，がんのように後天的な体細胞変異では，染色体の異数化は頻繁に観察される．

表 5.3 染色体異数化による先天性染色体異常[4)]

疾患名	染色体異常	核型例	主な症状
ダウン症候群	21 トリソミー	47, XX, +21 47, XY, +21	精神遅滞，低身長，つり上がった眼，心奇形
エドワーズ症候群	18 トリソミー	47, XX, +18 47, XY, +18	低出生体重，短命，小さな口と顎，心奇形，精神遅滞
パトー症候群	13 トリソミー	47, XX, +13 47, XY, +13	精神遅滞，てんかん，短命，脳奇形，無呼吸
ターナー症候群（女性）	X モノソミー	45, X	低身長，外反肘，二次性徴欠如，無月経
クラインフェルター症候群（男性）	過剰 X 染色体	47, XXY	高身長，女性化乳房，精神遅滞，不妊

5.5.2 染色体構造の異常

染色体異常は，染色体が細胞の赤道面に並ぶ細胞周期の分裂期（M 期）が最も観察しやすい．M 期の細胞の割合を高めるため，培養細胞では，コルヒチンやコルセミドなどの微小管の重合阻害剤で紡錘体の形成を阻害して中期染色体を観察し，末梢血リンパ球では，末梢血に PHA や Con A などのマイトージェンレクチンを添加して T リンパ球を刺激して培養すると，M 期に移行し，核型を観察することができる．

リンパ球の染色体異常の観察は，生体の被ばく線量の推定（バイオドジメトリー）として最も代表的な手法である．その理由として

① 染色体異常は放射線に対する感受性が高く 10 mGy 程度の低線量域まで解析できる．

② 採血という行為自体が，医学的に侵襲性が低い．

③ 健常人から採血した血液に放射線を照射して，その染色体異常の発生率を調べることによって線量－効果関係の検量線を作成できる．

④ 得られる核型はすべて T リンパ球という同じ種類の細胞で被ばく線量推定ができる．

以上の 4 点を挙げておく．

5.5.3 染色体異常の分類

染色体異常は，以下の2つの観点で分類することができる．

(1) 染色体型異常と染色分体型異常

図5.12に示すように染色体切断が生じる時期や損傷形態によって**染色体型異常**と**染色分体型異常**に分けられる．すなわち，G_1期やG_0期にDNA二本鎖切断が生じ，これが複製されるとM期に姉妹染色分体の双方が切断された染色体型異常がみられる．一方，S期後期やG_2期に姉妹染色分体の片側にDNA二本鎖切断が生じた場合や，G_1期やG_0期のDNA一本鎖切断がまれに修復されずに複製された場合は，M期に姉妹染色分体の片方が切断された染色分体型異常となる．なお，基本的にリンパ球は静止期（G_0期）にあるため，観察される染色体異常は原則として染色体型異常である．

(2) 安定型異常と不安定型異常

転座，逆位，小さな欠失などは，細胞分裂時の染色体分配に支障がないため，細胞は安定して増殖しやすい．このような染色体異常を**安定型異常**といい，正常染色体と判別しにくく定量的な解析が難しいという欠点があるが，被ばくから時間が経過した後でも**被ばく線量**の推定ができるという利点があると同時に，生体に残存して発がんや遺伝的影響などの晩発性障害の原因となる．近年は，染色体を蛍光標識したオリゴヌクレオチドプローブで染め分けるFISH（fluorescence *in situ* hybridization）という手法によって安定型染色体型異常をより正確に検出することができるようになった．

一方，**二動原体染色体**や**環状染色体**は，分裂期崩壊による細胞死や染色体分

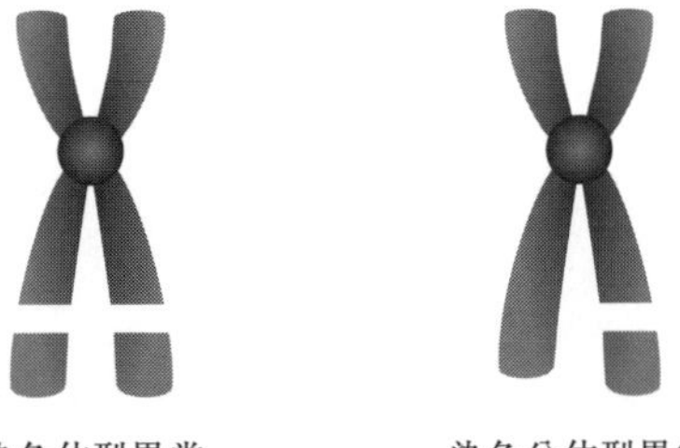

図5.12 染色体型異常と染色分体型異常

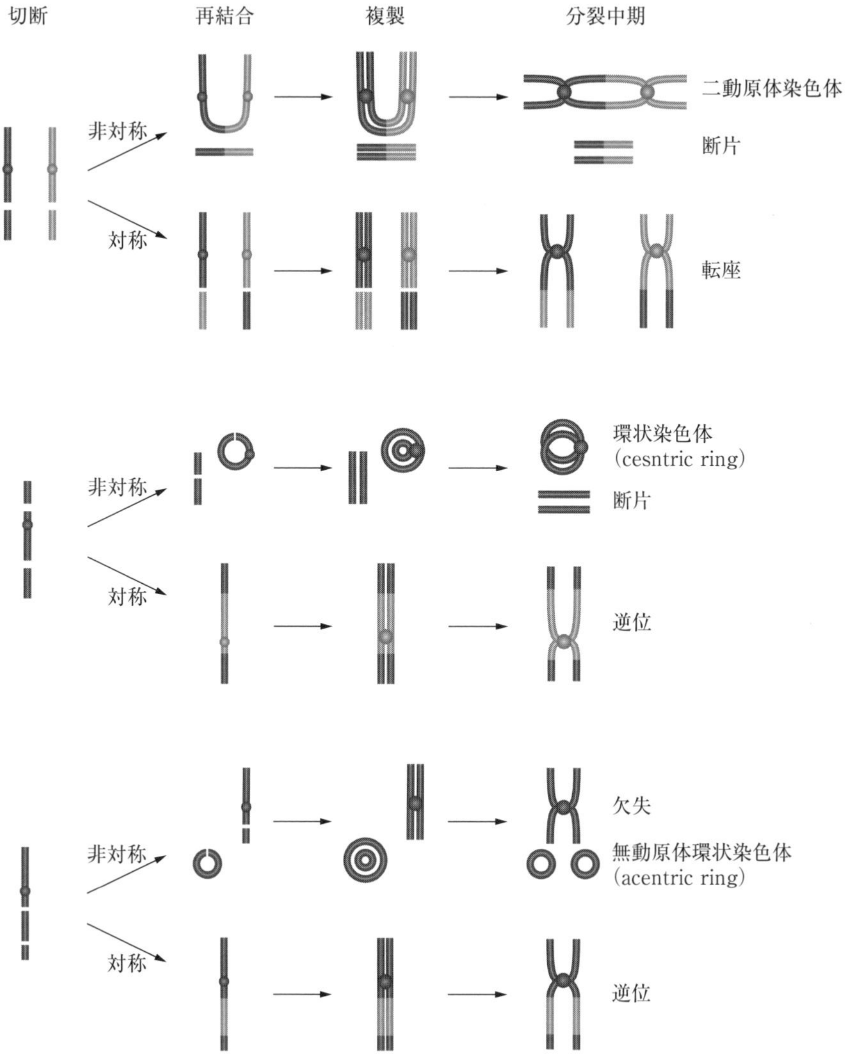

図 5.13 染色体異常の生成機構

配の異常によって徐々に失われていくため，**不安定型異常**と呼ばれる．特徴的な形態をしているため安定型異常と比べて解析が容易であるが，被ばくから時間が経過すると過去の被ばく量推定ができなくなってしまう欠点がある．

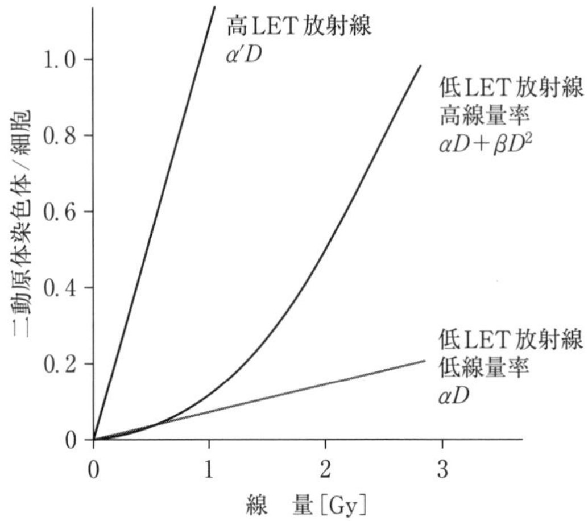

図5.14　染色体異常の線量-効果関係[8]

これらの染色体異常は，2ヶ所の染色体切断と誤った再結合によって生成する．図5.13に示すように，2ヶ所の切断が動原体をはさむかどうかの切断様式の違い，切断端の再結合様式の違い，再結合する相手が染色体内か染色体間であるかによって異なった染色体異常が生成される．

5.5.4　染色体異常の線量-効果関係

3章3.3節で説明したように染色体異常の線量－効果関係は**LQモデル**で表される（図5.14）．また，高LET放射線では電離密度が高いため1飛跡事象が増し，α 項だけの直線式となる．他にも，低線量率放射線でも α 項の寄与の高い直線式に近づくことが知られている．この現象は，2飛跡事象の2番目の切断が起こる前に最初の切断が修復され，β 項の寄与が低下することによるものと考えられている

5.6　発がんの分子機構

がんと放射線生物学の関わりは深く，第1に発がんのイニシエーターとして放射線の発がん作用を，第2にがんの放射線治療における細胞応答および組織

反応を理解しなければならない．

ここでがんの呼称について整理しておく．上皮細胞由来は**がん腫**（carcinoma），結合組織・筋細胞由来は**肉腫**（sarcoma），造血細胞由来は**白血病**（leukemia）や**リンパ腫**（lymphoma）などと区別される．すべてをまとめて一般にひらがなの「がん」と総称するが，病理学では悪性腫瘍，統計学では悪性新生物ともいう．ヒトのがんの約 80％は上皮で生じるがん腫であり，漢字の「癌」はがん腫だけを意味し，肉腫や造血細胞由来の血液がんは含まない．血液がん以外の，臓器や組織などで塊をつくるがん腫と肉腫をまとめて「**固形がん**」という．

5.6.1 多段階発がん

典型的ながんの 9 つの特徴を以下にまとめる．細胞が突然変異を重ねてがん化するために特に優先度が高いのは①～⑤の項目である．遺伝子工学的に正常細胞からがん細胞を作り出す必要条件として，正常細胞に**がん遺伝子**を導入して①と②の状態に，また，**がん抑制遺伝子**の不活性化因子を導入して③と④の状態に，ならびにテロメラーゼを導入して⑤の状態にすると，移植した生体中で腫瘍形成に至ることが動物実験で確かめられている[9)]．

① 正常細胞よりも自律増殖能が高く，増殖因子やホルモンがなくても増殖する．

② 周囲からの増殖停止シグナルを無視する．時に足場非依存性増殖能を獲得する．

③ 細胞周期チェックポイントや細胞老化や分化による細胞の中からの増殖停止シグナルを無視する．

④ アポトーシスを起こしにくい．

⑤ 分裂寿命を乗り越えて無限増殖能を獲得する．

⑥ 周囲の局所環境において間質細胞から増殖シグナルを誘引する．

⑦ 浸潤能と転移能を獲得している．

⑧ 血管新生能を獲得している．

⑨ 遺伝的に不安定である．

このように多様な能力をがん細胞は一度の突然変異（遺伝子突然変異，ある

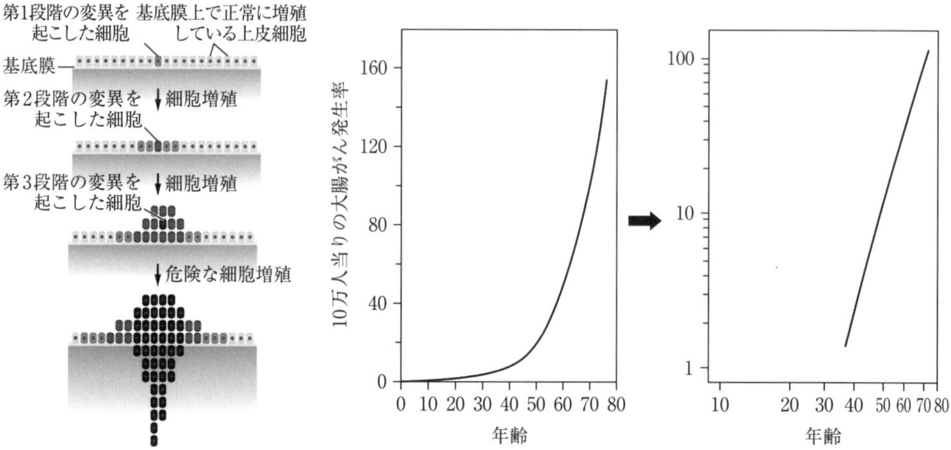

(a)　(b)　線形目盛　(c)　対数目盛

図 5.15　がん化の段階的進行[1)]

いは染色体突然変異による融合遺伝子の形成やコピー数の変化）で身に付けられるわけではない．図 5.15 の（a）では，第 1 段階の変異として周囲の細胞より**速い増殖能**を獲得し，第 2 に基底膜に接着せずに増殖できる**足場非依存性増殖**能を獲得し，第 3 に基底膜を突き破って結合組織で増殖する**浸潤能**を獲得している．

実際には，がん化に必要な変異は 3 つより多いことが多く，図 5.15 の（b），（c）の大腸がんでは，「がん年齢」とされる 50 歳代から急速に発生率が上昇し，両対数プロットで表示すると，その傾きはおよそ 5 になる．これは大腸がんの発がんに平均して 6 回の突然変異過程が必要であることを意味していると考えられており，**多段階発がんモデル**の根拠の 1 つとなっている（図 5.16）[10)]．

なお，白血病の場合，この傾きが最も小さく 3 程度であり[11)]，放射線による白血病誘発の潜伏期間が短いことと関連していると考えられている[12)]．

5.6.2　がん関連遺伝子

変異を起こすとがんになる遺伝子は，「**がん関連遺伝子**」と呼ばれ，数百の

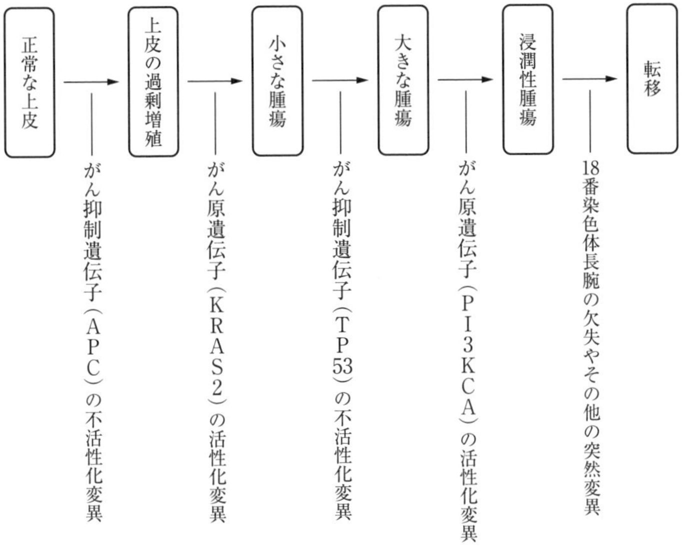

図 5.16　大腸がんの多段階発がんモデル

遺伝子が知られている．がん関連遺伝子は大きく分けると原がん遺伝子と**がん抑制遺伝子**がある．

原がん遺伝子（proto-oncogene）は，普段は正常な細胞の増殖やアポトーシスの抑制のために働いているが，対立遺伝子のどちらか一方に変異が生じ，がん化のアクセル役として働く**がん遺伝子**（oncogene）に変ぼうすることで過剰な細胞増殖や過度のアポトーシス抑制を引き起こす．このようにがん化に向かう原動力となる変異を**ドライバー変異**といい，ドライバー変異が生じた遺伝子を**ドライバー遺伝子**という．がん遺伝子への変異は一度の変異でドライバー変異となることが特徴である．このような変異は，**機能獲得型**（gain of function）変異と呼ばれる．

がん抑制遺伝子（tumor suppressor gene）は，細胞周期チェックポイントやアポトーシスの機構を働かせて細胞の増殖を制御するがん化のブレーキ役として機能する．対立遺伝子の片方の変異は多くの場合潜性であるため，ヒトのように核相が二倍体の体細胞では，ドライバー変異の成立には対立遺伝子の両方の変異が必要な**機能喪失型**（loss of function）**変異**を特徴とする（図 5.17）．

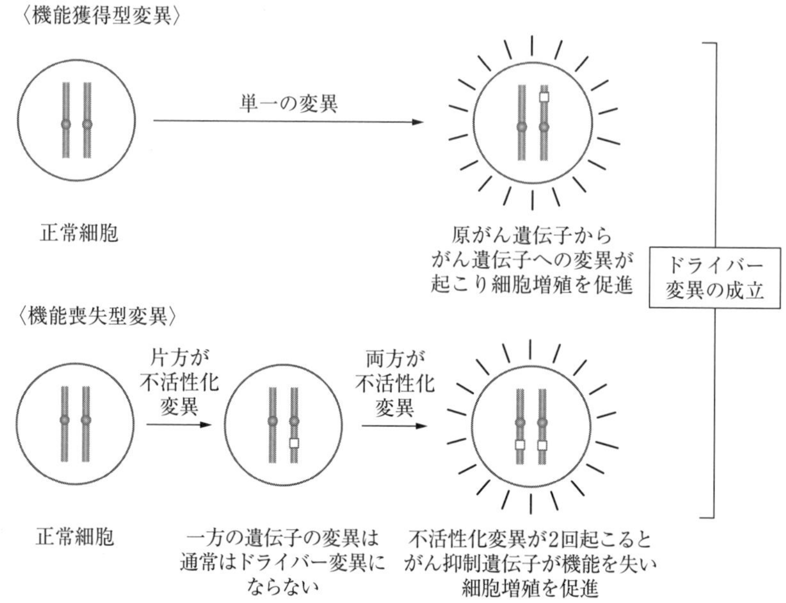

図 5.17　ドライバー変異の成立要件：がん遺伝子の機能獲得型変異とがん抑制遺伝子の機能喪失型変異[1)]

ただし，p53 をコードする *TP53* 遺伝子の変異の多くは，ヘテロ接合型であっても野生型遺伝子産物の機能を変異型遺伝子産物が阻害してしまう**顕性（優性）阻害型**（dominant-negative）の活性を示すため，一度の変異でドライバー変異となってしまう．これは，p53 が機能を発揮する際に四量体を形成するため，四量体の 16 分の 15 に変異型 p53 が混成してしまうことによる．

がんの発生に体細胞変異が必要なことは，がん抑制遺伝子や DNA 修復関連遺伝子のどれか 1 つの遺伝子の欠陥を受け継ぎ，細胞中の変異が加速的に蓄積する人は非常にがんになりやすいことからも裏付けられている．このような遺伝性のがんは，家族性がんと呼ばれ，低年齢で生じることも多い．

がん遺伝子は機能獲得型変異であるため，一度の変異で異常が顕在化するため通常は正常に発生できずに遺伝されない．**家族性がん**の多くは，がん抑制遺伝子や DNA 修復関連遺伝子の異常によるものがほとんどである．これは異常ながん抑制遺伝子はヘテロ接合状態では弱有害遺伝子として振舞うため，胎生

表 5.4 がん関連遺伝子[13)]

遺伝子名	変異様式	分子経路	好発がん
がん抑制遺伝子(ゲートキーパー)			
APC	不活性化変異	adenomatous polyposis coil (APC)	大腸がん，甲状腺がん，胃がん，小腸がん
AXIN2	不活性化変異	APC	大腸がん
EXT1,2	不活性化変異	glioma-associated oncogene (GLI)	骨軟骨腫
PTCH	不活性化変異	GLI	髄芽腫，皮膚がん
SUFU	不活性化変異	GLI	髄芽腫，皮膚がん
FH	不活性化変異	hypoxia-inducible transcription factor (HIF)-1	平滑筋腫
VHL	不活性化変異	HIF-1	腎がん
TP53	不活性化変異	tumor protein 53 (p53)	多くのがん
WT1	不活性化変異	p53	ウィルムス腫瘍
PTEN	不活性化変異	phosphoinositide 3-kinase (PI3K)	過誤腫，神経膠腫，子宮体がん
TSC1, TSC2	不活性化変異	PI3K	過誤腫，腎がん
RB1	不活性化変異	retinoblastoma (RB)	網膜芽細胞腫
CDKN2A (*p16INK4A, p14ARF*)	不活性化変異	RB	メラノーマ，膵臓がん
CDK4	不活性化変異	RB	メラノーマ
SMAD4	不活性化変異	SMAD	消化管腫瘍
BMPR1A	不活性化変異	SMAD	消化管腫瘍
がん抑制遺伝子(ケアテイカー)			
ATM	不活性化変異	染色体突然変異誘導	白血病，リンパ腫，脳腫瘍
NBS1	不活性化変異	染色体突然変異誘導	リンパ腫，脳腫瘍
FANCA, C, D2, E, F, G	不活性化変異	染色体突然変異誘導	白血病
BLM	不活性化変異	染色体突然変異誘導	白血病，リンパ腫，皮膚がん
WRN	不活性化変異	染色体突然変異誘導	骨肉腫，脳腫瘍
BRCA1, BRCA2	不活性化変異	染色体突然変異誘導	乳がん，卵巣がん
MSH2, MLH1, MSH6, PMS2	不活性化変異	ミスマッチ修復	大腸がん，子宮体がん
MUTYH	不活性化変異	塩基除去修復	大腸がん
XPA, XPC, ERCC2-5, DDB2	不活性化変異	ヌクレオチド除去修復	皮膚がん
原がん遺伝子			
BCL2	転座	アポトーシス	リンパ腫
BAX	不活性化コドン変異	アポトーシス	大腸がん，胃がん
MDM2	遺伝子増幅	p53	肉腫
NOTCH1	転座	p53	白血病
AKT2	遺伝子増幅	PI3K	卵巣がん，乳がん
PI3KCA	活性化コドン変異	PI3K	大腸がん，胃がん，乳がん，脳腫瘍

CCND1	遺伝子増幅や転座	RB	白血病，乳がん
TAL1	転座	RB	白血病
TFE3	転座	RB	腎がん，肉腫
ABL1	転座	receptor tyrosine kinase (RTK)	慢性骨髄性白血病
ALK	転座	RTK	未分化大細胞リンパ腫
BRAF	活性化コドン変異	RTK	メラノーマ，大腸がん，甲状腺がん
EGFR	遺伝子増幅や活性化コドン変異	RTK	非小細胞肺がん，神経膠芽腫
EPHB2	不活性化コドン変異	RTK	前立腺がん
ERBB2	遺伝子増幅	RTK	乳がん，卵巣がん
FES	活性化コドン変異	RTK	大腸がん
FGFR1-3	転座	RTK	リンパ腫，胃がん，膀胱がん
FLT3,4	活性化コドン変異	RTK	白血病，血管肉腫
JAK2	転座	RTK	白血病
KRAS2, N-RAS	活性化コドン変異	RTK	大腸がん，膵臓がん，非小細胞肺がん
NTRK1, 3	転座か活性化コドン変異	RTK	甲状腺がん，乳腺分泌がん，大腸がん
PDGFRB	転座	RTK	白血病
RUNX1	転座	SMAD	白血病
SMAD2	不活性化コドン変異	SMAD	大腸がん，乳がん
TGFBR1, TGFBR2	不活性化コドン変異	SMAD	大腸がん，胃がん，卵巣がん

致死遺伝子とならずに「がん素因」として引き継がれるためである．なお，家族性がんの原因遺伝子は，広義にはがん抑制遺伝子として一括りにされるが，近年は，DNA 修復関連遺伝子は，細胞が変異型遺伝子を蓄積する頻度を制御することから**ケアテイカー**（管理人）と呼び，細胞の増殖を制御する従来のがん抑制遺伝子を**ゲートキーパー**（門番）と呼んで区別することが多い[14)]．代表的ながん関連遺伝子を表5.4にまとめた．

演習問題

5.1　遺伝子を構成する機能単位（特定の塩基配列）でないのはどれか．

1. プロモーター　2. エンハンサー　3. レセプター
4. 応答エレメント　5. ターミネーター

5.2　DNA 複製の誤りを正す忠実度の高い DNA 修復機構はどれか．

1. 塩基除去修復　2. 損傷乗り越え修復　3. ヌクレオチド除去修復

4. 相同組換え修復　5. ミスマッチ修復

5.3 コーディング遺伝子に生じた変異そのものが停止コドンに変わる変異はどれか.

1. サイレント変異　2. ミスセンス変異　3. ナンセンス変異

4. フレームシフト変異　5. パッセンジャー変異

5.4 放射線による塩基配列の欠損を許容しやすい領域はどれか.

1. コーディング遺伝子　2. エキソン　3. イントロン　4. STR

5. 偽遺伝子

5.5 不安定型異常の染色体異常はどれか.

1. 環状染色体　2. 転座　3.　小さな欠失　4.　二動原体染色体

5. 逆位

5.6 継世代時に自然淘汰を受けずに引き継がれやすい異常はどれか.

1. がん抑制遺伝子の異常　2. 染色体異数化

3. 原がん遺伝子に生じたドライバー変異　4. 弱有害変異

5. ハウスキーピング遺伝子の異常

5.7 遺伝子に関する記述で正しいのはどれか.

1. 遺伝子はタンパク質をコードする.
2. ヒトゲノムのコーディング遺伝子はノンコーディング遺伝子よりも多い.
3. ノンコーディング遺伝子とは遺伝子産物が合成されない遺伝子である.
4. がん抑制遺伝子はゲートキーパー遺伝子とケアテイカー遺伝子に分類される.
5. がん抑制遺伝子の機能喪失型変異はドライバー変異にはならない.

5.8 突然変異に関する記述で誤っているのはどれか.

1. 紫外線は塩基置換変異を誘発する頻度が高い.
2. 放射線は挿入変異を誘発する頻度が高い.
3. 遺伝子突然変異の線量－効果関係はLモデルによくフィットする.
4. 染色体突然変異の線量-効果関係はLQモデルによくフィットする.
5. 年齢に対して大腸がんの発生率を両対数プロットすると傾きは約5になる.

〈参考文献〉

1) Alberts B., et al., 中村佳子他監訳：細胞の分子生物学 第5版，ニュートンプレス，2010

2) Willyard C.：Expanded human gene tally reignites debate, Nature, 558, 354-355, 2018
3) Gilbert W., et al.：On the antiquity of introns, Cell, 46, 151-154, 1986
4) 江島洋介，木村博：放射線技術学シリーズ 放射線生物学 改訂2版，オーム社，2011
5) Tomasetti C., et al.：Stem cell divisions, somatic mutations, cancer etiology, and cancer prevention, Science, 355, 1330-1334, 2017
6) Kimura, M.：The neutral theory of molecular evolution, Cambridge University Press, 1983
7) UNSCEAR：Hereditary effects of radiation, New York, United Nations, 2001
8) 青山喬，丹羽大貫：放射線基礎医学 第12版，金芳堂，2013
9) Hahn W. C.：Creation of human tumor cells with defined genetic elements, Nature, 400, 464-468, 1999
10) Balmain A.：How many mutations are required for tumorigenesis? implications from human cancer data, Molecular Carcinogenesis, 7, 139-146, 1993
11) Michor F., et al.：The age incidence of chronic myeloid leukemia can be explained by a one-mutation model, Proceedings of the National Academy of Sciences of the United States of America, 103, 14931-14934, 2006
12) Upton A. C.：The dose－response relation in radiation－induced cancer, Cancer Research, 21, 717-729, 1961
13) Vogelstein B., Kinzler K. W.：Cancer genes and the pathways they control, Nature Medicine, 10, 789-799, 2004
14) Wineberg R. A., 武藤誠，青木正博訳：ワインバーグ がんの生物学，南江堂，2008

6 放射線の人体への影響

放射線の人体への影響は，**被ばく**(radiation exposure)した本人自身に直接出現する身体的影響と被ばくした本人の子孫に現れる遺伝的影響の2つに大別されるが，ここでは，放射線生物学的な視点から，人体を構成する各組織や各臓器への放射線による影響や胎児への放射線感受性について多面的に学習する．

放射線による被ばくについては，たとえ同一線量の被ばくであっても，生体や組織細胞の種類や細胞の分化の程度などによって，放射線による組織・器官・人体への障害や影響の出やすさも相当に異なることを十分に理解して学習を深めていく．

ここでは，英語表現から日本語訳されている**影響**（effect・impact・influence）や**障害**（trauma・detriment・damage・injury・disability・obstacle・disorder）や**損傷**（damage・injury・harm）などのような語彙（vocabulary）についても同義の場合と相違がある場合を慎重に意識しながら読み進めることが重要である．

放射線感受性（radio-sensitivity）または**放射線感度**（radiation sensitivity）とは，放射線被ばくにより，組織・臓器・人体に生じる生物学的な影響の程度を表す指標である．

放射線感受性に関しては，次のベルゴニエ・トリボンドーの法則が一般則として多用される．

ベルゴニエ・トリボンドーの法則（Bergonie-Tribondeau's law）は，放射線による生体組織への影響についての原則である．ベルゴニエ氏とトリボンドー氏が1906年に発見した法則である．

この法則では，細胞レベルで放射線感受性に差があるように，組織・臓器レベルではもっと放射線感受性に差が見られる．組織・臓器レベルの放射線感受性を決定する法則である．この法則は未分化の幹細胞から，機能細胞へと分化していく系列の組織・臓器に適用される．

① 細胞分裂頻度が高く，② 将来，細胞分裂の回数が大きく，③ 形態および機能的に未分化な組織は，放射線感受性が高い（放射線の影響を受けやすい）という法則である．

ただし，リンパ球など高分化細胞だが放射線感受性は高いという例外もある．

放射線感受性については，個体の半数がその致死を惹起する線量（LD_{50}：Lethal Dose 50%）または60日以内に半数致死を惹起する$LD_{50/60}$（Lethal Dose 50% within 60 days）などの指標で表すこともあり，個体に関しても，組織や細胞に関しても用いている．放射線感受性を左右する因子としては，遺伝的背景，照射時の環境，放射線の線質や線量率，細胞周期などが列記できる．

また，放射線感受性は，放射線被ばくを受ける側での損傷の程度（extent of damage）と表現するものや放射線生物学的には「細胞の死にやすさ」という表現をする研究者もいる．

一方で，国連科学委員会は，UNSCEAR 2013年報告書において科学的附属書で「電離放射線の線源，影響及びリスク」のがんの誘発に関する用語として，放射線感受性の使用の場合について，放射線感受性とは「放射線による腫瘍発生率」と定義しているものもある．

6.1　組織臓器への影響

放射線感受性の順位（高⇒低）については，それぞれ ① リンパ組織，② 骨髄，③ 生殖腺，④ 小腸上皮，大腸上皮，⑤ 口腔粘膜，皮膚上皮，⑥ 毛細血管，⑦ 水晶体，⑧ 毛嚢，⑨ 腎臓，肝臓，⑩ 肺，⑪ 唾液腺，⑫ 汗腺，皮脂腺，⑬ 皮膚全層，⑭ 膵臓，⑮ 副腎，甲状腺，⑯ 筋肉，心臓，⑰ 結合組織，大血管，⑱ 軟骨，⑲ 骨，⑳ 神経の順で高感受性から低感受性となる（表6.1（a），（b））．

表 6.1 (a)　放射線感受性の順位

1. リンパ組織（胸腺，脾臓）	11. 唾液腺
2. 骨髄	12. 汗腺，皮脂腺
3. 生殖腺（卵巣，精巣）	13. 皮膚全層
4. 小腸上皮，大腸上皮	14. すい臓
5. 口腔粘膜，皮膚上皮	15. 副腎，甲状腺
6. 毛細血管	16. 筋肉，心臓
7. 水晶体	17. 結合組織，大血管
8. 毛嚢	18. 軟骨
9. 腎臓，肝臓	19. 骨
10. 肺	20. 神経細胞

表 6.1 (b)　放射線感受性の一覧

感受性高低	臓　器	組　織
高	リンパ組織・骨髄	造血組織
↑	精巣・卵巣	生殖腺
│	腸（小腸上皮・食道上皮）	消化管
│	皮膚・毛嚢・水晶体	表皮・眼
│	肺・肝臓・腎臓・甲状腺・唾液腺	内臓・腺
↓	骨・血管・脂肪細胞・筋肉	支持組織
低	神経・脳神経	神経組織

しかし人体への照射を総体として考慮した場合には，**組織臓器**の単体の感受性だけではなく，放射線感受性の高い組織と感受性の低い臓器の組み合わせの場合など，周辺の組織や臓器との関連の影響についても必ず熟慮を要する．

6.1.1　造血組織

(1)　造血組織（hematogenic tissue）への影響

造血組織への放射線の影響として造血幹細胞は放射線に非常に感受性が高い．その一方で，造血組織の構成細胞の中で造血支持細胞は放射線に比較的抵抗性があり，照射により血液細胞増殖因子を生産する能力が高まる．成熟した血球の寿命は約 8～120 日間であり，全身に放射線を浴びた場合には，造血組織からの血球の供給がなくなり白血球や血小板が減少する．赤血球は寿命が長いので，大量出血の場合には貧血が生じる．リンパ球は放射線の影響を最も鋭敏に受け，1～2Gy の線量で 48 時間以内に正常値の約 50%に減少する．好中球数は1～2Gy以上の線量では被ばく後，2～3日目に細胞増加が見られ，細胞増加は線量が高いほど大きい．その後に細胞数の減少が始まり，減少の速度と程度は線量に依存する．血小板の減少は好中球の減少とほぼ類似している．放射線による末梢血中の細胞数の変化を比較すると，血小板が最も放射線に感受性があり，次がリンパ球であり，その次は好中球である．（UNSCEAR 1988年 Report）

放射線感受性の高い組織の代表としては，造血組織である**骨髄**（marrow/bone marrow）がある．特に赤色骨髄は，骨の内部に存在する造血組織である骨髄のうち，血球を盛んに生産しているため赤色に見える．一方，造血を行わず脂肪組織で置き換えられた部位は黄色に見え，黄色骨髄，黄骨髄または脂肪髄などとも呼ばれる．骨髄は，主に体の中心部にある椎体骨，胸骨あるいは腸骨に存在している．

赤色骨髄はゼリー状の組織で，血液細胞（blood cell）の生産工場ともいわれる．血液細胞とは血液中を循環する赤血球，白血球，血小板などの細胞の総称である．骨髄中に存在する**造血幹細胞**（hematopoietic stem cell）は分裂して自分と同じ細胞をつくる能力（self-renewal：自己複製能）と，別の種類の細胞などさまざまな細胞に分化する能力（多分化能）をもち，際限なく増殖できる細胞と定義される．こうした2つの能力により，発生や組織の再生などを担う細胞であると考えられている．

造血幹細胞は多分化能を有しており，**赤血球**，**白血球**，**血小板**などすべての血液細胞をつくり出せる．また造血幹細胞は自己複製能をもち一生涯造血し続けることができる．造血幹細胞は骨髄内で，多能性幹細胞が分化し，赤芽球からは赤血球，骨髄芽球からは顆粒球，リンパ芽球からはリンパ球が，巨核芽球からは血小板がつくり出されて骨髄から血管の中に移動する（図6.1）．

白血球系，赤血球系，血小板の元となる細胞に成熟し，さらに成長した白血球や赤血球，血小板になったところで，骨髄から血管の中に移動する．

血液は，血漿，細胞成分，タンパク質などから成り立っており，細胞成分には，赤血球，白血球（顆粒球・単球・リンパ球），血小板がある．血球は，血液成分の血漿のひとつであり，血漿中に浮遊している有形成分である．赤血球は，酸素を体内の組織に運搬し，また二酸化炭素を肺に運搬する働きをしてい

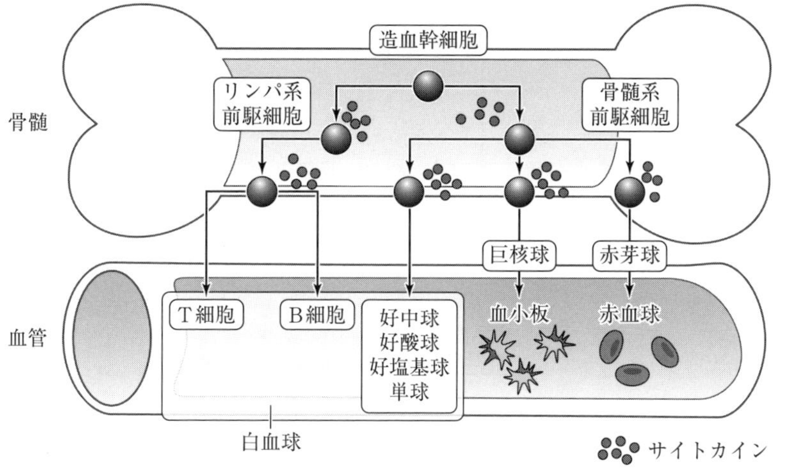

図 6.1　骨髄血管（文献 1）より引用）

る．白血球は顆粒球と単核球を含み，単核球（mononuclear cells）は，さらに**単球**（monocytes）と**リンパ球**（lymphocytes）に分けられ，細菌やウイルスなどの異物や体内で生じたがん細胞を撲滅する働きをしている．血小板は，主として止血の役割を果たしている．造血幹細胞は，自己複製能といろいろな血球に分化することができる多分化能をもっている．

19 世紀になり，血液については，骨の中心部にある赤色骨髄（red marrow）という「骨髄」でつくられることがわかってきた．上肢や下肢など長骨の骨髄腔や海綿質の隙間は骨髄で満たされているのだが，骨髄は赤血球や白血球をつくる造血組織で，これが造血活動を行っているときは赤く見えるため赤色骨髄という．この活動を終えて血球生産に関与しなくなると脂肪組織で置き換わり黄色に見える脂肪状の骨髄になるが，これを黄色骨髄（yellow marrow）という．

血球系の細胞には寿命があり，造血組織から供給されなくなると徐々に減っていく．寿命は血球の種類によって異なるが，一般的には赤血球で約 120 日，白血球で数時間から数日，リンパ球では数日から数十年，好中球は約 1 日，血小板は 3～10 日である（図 6.2）．

ヒトの造血組織は骨髄内に存在するが，体中のすべての骨の骨髄で造血が行

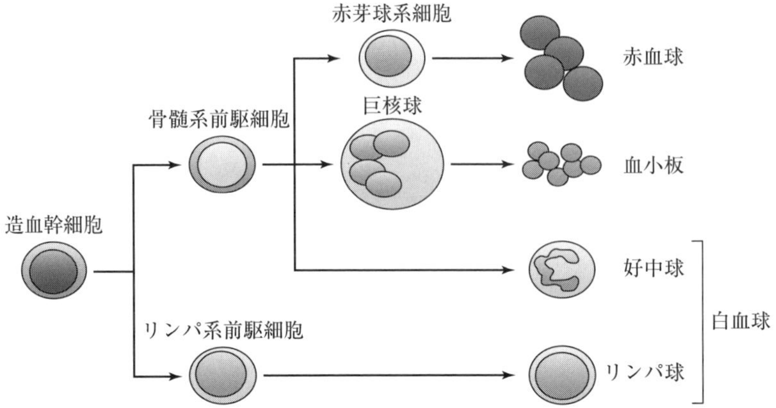

図 6.2　骨髄と造血幹細胞（文献 2）より引用）

われる訳ではない．胸骨，肋骨，脊椎，骨盤など体幹の中心部分にある扁平骨や短骨の骨髄において主に造血が行われる．その他の長管骨の骨髄では，出生後しばらくの間は造血機能をもつが，青年期以降は造血機能を失い，その後は加齢とともに徐々に辺縁部位が脂肪組織に置き換わっていく．最長の大腿骨でも 25 歳前後で造血機能を失うのである．骨髄には約 1 兆個の細胞が存在しているといわれており，毎日，赤血球は約 2,000 億個，白血球は約 1,000 億個，血小板は約 1 億個がつくられている．

赤血球の造血は，エリスロポエチン（EPO）というホルモンのコントロール下で，骨髄内において進行している．赤血球の寿命は約 120 日を過ぎると，赤血球は細胞膜を失い，大半は脾臓，肝臓，および骨髄の食細胞により循環血液中から除去される．

白血球には，好中球・好酸球・好塩基球・単球・リンパ球の 5 種類があり，好中球は細菌や真菌を撲滅して取り込んだり，異物を取り込んだりすることによって体を感染症から守っている．リンパ球には 3 種類があり，そのうち **T 細胞**（T リンパ球）と**ナチュラルキラー細胞**は，ウイルス感染から体を守っており，がん細胞を発見して破壊することもあり，**B 細胞**（B リンパ球）は，抗体をつくる細胞になる．単球は，死滅細胞や損傷細胞を取り込み，感染原因となるさまざまな微生物から体を守る．好酸球は，寄生虫を殺し，がん細胞を破壊するほか，アレルギー反応にも関係している．好塩基球も，アレルギー反応に関係している．

血小板は，細胞に似ているが細胞ではなく，赤血球や白血球より小さい粒子である．血小板は，血液の凝固作用に関与しており，出血箇所に集まって凝集し，血栓という血の塊をつくり，血管の損傷部分を塞ぎ，同時に凝固を促す物質を放出している．

6.1.2 生 殖 腺

(1) 生殖腺（genital gland/sexual gland/gonad）への影響

生殖腺とは，生殖細胞を形成する器官で，男性では精巣，女性では卵巣と呼ばれる放射線に対して感受性の高い組織である．生殖腺は，人間の生殖に関与する男女の配偶子細胞を生産・放出して受精に役立てる．生物の生殖細胞のうち，有性生殖において合体や接合して新しい個体をつくるものを**配偶子**（gamete）という．生殖腺は生殖器官の発達，男女の性徴，性行動を誘発するホルモンを分泌する器官のことをいい，医学的には，性腺・生殖巣・性巣などともいう．

放射線の被ばく線量に依存して，この男女の配偶子細胞が枯渇した場合には，一時的不妊や永久的不妊を惹き起こすことになる．

精子や卵子に与えられる放射線の重大な影響は，DNA や染色体に対する損傷であり，わずか単一軌跡の低線量照射によっても惹き起こされる．これに起因する損傷は確率的または遺伝的影響として次世代細胞の染色体異常や突然変異を誘発し，**遺伝障害**（genetic disorder）や**発がん**に結び付く可能性が高い．そのため生殖機能に異常が起きないような**低線量被ばく**の可能性にも十分な注意を払い，遮へいによって生殖腺の**放射線防護**を徹底的に図る必要がある．

(2) 放射線の生殖腺への影響（男性）の場合

男性の場合，精巣における精子生産能は生涯を通じて停止することはないといわれる．精巣（seminiferous tubule）を構成している精細管では未分化の**精原細胞**は有糸分裂を重ねて**精母細胞**となり，精母細胞は 2 回の細胞分裂から成る減数分裂を経て 4 個の精細胞となり，多量に生産された精細胞が精子に分化する．

精細管内で精子形成を目的に起こる精原細胞および精母細胞の活発な細胞分裂は，放射線の影響を特に強く受け直ちに停止する．そのため，精細管の精子産生能は被ばく線量に依存して，一時的または永久に停止する．これに対して生産された成熟精子は分化した非分裂細胞なので**放射線耐性**である．

照射直後はこの生き残った精子によって生殖能力は保持されるが，被ばくにより精細管内の精子の生産が停止すると精子が枯渇し，その結果不妊が誘発される．また，感受性の高い精原細胞や精母細胞に死が起こると精細管は永久不妊となり，多くの精細管に不妊が起こると精巣が精子生産能を失い，個体は不妊化する．

(3)　不 妊 線 量

ヒトでは永久不妊が4～5 Gy，一時的不妊が0.1～2.0 Gyといわれている．医療被ばくについて考慮する場合には，診断用X線検査や核医学診断用放射性同位元素の利用の際に，患者が被ばくする線量または医師・技師等が受ける慢性被ばく線量は不妊を惹き起こすほどの障害には至らないが，**染色体異常**や**突然変異**が誘発される可能性は否定できないため遮へいや防護についての対策と実行が重要である．放射線治療の場合には，患者が被ばくする合計線量は染色体異常も不妊も惹き起こすに十分な線量である．治療用の照射野が精巣やその周辺も巻き込む場合は，防護のための遮へいを十分にする必要がある（表6.2）．

(4)　放射線の生殖腺への影響（女性）の場合

卵子は卵巣内で嚢状の濾胞に包まれており，濾胞のサイズ差によって放射線感受性は異なる．濾胞の放射線感受性は，中サイズが最も高く，次いで大が中間で，小が最も放射線抵抗性となる．精巣とは異なり，卵巣の生殖細胞は早期

表6.2　しきい線量のある確定的影響

臓器	影響	急性被ばく (0.1 Gy/分以上)	慢性被ばく (0.1 Gy/時以上)
精巣	一時的不妊 永久不妊	0.15 Gy 3.5～6 Gy	0.4 Gy/年 2.0 Gy/年
卵巣	一時的不妊 永久不妊	0.65～1.5 Gy 2.5～6 Gy	— ＞0.2 Gy/年
造血臓器	機能低下	0.5 Gy	＞0.4 Gy/年

に形成され常に分裂している訳でなく，月経の度に成熟卵子は入れ替わる．ヒトの卵巣に不妊を起こす被ばく線量は 1.7〜6.4 Gy で**一時不妊**，3.2〜10.0 Gy で**永久不妊**となる．

卵巣の被ばくで大きな問題となるのは，被ばくによって卵子の DNA および染色体に起こる遺伝的な変化および障害である．卵子の受胎能力は低線量でも中線量の被ばくでも回復するので，照射された卵子は染色体損傷をそのまま次世代の個体発生へ持ち込んでしまい，遺伝的異常や突然変異を子孫に伝えることになる．

男性の場合と同様，医療用の X 線診断などにおける被ばくで卵巣の不妊は起こらないが，染色体損傷は起こる可能性がある．卵子は精子に比べて自然の防護や遮へいが施されているものの，不必要な被ばくは避ける必要がある（表 6.2）．

注）X 線撮影時の生殖腺防護や妊産婦への影響説明に関連していることに注目されたい．

6.1.3 水晶体（the crystalline lens）

眼球自体は 24 mm，卓球の硬式ボールの大きさは 40 mm に比較すると理解しやすい．眼球内の水晶体とは，水晶体嚢という袋の中で多数の細胞が規則正しく配列し，透明な状態を保っていて，眼内でレンズの役割を果たす重要な組織である．

また，水晶体は直径約 9 mm の透明な円板状で，瞳孔の奥にあり，毛様体の伸縮によって厚みを変えることができるレンズである．また，水晶体は遠近の調節を行っていて，厚みは調節により異なるが 4〜5 mm である．眼に有害な紫外線を吸収して，網膜を守る重要な働きもしている．その成分は，65%が水分であり，35%はタンパク質である（図 6.3）．

白内障とは，水晶体嚢で透明な状態を保っていた細胞配列が乱れて，均一性が崩れ，水晶体が混濁した状態をいう．白内障は加齢により発生する場合が一般的であるが，放射線の影響による場合には，白内障を起こす放射線のしきい値は 0.5 Gy（潜伏期間は 20 年以上）である．放射線は分裂している細胞に特に傷を与えやすく，まず赤道部で細胞に異常が生じ，そのような細胞が水晶体

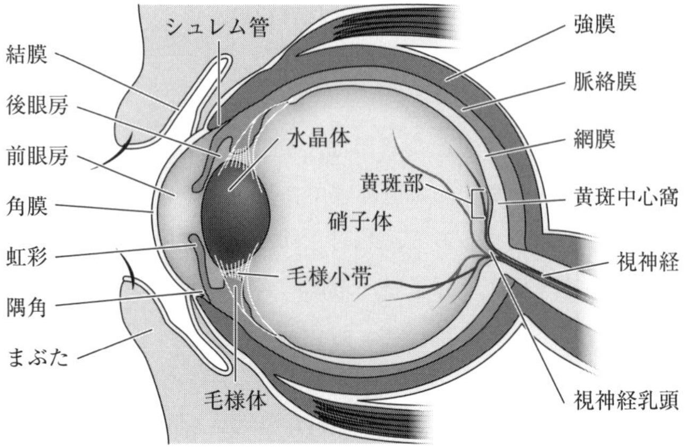

図 6.3　眼球の断面図（文献 3）より引用）

の後方に回って，中央部に集まる．それらの変性した細胞は光の直進を妨げるため，混濁となる．我々は，水晶体を通してすべての映像を取得するため，白内障になると，濁ったレンズを通して物を視なければならず，不都合なばかりでなくさまざまな晩発症状も出てくる．

注）白内障は，放射線の身体的影響としては，**晩発障害**に列挙される．また放射線障害防止法による施行規則 22 条健康診断の項目に眼が入っていることに注目されたい．

6.1.4　皮膚（skin tissue）

全身を覆う皮膚面積は成人で約 2.0 m^2 であり，外部からの刺激や細菌などの感染から体を守る重要な役割を果たしている．皮膚は，表皮（0.2 mm），真皮，皮下組織から成り，① 水分の喪失を防止する ② 体温調節する ③ 外部刺激を感知する ④ 物理化学的な刺激から生体を守る，など生命維持のための多くの機能を果たしている．

表皮を構成する細胞が生じてから，はがれ落ちるまでの皮膚の生まれ変わりを，一般にターンオーバーと呼び，45 日程度ですべての細胞が入れ替わる．

皮膚の上皮組織は基底細胞が分裂増殖して分化し，成熟して有棘細胞・顆粒細胞になったあと角化して脱落していく（図 6.4）．

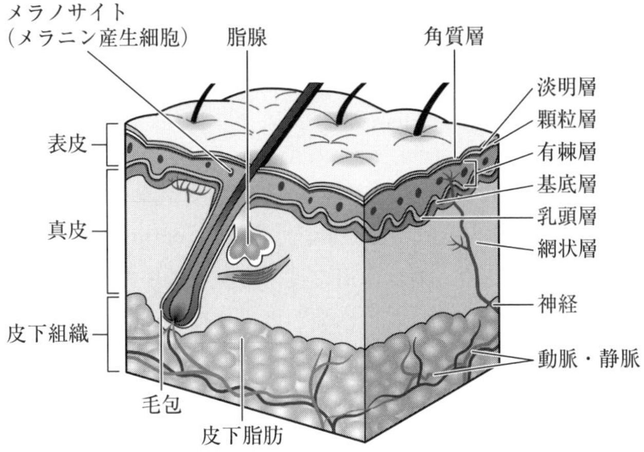

図 6.4　皮膚の解剖図（文献 4）より引用）

このようなサイクルをもつ組織を細胞再生系という．放射線により障害を受けるのは分裂している基底細胞と有棘細胞であり，細胞分裂が停止する．その**増殖停止時間**の長さは線量に依存しており，一定の線量以下では細胞増殖が再開されて重大な障害なく治癒する．線量の低い場合には**紅斑**（erythema）が生じても軽快していく．しかし，ある線量を超えると増殖再開が遅延し，このため成熟上皮細胞が角化，剥離し続けるのに細胞供給が追い付かないために上皮組織が失われ糜爛（**びらん**：erosion）や**潰瘍**（ulcer）といった病態に変わる．線量がさらに多く，基底細胞が回復不能な障害を受けている場合は，上皮組織の修復がないために難治性の潰瘍を形成することになる．

放射線により内皮が回復不能な障害を受けると血流障害や血管閉塞が起こり，皮膚は壊死状態（necrosis）に陥る．それぞれの放射線感受性，組織細胞周期の速度に依存して被ばくした直後から多様な放射線障害があり，異なった時期に皮膚症状が発現することが知られている．また特異な場合として線量が 100 Gy を超えるような場合，急性皮膚壊死（acute necrosis），潰瘍（acute ulcer）がきわめて早期（10～14 日）に生じる．これは増殖細胞か増殖停止細胞であるかにかかわらず，細胞が有糸分裂を経ずに直接細胞死（いわゆる間期死：interphase death）を起こすため，急速に増殖細胞層，成熟皮膚細胞が失われるためである．

注）放射線障害防止法による施行規則 22 条健康診断の項目に皮膚が入っていることに注目されたい.

6.1.5 消化器（digestive organ）

消化器とは，口腔（oral cavity），食道（esophagus），胃（stomach），小腸（small intestine），大腸（large intestine），直腸（rectum）などで構成される管状の食物摂取器官である．消化作用の役割を担う機能細胞は，消化器の内壁を仕切る粘膜上皮を構成している．粘膜上皮は，器官ごとでそれぞれ機能も構造も異なる（図 6.5）.

しかし，いずれも**上皮組織**であり，その未分化細胞層（基底層など）に存在する幹細胞（放射線感受性）の増殖と分化によって機能細胞層（放射線耐性）の定期的入れ替えを行う再生組織である．照射による放射線の影響は，まず感受性の幹細胞群に増殖抑制が起こり，続いて機能細胞群に供給不足（枯渇）や

図 6.5　消化管の一般構造（文献 5）より引用）

機能障害（粘膜炎症）が起こることで消化機能の低下（下痢等）が認識される．

放射線による腸管の損傷（**腸死**）とは，放射線を被ばくして後，悪心または嘔気，全身倦怠感，下血や下痢などの消化器症状を呈した後，それが原因となった脱水症や電解質不均衡（すなわち，体液の喪失に伴って陰・陽イオンも失われて，その結果，血清中のイオンのバランスが乱れること）によりもたらされる死である．

線量が高い（5 Gy 以上）と再生は十分行われず，浅い潰瘍は広がり，その結果，上皮細胞関門の破綻が生じ，出血，タンパク質や電解質を含んだ体液がその部位から喪失する．

また，この部位から細菌の侵入が起こる．本来であれば白血球が細菌の貪食などで防御に当たるが，高線量被ばくによる造血器不全のため白血球がほとんどないので細菌が侵入し，血中に移行，他臓器に移動し，菌血症（敗血症）の状態（血液内に細菌が存在している状態）が招来される．この時点で臨床的には発熱，血性下痢の持続が認められる．この脱水症からくる循環不全と感染症により，被ばく 7〜10 日で被ばく者は死亡する．消化器粘膜上皮組織関門の破綻と造血器不全が合併して死がもたらされると考えられている．

6.1.6 神経組織（nervous tissue）

放射線感受性の低い臓器ではあるが，神経組織への影響は放射線によって実質細胞が直接障害を受けるよりも少ない線量で，血管や結合組織が障害される．このため神経組織は，本来ダメージを受けるはずの線量よりも少ない線量で実際には二次的に障害されることになる．

放射線による中枢神経障害（中枢神経死）：

数 10 Gy を超える線量を被ばくした場合には中枢神経系に強い影響が現れる．被ばく者は知覚神経の走路中に不適応刺激が加わり，異常な感覚が病的に発現する知覚異常を伴う全身の重篤な灼熱感を訴え，急速に興奮の兆候が現れ，昏睡に陥り，3 日以内に死亡する数 10 Gy 以上の大量放射線被ばくを受けた場合のこのような症状が，大脳の浮腫，脳血管の炎症等に起因している．

中枢神経障害は放射線による急性障害の中で最も重篤な影響に分類されており，数 10 Gy 以上の高線量を短時間内に被ばくした場合に発生する．この領域の非常に高い線量を被ばくした場合には，直ちに神経系の病理学的変化による症状が発現し，急速に死に至ることになる．中枢神経の大線量被ばく後の生存期間は骨髄や胃腸管等よりも短く，さらに線量が高いほど短縮され，1,000 Gy 以上では数時間かそれ以下である．

中枢神経系の障害が発現するような事態は個体にとって致死的なことである．被ばくにより脳細胞の変性，大脳の浮腫，脳血管の炎症が起こり，身体がだるく重度の疲労感を覚えるような倦怠感から重症の無欲・無気力状態，虚脱・昏睡状態へと急速に進行する．昏睡，全身痙攣，ショック症状などが認められ，次いで，運動失調が起こる．この領域の線量を被ばくすると，たとえ 2〜3 日は生存する場合でも，時間・場所や物に対する認知能力を喪失し，無能力化する

神経系の障害による死亡リスクの線量効果関係を推定するためのデータは，胃腸管障害に関するデータ以上に少ないため明確なモデル化は行われていない．しかし，障害の発生は致死的である．大脳への線量が 25 Gy で短時間内に死亡していることから，**50％致死線量**としての LD_{50} は 20〜25 Gy 程度と推定されている．放射線に対する感受性や放射線の線量効果をみる指標では，ヒトの LD_{50} は約 4 Gy 程度と推定されている．

これらと放射線生物学的にも放射線管理学的にも関連する内容として，造血組織・皮膚・白内障に関し求められる法的規定がある．

放射性同位元素等による放射線障害の防止に関する法律施行規則（略称：**放射線障害防止法施行規則**）における健康診断（第 22 条 第一項 6 号）：

イ．末しよう血液中の血色素量又はヘマトクリット値，赤血球数，白血球数及び白血球百分率

ロ．皮膚

ハ．眼

ニ．その他原子力規制委員会が定める部位及び項目

6.2　大線量被ばくによる死

放射線生物学における放射線の生体作用は，**直接作用**と**間接作用**である．間

接作用はいわゆる活性酸素と呼ばれるなかで最も反応性が高く，最も酸化力が強いヒドロキシルラジカル（hydroxyl radical）などの活性酸素による作用とされる．しかし，それぞれの作用の寄与度は放射線の種類によって大きく異なり，X線・γ線のような**低LET放射線**は間接作用が大きな割合を占め，α線や中性子線のような**高LET放射線**は直接作用が主体となる．

放射線治療を除く医療診断用の放射線では，ほとんどが低LET放射線のX線やγ線であり，ヒドロキシルラジカルの作用が主たる間接作用である．

事故等による瞬時大線量被ばくと放射線治療などによる分割線量の総線量としての大線量では，同一の大線量だとしても，まったく意味が異なることを再認識しなければならない．

全身に大線量の放射線被ばくをした場合には，組織・臓器の重篤な障害により個体死に至る．被ばく線量により生存期間や死因が異なる．この場合に，全身への大線量放射線被ばくにより死因となりうるものが，骨髄死・腸管死・中枢神経死などである．

6.2.1　骨　髄　死

造血臓器である骨髄は，細胞再生系組織であり，血液細胞である赤血球や白血球をつくり，恒常的に分裂を繰り返しているため放射線感受性が高い．すべての血液細胞の根源である造血幹細胞が，大線量の被ばくにより細胞死を起こすと血液細胞の供給が断たれ，白血球減少により免疫機能が減少して感染症が起き，血小板の減少により出血傾向になるなど血液細胞の機能不全をもたらすことになる．特に慢性被ばくには造血機能不足が臨床的兆候であり，継続的な細胞性免疫低下や機能不全が観察される（Oklandnikova 2001）．大線量の放射線被ばくだけでなく，比較的低線量でも**血液死**（blood death）が発生する場合もある．

全身への放射線被ばくの場合に影響発生が，抹消血の血球は，リンパ球，好中球，好酸球，血小板，赤血球の順に減少する．しかし，回復はリンパ球が最も遅い．60日以内に半数致死を惹起する（$LD_{50/60}$ **半致死線量**は約4 Gy）．2～10（4）Gyの放射線被ばくにより，ヒトは造血臓器障害により60日以内に死亡する．骨髄の肝細胞の分裂停止に伴う血液細胞の減少による貧血と細菌

表6.3　大線量被ばくによる死

影響部位	線　量	死亡に至るまでの期間	致死の原因
骨髄障害（骨髄死）	1～10 Sv (2.4.10) 4 Gy は半致死線量 LD 50/60	10～60 日	骨髄の肝細胞の分裂停止に伴う血液細胞の減少による貧血と細菌感染
消化管（胃腸管）	10～100 Gy 10～50 Gy	3～10 日 10～14 日	下痢脱水を伴う腸管の障害
中枢神経（呼吸・心臓中枢） 中枢神経（中枢神経死）（分子死）	数 10～100 Gy 数 100～1000 Gy	1 日以内(即死)	神経血管症候群から呼吸・心臓中枢の障害

感染が原因である．

造血系には優れた適応性と柔軟性があり，被ばくの終了後に白血球数が緩やかに正常化しいき造血の回復を始動させるが，大線量放射線被ばくにより，致死的な可能性のある場合には「**造血症候群**」からの回復のために医療管理が不可欠である（表6.3）．

6.2.2　腸　管　死

腸管のうちでも小腸は主として水・電解質・栄養の吸収を行うため，下痢脱水を伴う腸管の障害による死を招く．腸管の照射は，「**消化管放射線症候群**」を惹き起こす．腸上皮の面積は皮膚の200倍程度もあり，人体においては最も迅速に継続的に更新がなされており腸管は身体のうちで最大の免疫器官でもある．

放射線による消化管の重篤なダメージは，放射線が誘発した細胞機能の変化や二次的な反応である．腸の急性放射線影響は，被ばくから数日以内に発症して，絨毛の分化した細胞が適切に置き換えることができなくなる．消化管の粘膜防壁が破壊されると腸は炎症促進性の器官に変化して，炎症性介在物を血液中に放出する．細菌が腸管腔から入り腸内細菌による敗血症も死因となる．

被ばく線量が 10～数 10 Gy の放射線被ばくにより，ヒトは腸管死（消化器系障害）により被ばく後 3～10 日で死亡する．

ただし，放射線治療の分割照射実施中に，急性腸毒毒性の発症を経験する場合もあるが，上皮増殖と粘膜の適応性から回復可能性のある強力な代償性の反応もありうる（Hovdenak, Willett 2000）.

6.2.3　中枢神経死

神経系は大別すると中枢神経系と抹消神経系で構成される．脳と脊髄から成る**中枢神経系**（central nervous system）は，神経系を支配統合して全身に指令を送る神経系統の中心的役割を果たしている．**末梢神経系**（peripheral nervous system）は，身体の諸器官に分布する神経と中枢神経とを結び付ける情報伝達の役割を果たしている．

中枢神経系は，脳神経と脊髄神経に分類され，頭蓋骨と椎柱により強固に保護されている．血液から組織に有害な化学物質が侵入するのを防止する血液脳関門（blood brain barrier：BBB）が防護柵となって血液成分の往来も制御している．末梢神経系は，体性神経（運動神経・感覚神経）と自律神経（交感神経・副交感神経）に分類される．

上記の**全身被ばく線量**と**生存期間**の内容を図 6.6 に示す．

このような神経系の場合に，中枢神経障害は放射線による急性障害の中で数 10 Gy 以上の高線量を短時間内に被ばくした場合に発生する．中枢神経は，数 10 Gy～100 Gy の大線量被ばくにより数日以内に神経血管症候群となり中枢神

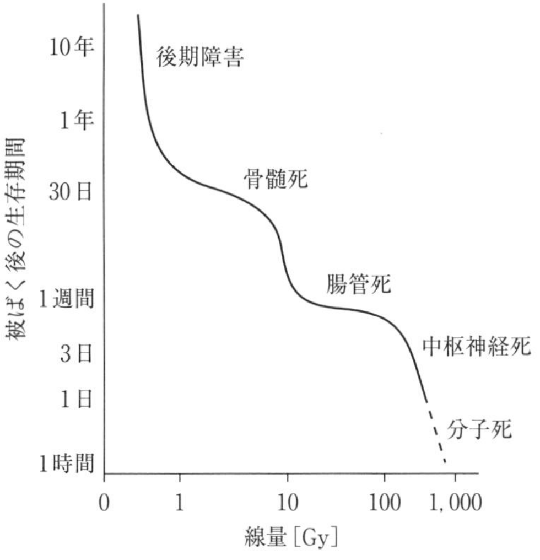

図 6.6　全身被ばく線量と生存期間

経死に至る（Dainiak 2003）．また，高線量で脳死（cerebral death）が発生するがこれは呼吸・心臓中枢の障害による死でもある．大線量被ばくの早期から中枢神経症状の意識障害や循環器障害の血圧低下などが起こり，さらに浮腫・肺水腫・下痢など血管透過性亢進を伴う神経血管症候群を発症する．非常に高い線量を被ばくした場合には，直ちに神経系の病理学的変化による症状が発現し，急速に死に至る．50 Gy 以上の被ばくでは血管運動失調が起こり 2 日以内に死亡する．被ばく後の生存期間は骨髄や胃腸管等よりも短く，さらに線量が高いほど短縮され，1,000 Gy 以上では数時間かそれ以下で死に至る．神経系の障害による死亡リスクの線量効果関係を推定するためのデータは，胃腸管障害に関するデータ以上に少ないため明確なモデル化は行われていないが，障害の発生は致死的である（表 6.3）．

大線量照射と放射線治療に関する臨床データによれば，脊髄に対する治療で分割線量の総線量 45～50 Gy では**ミエロパシー**（**脊髄症**：myelopathy）のリスクが顕著に低いとされている．定位放射線治療においては，中脳と脳幹の組織構造的な変化が見受けられる（Flickinger 1992）．

6.3　確定的影響と確率的影響

放射線の人体への影響は，放射線被ばくした本人に直接現れる**身体的影響**と放射線被ばくした人の子孫に現れる**遺伝的影響**に大別される．影響発生の確定度合いなどから確定的影響と確率的影響の視点にも分別される（図 6.7）．

6.3.1　確定的影響（deterministic effect）

確定的影響という用語は初期のころには使用されておらず，1990 年 ICRP 勧告から，「**非確率的影響**」という用語を止め「**確定的影響**」という用語に代わり使用し始めた．

確定的影響は，**しきい線量**と，線量の増加に伴う反応の重篤度の増加によって特徴づけられる，細胞集団の傷害．組織反応とも呼ばれている．場合によっては，確定的影響は，生物反応修飾物質を含む照射後の手順により変化しうる．

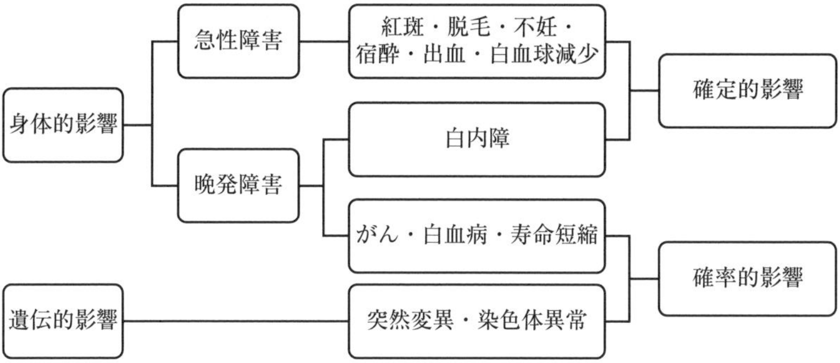

図 6.7　放射線の影響分類

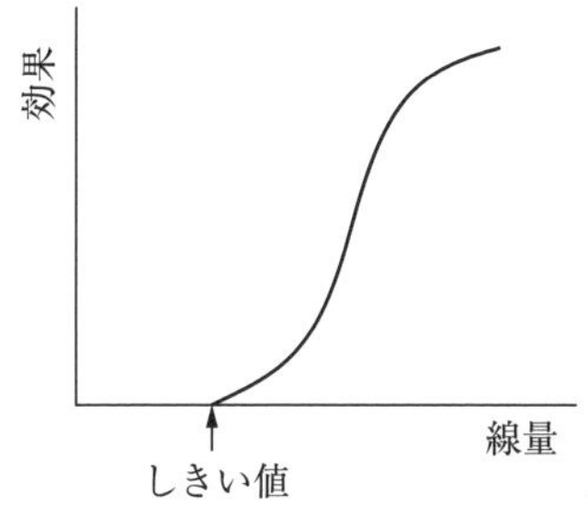

図 6.8　確定的影響の線量効果曲線

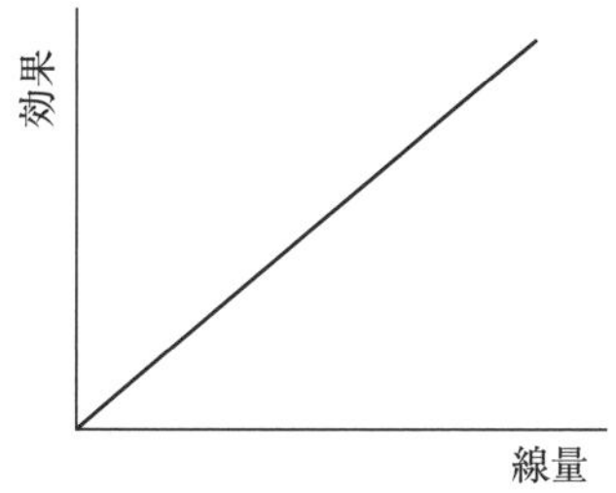

図 6.9　確率的影響の線量効果曲線

ICRP-publication 103 によれば，確定的影響とは，しきい線量と，線量の増加に伴う反応の重篤度の増加によって特徴づけられる，細胞集団の障害と定義される．確定的影響とは，ある程度の高い線量によって起こり，その影響が発生する最小線量となるしきい値（閾値）のある影響のことをいう．放射線による重篤度が線量の大きさとともに増大し，影響が現れないしきい線量が存在すると考えられている影響をいう．しきい値以下に線量制限することで確定的影響を防ぐことができる（図 6.8，図 6.9）．

ICRP の線量限度を決定するための大原則として，いかなる理由があっても，しきい値を超えるような線量を与えないことが強調されている．**ICRP 勧告**における「**組織線量当量限度**」はこの考え方に基づいている．

1902 年には放射線被ばくによる皮膚障害から発がんしたという報告がある．

表 6.4　発症としきい線量

発症症状	しきい線量	発症時期
白血球減少	0.5 Gy	
悪心嘔吐	1 Gy	
50%致死線量	3 Gy	
100%致死線量	7 Gy	
初期紅斑	2 Gy	2～3時間
皮膚の紅斑	3 Gy	30日
脱毛	3 Gy	
永久脱毛	14 Gy	4～6週
無月経・不妊	3 Gy	
(胎児の奇形発生)	0.1 Gy	
胎児の発育遅延	0.1 Gy	
白内障	15 Gy	(慢性被ばく)
皮膚の潰瘍	20 Gy	(慢性被ばく)
急性潰瘍	75 Gy	2週

50 Gy の被ばくで慢性潰瘍の場合には，皮膚障害ががん化する危険性が高いとされ，過去の広島・長崎の原爆の歴史などから科学的経験的に情報を得ているため，現代の厳格な放射線管理の下で有害事象が発生することはまれである．

ICRP 2007 年勧告によれば，確定的影響の誘発には，吸収線量が約 100 mGy（0.1 Gy）の線量までの領域では認められないとしている（表 6.4 参照）．

6.3.2　確率的影響（stochastic effects）

放射線の確率的影響とは放射線による影響の起こる確率が線量の関数となっていて，しきい線量が存在しないと仮定されている影響である．発生する影響の確率が，その重篤度ではなく，しきい値なしの線量の関数と見なされるような悪性疾患および遺伝性影響をいう．

また，放射線被ばくによる確率的影響の発生は，放射線の線質（種類とエネルギー）によって異なるとともに，被ばくした臓器・組織にも依存する．これを防ぐには，個人に対しては適切な線量当量限度を超えないこと，期間に対しては，正当であるとされる被ばくを，経済的および社会的要因を考慮に入れながら合理的に達成可能な限り低く保つ（ALARA）ことが必要とされている．

確率的影響については，放射線防護上は，低い被曝線量の範囲内では線量と

表 6.5　組織加重係数（ICRP 103（2007））

組織加重係数	組織・臓器
0.01	骨表面・皮膚・唾液腺・脳
0.04	甲状腺・肝臓・食道・膀胱
0.08	生殖腺
0.12	赤色骨髄・肺・結腸・胃・乳房・その他の組織臓器

影響の起こる確率の間に比例関係が存在すると仮定している．

確率的影響としては，放射線量に関わらず，**がん**（malignant tumor）と遺伝的影響の発生可能性がある．また，関連して，防護量として実行線量と測定量として 1 cm 線量当量があり，これは，全身が均等に照射されても不均等に照射されても，また放射線の線質が変わっても，確率的影響が起きる確率を表現するようにつくられた線量概念である．実効線量は，特定された組織および臓器における等価線量の組織加重合計である．

ICRP-publication 103 で，実効線量は，防護量としての使用を意図する．主な利用目的は放射線防護の計画立案と最適化のための予測的線量評価および規制目的のための線量限度の遵守である．

臓器・組織の**吸収線量**（absorbed dose）を基にして，線質が異なった放射線の吸収線量には，放射線加重係数を乗じて等価線量とする．さらにその等価線量に全身に対する臓器・組織ごとの相対的な放射線感受性を表す**組織加重係数**（tissue weighting factor）を重み付けして得た数量を，関連するすべての臓器・組織について合計したものである．この線量概念は，日本の法令にも取り入れられている．（表 6.5 参照）

6.3.3　放射線のリスク

放射線のリスクに関しては，被ばくを伴うあらゆる放射線の利用に際して考慮する必要がある．確定的な有害な影響を防止し，確率的な影響については，発生確率を容認できると考えられるレベルまでに制限することが放射線防護の目的に沿い重要である．

ICRP 1990 勧告において，**生物学的影響**の評価分類を変化（Change），損傷（Damage），障害（Harm），損害（Detriment）で示すなど，放射線のリスクと放射線防護の一体の考え方が重要である．

放射線の影響による損害を総計する際に用いられる係数として考慮すべきものには，**放射線加重係数**（radiation weighting factor）および**組織加重係数**（tissue weighting factor）がある．放射線加重係数は，放射線の線質によって人体に与える影響が異なることを加味した係数である．

組織加重係数は，全身に均等に放射線が照射された場合に組織臓器によって影響が異なる．このため各組織・臓器の相対的な割合を加味するために使用される係数である（表6.5参照）．

放射線のリスク評価は国際科学委員会（UNSCEAR）や電離放射線の生物学的影響に関する委員会（BEAIR）などによって，1970年代以降疫学調査や放射線生物学研究などの進展に基づき5～10年ごとに見直されていた．国際放射線防護委員会（ICRP）が1977年勧告において最初のリスク評価法を示し，1990年勧告では大幅な改定により完成度をさらに高めた．

(1)　放射線量とがん発生のリスク

通常，細胞のもつ修復機能や，細胞自体が消滅すること（**アポトーシス**）でほとんどの傷のついた遺伝子は問題になることはない．しかし，放射線などによって引き起こされた**DNA損傷**が修復されず，突然変異として遺伝子に固定され，腫瘍発生に関与する遺伝子に機能異常をもたらす過程となる．

リスク評価の考え方として，放射線被ばくにより，傷ついたDNA（遺伝子）が正しく修復されないと，がんの原因の1つになることは放射線の人体への影響からも考慮しなければならないが，放射線防護上は，100 mSv以下の放射線量であっても，被ばく線量に比例して発がんリスクが増加するという考え方を採用している．

この考え方に従ってリスクを評価した場合，年間20 mSvを被ばくすると仮定した場合のリスクは，他の発がん要因（喫煙，肥満，野菜不足など）によるリスクと比べても低いこと，また，放射線防護措置に伴うリスク（避難によるストレス，屋外活動を避けることによる運動不足など）と比べられる程度であると評価されている（環境省）．

(2)　防護の三原則

放射線のリスク理解に加えて，さらにリスク回避のためには，安全側に立った見地から防護の三原則が重要である．国際放射線防護委員会（ICRP International Commission on Radiological Protection）は放射線のもつ影響を過少評価することがないように，線量と効果の関係を確立し，三原則に基づき放射線のリスクを防護の立場から次のようにまとめている．

防護の三原則（ICRP Publication 103 より）：

・**正当化**（justification）

放射線に関係する計画された活動が，総合的に見て有益であるかどうか，すなわち，その活動の導入または継続が，活動の結果生じる害（放射線による損害を含む）よりも大きな便益を個人と社会にもたらすかどうか；あるいは緊急時被ばく状況または現存被ばく状況において提案されている救済措置が総合的に見て有益でありそうかどうか，その救済措置の導入や継続によって個人および社会にもたらされる便益が，その費用およびその措置に起因する何らかの害または損傷を上回るかどうかを決定する過程である．

・**防護**（および安全）**の最適化**（optimisation of protection（and safety））

いかなるレベルの防護と安全が，被ばくおよび潜在被ばくの確率と大きさを，経済的・社会的要因を考慮の上，合理的に達成可能な限り低くできるかを決める過程である．

・**線量限度**（dose limit）

計画被ばく状況から個人が受ける，超えてはならない実効線量または等価線量の値である．放射線生物的にも必要な知見であり記載する．

6.4 内部被ばく[6~10)]

6.4.1 内部被ばくの影響

放射線核種とは放射能をもつ核種で，放射性同位元素ともいう．放射線核種には自然界に存在する**天然放射性核種**と，加速器や原子炉で人工的に作られた**人工放射性核種**がある．

天然核種のうち，被ばくの大部分に寄与するのは，^{40}K（カリウム 40），^{238}U（ウラン 238），^{232}Th（トリウム 232）である．^{40}Kは長半減期で（12.5 億年）人体に約 60 Bq/kg 存在し，体重が 60 kg とすると約 3600 Bq の^{40}Kからの内部被ばくを受けていることになる.

^{238}U, ^{232}Thは崩壊の途中でおのおの^{222}R（ラドン 222), ^{220}R（ラドン 220）といった気体の核種が生成され, 呼吸によって吸入されるので, 肺への影響など天然放射性核種による内部被ばくの主因となっている.

放射性の気体で, 吸入により身体組織に放射性物質が集積することによる線量よりも, 体外または肺の中の放射性気体からの線量の方がはるかに大きくなる核種をサブマージョンという. 不活性ガスの Ar（アルゴン), Kr（クリプトン), Xe（キセノン）などの放射性希ガスがこれに当たり, 環境被ばくのみで体内沈着がないので内部被ばくはないとされる.（Rn（ラドン）は壊変して生成された子孫核種が, 空気中に浮遊する固体や液体の粒子であるエアロゾルに付着し, それが呼吸気道の表面の細胞に付着し周囲にエネルギーを与えるのでサブマージョンとはされない.)

(1)　内部被ばくの特徴

内部被ばくは次のような特徴がある.

① 体内に取り込まれると一般的に排出されにくいので, 少量であっても長時間の影響を受ける.

② 飛程の短いα線, β線の方がγ線より影響を与えやすい.

③ 核種の種類や化学的性状によって影響を与えやすい.

④ 被ばく線量は核種の半減期と体内の代謝, 排せつの程度によって決まる.

(2)　内部被ばくの経路

放射性物質が体内に取り込まれるときの経路は次の3通りが考えられる.

① 経口摂取

放射性物質が含まれる水や食物などを飲み込むことにより, 消化管で吸収され血液を通じて体内中に移動する. ヨウ素やセシウムなどは消化管で吸収されやすい. また, 多くの放射性核種に関して一般的に乳児は成人より消化管による吸収率が高い.

② 吸入摂取

放射性物質が含まれる空気を吸い込むことにより, 放射性物質は気道や肺に付着し一部が血液中に取り込まれる. 体内への吸収は物理的・化学的特性に加えて，放射性物質の粒子径にも大きく依存する．（プルトニウムは極小粒子が肺胞に蓄積し，肺がんや血液を介し骨に移行して骨腫瘍等を生じる．）

③　**経皮摂取**

皮膚や粘膜を通して放射性物質が体内に取り込まれる場合，皮膚はほとんどの放射性物質の侵入を防ぐことができるので，主に傷口から摂取される．しかし，水または水蒸気の ^{3}H（トリチウム：三重水素）は皮膚面からも吸収される．

(3)　臓器親和性と決定器官（臓器）

放射性核種が体内で特定の臓器に蓄積する性質を臓器親和性といい，放射性核種が蓄積しやすく障害のもとになる器官を決定器官（臓器）という．特に骨は多くの放射性核種が集まりやすい部位で，^{90}Sr，^{226}Ra，^{232}Th，^{45}Ca，^{239}Pu などがあり，これらは骨親和性放射性核種（ボーンシーカー）と呼ばれる．（表 6.6，表 6.7 参照）

(4)　有効半減期（T_{eff}）

放射性物質からの放射線は時間とともに減少していく．放射能が半分に減るまでの時間を半減期という．半減期には物質固有の「**物理的半減期**（T_p）」と，汗や便など，体からの排泄機構による「**生物学的半減期**（T_b）」があり，その両方を考慮した「有効半減期（T_{eff}）」が実質的な減少率となる．有効半減期は物理的半減期，生物学的半減期のいずれよりも短くなる．生物学的半減期

表 6.6　放射性核種の臓器親和性

核　種	親和性臓器
^{3}H（トリチウム）	全身（水分として）
^{32}P（リン）	骨
^{40}K（カリウム）	全身（筋肉など）
^{55}Fe（鉄）	造血器，肝臓，脾臓
^{60}Co（コバルト）	肝臓，脾臓
^{90}Sr（ストロンチウム）	骨
^{131}I（ヨウ素）	甲状腺
^{137}Cs（セシウム）	全身（筋肉など）
^{222}Rn（ラドン）	肺（吸入することで）
^{226}Ra（ラジウム）	骨
^{232}Th（トリウム）	骨，肝臓
^{238}U（ウラン）	骨，腎臓
^{239}Pu（プルトニウム）	肺（不溶性），骨・肝臓（可溶性）
^{241}Am（アメリシウム）	骨，肝臓

表6.7　核種と体内の集積部位とその影響

核　種	集積部位	影響(発生しうる主なもの)
^{3}H(HTO)(トリチウム)	全身	突然変異など
^{14}C(炭素)	全身	突然変異など
^{32}P(リン)	骨	白血病減少(白血病は可能性のみ)
^{40}K(カリウム)	全身	突然変異など
^{45}Ca(カルシウム)	骨	白血病
^{59}Fe(鉄)	骨髄	白血病
^{60}Co(コバルト)	肝，脾，下部消化器	肝がん
^{65}Zn(亜鉛)	肝，骨	肝がん，骨腫瘍
^{90}Sr(ストロンチウム)	骨	骨腫瘍，白血病
^{131}I(ヨウ素)	甲状腺	甲状腺がん，甲状腺機能低下
^{137}Cs(セシウム)	筋肉，全身	白血病，不妊
^{222}Rn(ラドン)および娘核種	肺(吸入することで)	肺がん
^{226}Ra(ラジウム)	骨	骨腫瘍，白血病
^{232}Th(トリウム)	肝，骨，肺	肝がん，骨腫瘍，肺がん，白血病
^{238}U(ウラン)	腎，骨，肺	骨腫瘍，肺がん，白血病
^{239}Pu(プルトニウム)	肝，骨，肺	肝がん，骨腫瘍，肺がん，白血病
^{241}Am(アメリシウム)	骨	骨腫瘍，白血病

(日本アイソトープ協会：放射線取扱の基礎，3版)

は下剤や利尿剤など，薬剤の投与で短くすることが可能で，有効半減期を短くすることにより，被ばく線量を減少させることができる．また，物理的半減期(T_p)がきわめて長い場合の有効半減期(T_{eff})は

$$1/T_{\mathrm{eff}}=1/T_p+1/T_b$$

より

$$T_{\mathrm{eff}}=T_b$$

となる．

6.5　放射線発がん

6.5.1　しきい値なし仮説

確率的影響にはしきい線量はないと仮定されている．この仮定に基づくと理論上どんなに低い線量でも影響が発生する確率はゼロでないことになる．このように科学的に解明されたものではないことから「仮説」という．

6.5.2　腫　　瘍

腫瘍とは，異常増殖する細胞の集団を指す広義の概念である．腫瘍は**良性腫瘍**と**悪性腫瘍**の2つに大別されており，良性腫瘍は浸潤や転移を起こさず，発育が遅く膨張性に増殖する．悪性腫瘍は浸潤性を有し，増殖や転移をするもので「がん」と呼んでいる．がんは，皮膚や胃や腸の粘膜といった上皮性細胞に発生する「肉腫」に分類される．2つを総称して「がん」という．

6.5.3　発がんメカニズム

がんは，さまざまな物質が関与することで発生するが，発がんメカニズムについては,複数の因子が段階的に関与して起こるという説がよく知られている．

発がんの段階は，「イニシエーション」，「プロモーション」，「プログレッション」の段階に分けることができ，この発がん過程に少なくとも2回の遺伝子異常が関与していると考えられている．

(1)　イニシエーション

発がん物質によってDNAが障害を受け，変異することをイニシエーションという．DNAに生じたエラーが修復されずに次の複製が行われると，この異常が固定される．増殖に関与する遺伝子にこの複製エラーが生じると，細胞は発がん過程の第1歩を踏み出す．このように正常な細胞のがん化を引き起こす原因となる発がん物質をイニシエータ（初発因子）という．活性酸素，放射線，タバコ，紫外線，ウイルス，アスベスト，化学物質等々がイニシエータとして挙げられる．

(2)　プロモーション

イニシエーションを受けた細胞が，ある条件下に置かれることで増殖の制御システムが乱れ，増殖が促進することをプロモーションという．単独では発がん性を示さず，イニシエータの作用を促進させる働きをする要因や物質をプロモータ（促進因子）という．たとえば「食塩」は胃がんのプロモータの1つと考えられている．食塩だけでは胃がんにならないが，胃の発がん過程を助長するものである．プロモーションは可逆性で，遺伝子異常ではないためプロモータが消失するとイニシエーションを受けた細胞の増殖も止まる．過剰な脂肪摂取，糖分，アルコール，サッカリン，タバコ，塩分等々がプロモータとして挙げられる．タバコはイニシエータとプロモータの両方を含んでいるため，発がん性が非常に高い．がんは「イニシエーション→プロモーション」という順番に起こることで発がんする．プロモーションを起こす物質に暴露されても，それ以前にイニシエータによってDNAに障害を受けてなければ，がんは発生しない．

(3)　プログレッション

イニシエーションを受けた細胞がプロモータの影響下で増殖しているとき，次の重要な遺伝子異常が生じると，細胞は腫瘍性変化を起こす．この段階をプログレッションと呼ぶ．

プログレッションは不可逆性の変化で，この段階の細胞に最終段階の悪性変化が生じて「がん」となる．（図6.10参照）

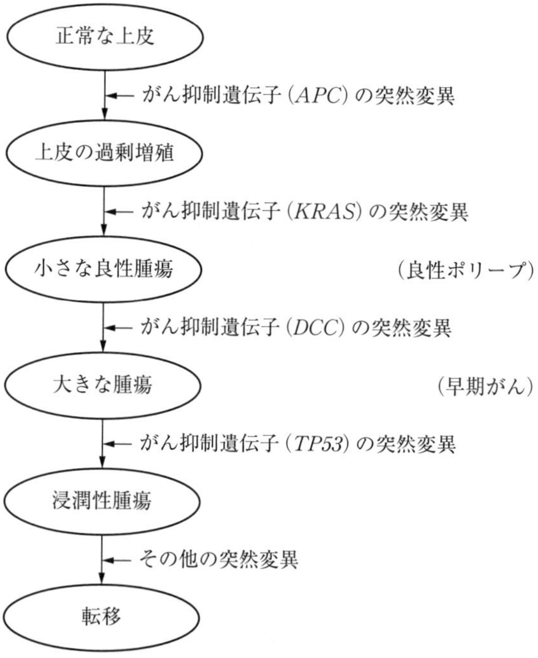

図6.10　がんの進行に伴って蓄積される突然変異（大腸がん）

6.5.4 がん遺伝子

発がんへの段階において，通常は細胞の中にある DNA 修復遺伝子やがん抑制遺伝子が遺伝子を修復したり細胞の異常増殖を抑えたりして，がん化するのを防いでいるために，遺伝子変異のすべてががん化することはなく私たちは健康でいられると考えられる．そして，この DNA 修復遺伝子やがん抑制遺伝子が障害を受けて正常に機能しなくなると発がんに至ると考えられる．我々が日常生活で接している物質にも，食物などの天然物質を含め発がん性があるといわれる物質はたくさんある．それでも，がんにならないのは，ヒトに備わっている防御機構によることはもちろんであるが，その物質が発がんイニシエータかプロモータかなどの違いや，日常生活の中でその物質に接触する程度などによるものと考えられる．多段階の発がん機構に従う代表例として，「大腸がん」が知られており，それぞれの過程に関与する遺伝子もわかってきている．

がん化に必要な遺伝子は「がん抑制遺伝子」，「がん原遺伝子」に分類される．

(1) がん抑制遺伝子

がんの発生を抑制する遺伝子で，突然変異によって機能を失うことが発がんにつながるような遺伝子である．一例として，遺伝子 *TP53* によりコードされるタンパク質「*p53*」は細胞増殖サイクルの抑制を制御する機能をもち，細胞ががん化したときにアポトーシスを起こさせるが，ヒトの多くのがんで，この遺伝子の変異がみられる．

(2) がん原遺伝子

異常になると活性化し，がんを誘発する遺伝子で，異常になる前の遺伝子をがん原遺伝子と呼ぶ．

「がん抑制遺伝子」と「がん原遺伝子」は，正常な細胞にも存在し，普段は細胞の増殖やアポトーシスのために働いているが，こうした遺伝子が突然変異を起こして本来の働きができなくなると細胞は発がんに向かって進んでいく．(図 6.11，表 6.8 参照)

6.5.5 放射線による発がん

放射線で誘発されたがんを，それ以外の原因で誘発されたがんと病理学的に

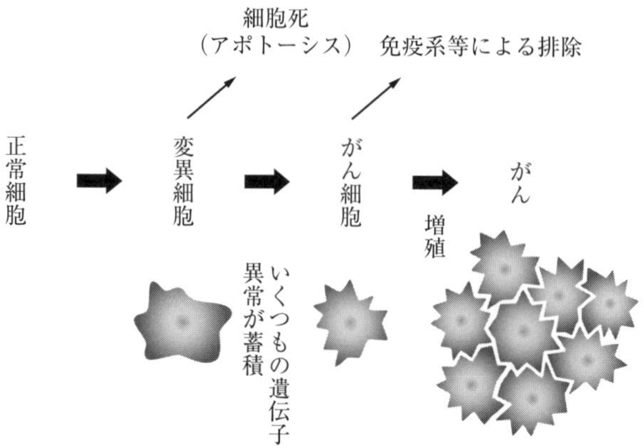

図 6.11　発がんの仕組み（文献7）より引用）

表 6.8　がん抑制遺伝子とがん原遺伝子

種　類	遺伝子名	関連のあるがん
がん抑制遺伝子	*RB1*	網膜芽細胞腫，骨肉腫
	TP53	多くのがん
	APC	大腸がん
	DCC	大腸がん
	INK4A	悪性黒色腫，食道がん
	BRCA1	乳がん
	WT1	ウィルムス腫瘍
	NF1	神経線維腫
	MLH1	大腸がん
	PTEN	脳腫瘍，子宮内膜がん
がん原遺伝子	*ABL*	白血病，肉腫
	SRC	肉腫
	HRAS	肉腫，白血病
	KRAS	肉腫，白血病
	MYC	肉腫，骨髄球腫，扁平上皮がん
	REL	網膜肉皮症
	ERBB2	赤芽球症，線維肉腫
	FOS	骨肉腫
	JUN	線維肉腫
	BRAF	肉腫

区別することは困難であり，一例ごとの発がん事例について放射線との因果関係を知ることは難しい．集団レベルでの調査が必要となる．

(1) コホート研究

放射線発がんに関しては，被ばくした集団を長期間にわたって追跡し，その集団中での発がんを調べる「疫学」の手法が使われる.（疫学とは，ある要因と影響との因果関係を統計学的な手法で推論する学問である.）

疫学の研究法のひとつに，特定の要因に暴露した集団（**コホート**）と，暴露していない集団を一定期間追跡し，研究対象となる疾病の発生率を比較することで，要因と疾病発生の関連を調べる「コホート研究」がある．日本の原爆被ばく者の集団が最も大きいコホートであり，放射線発がんの情報の多くがこの集団での調査に基づいている.

(2) 放射線発がんのリスク（危険度）

放射線発がんのリスクを評価する際，被ばくしていない対照群のがん発生数（自然発生数）と比較して影響がどれだけ過剰にあるかを表す指標を「過剰リスク」という．過剰リスクは絶対リスクと相対リスクがある.

① 過剰絶対リスク

被ばくした集団としていない集団のがん発生件数の差を表したもの.

② 過剰相対リスク

被ばくした集団としていない集団のがん発生件数の比から1引いたもの.

図6.12は，原爆被爆者を対象に，どれだけの線量をどこに受けるとがんのリスクが増加するかを調べたものである．横軸は，原爆投下時の高線量率1回被ばくによる臓器吸収線量であり，縦軸は，過剰相対リスクといって，被ばくしていない集団と比べて，被ばくした集団ではどのくらいがん発症のリスクが増加したかを調べたものである．たとえば，臓器吸収線量が2グレイの場合は，皮膚がんの過剰相対リスクが1.5となっているので，放射線を受けなかった集団と比べて1.5倍のリスクが過剰に発症していることを意味する（つまり，2グレイ被ばくした集団では皮膚がんの発症リスクは，放射線を受けていない集団（1倍）の2.5倍（1+1.5）となる）．こうした疫学研究の結果から，乳腺，皮膚，結腸等は，放射線によってがんが出やすい組織・臓器であることがわかる．国際放射線防護委員会（ICRP）の2007年勧告では，臓器の感受性やがんの致死性等も考慮し，**組織加重係数**を定めている.

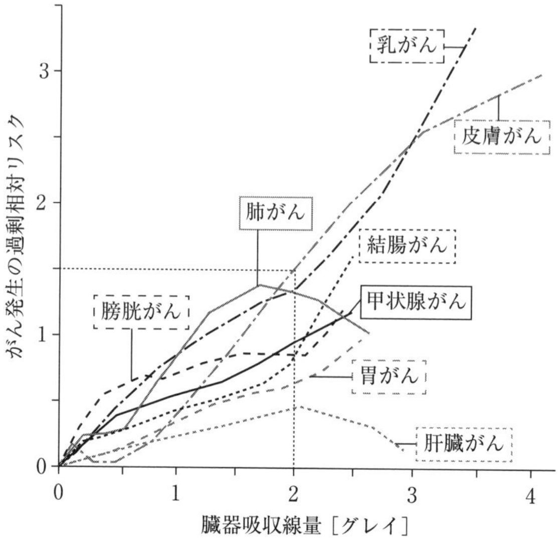

図 6.12　被ばく線量とがん発症リスクの関係（放射線感受性の高い組織・臓器）（文献 7）より引用）

(3)　放射線誘発がんの時間的経過

図 6.13 に**白血病**とそれ以外のがんについて，放射線誘発がんの時間的経過と発症頻度を示した．

①　白血病

被ばく後 2，3 年経てから増加し始め，6，7 年でピークとなり，それ以後は減少する．**潜伏期間**は線量依存性があり，被ばく線量が高いほど潜伏期間が短くなる．被ばく時の年齢が低いほど潜伏期間は短くなる．

②　白血病以外のがん

発現頻度は被ばくしてから一般に 10 年以上経過してから増加し，好発年齢に達してから特に高くなる．被ばく線量によらず好発年齢になってからの発症が多く，被ばく時年齢が若いほど潜伏期間が長くなる．

6.5.6　発がんリスクの推定

放射線防護においては，原爆被ばく者やその他のコホートにおける発がんデータに基づいて，がんのリスクを器官ごとに数量化し，性別や被ばく時の年齢

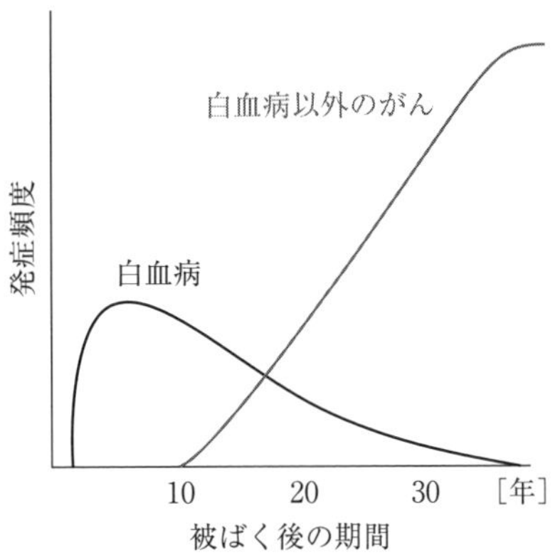

図 6.13　放射線誘発がんの時間的経過と発症頻度（文献 7）より引用）

によっても左右されるが，これらを平均した値が名目リスク係数である．これに，それぞれのがんによる致死率や QOL（quality of life：生活の質）への影響などを加味して算出した値が「損害」（デメリット）で，これは低線量の放射線被ばくによる確率的影響の程度を表す概念である．「相対損害」は，個々の器官の，確率的影響全体に対する寄与率を示したものである．

6.5.7　発がんリスクに影響する因子

放射線の生物効果には，さまざまな物理的，化学的因子が影響する．また，発がんのような，細胞レベルでなく個体レベルの出来事では，複雑な生物学的因子が影響する．

(1)　物理的因子

①　線量率効果

同じ線量の放射線を受けても，線量率が低い場合（すなわち，長い時間をかけて放射線を受けた場合）ほど，生物効果が小さくなる．このような現象を線量率効果という．放射線によって DNA に生じた**亜致死損傷**（可逆的な損傷）が照射中に回復することによる現象であると考えられている．線量率の効果を表す指標として**線量・線量率効果係数**（DDREF：dose and dose-rate effectiveness factor）がある．ICRP の 2007 年勧告では，およそ 100 mSv 以下の被ばくを低線量被ばくと定義し，DDREF を2としている．つまり，放射線防護で考えるような低線量率での影響は，原爆のコホート研究のような高線量率被ばくから導き出された影響の1/2と考えるということである．

② 線質効果

重粒子線や速中性子などの高 LET 放射線は，発がんに関する RBE（**生物学的効果比**）が大きい．

(2) 生物学的因子

① 被ばく時の年齢

幼児・小児期に被ばくした場合の発がん率は，成人期に被ばくした場合に比べて2～3倍高い．

② 性 別

すべてのがんを総計すると，放射線発がんの相対リスクは男性より女性が20％ほど高い．これは，放射線感受性が男性と女性とで異なるのではなく，ホルモン（一種のプロモータとして働くこともある）などの影響によるものと考えられる．

③ 遺伝的背景

放射線感受性に関する遺伝子の違いで放射線発がんの発生率に影響される．一例として，**毛細血管拡張性失調症**（AT：ataxia telangiectasia）は，2本鎖切断の修復に関わる ATM の遺伝子に問題がある．放射線に高感受性であり，悪性腫瘍を高頻度に発生させる原因なっている．

図6.14は，原爆被爆者の調査結果を用いて，被ばくしたときの年齢別，がんの種類別に，1グレイ当たりのがんの過剰相対リスク（被ばくしていない集団に比べ，被ばくした集団ではどのくらいがん発症のリスクが増加したかを表す値）を比較したものである．被ばく時の年齢が若いほどリスクが高いもの（甲状腺がん，胃がん，固形がん全体），40歳以上でリスクが高いもの（肺がん），思春期でリスクが高いもの（乳がん），年齢依存の顕著な差がないもの（結腸がん）と，がんの種類によって放射線への感受性が高い時期が異なることを示唆している． なお，図6.14で示した過剰相対リスクは，70歳になったときにそれぞれの臓器の被ばくによる発がんのリスクがどのようになるかを示したものである．

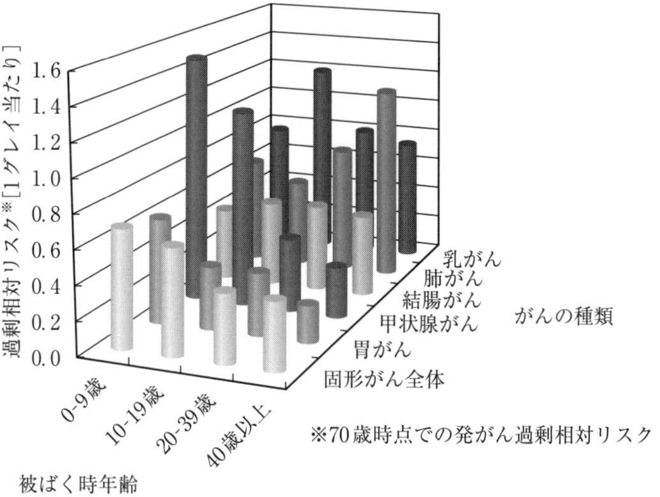

図6.14　被ばく時年齢ごとの発がん過剰相対リスク
（文献7）より引用）

6.6　放射線の遺伝的影響

6.6.1　遺伝子疾患の分類

ヒトの遺伝性疾患は大きく3種類に分けられる．単一の遺伝子の突然変異による「メンデル性疾患」，染色体異常による「染色体性疾患」，複数の遺伝子や環境要因との相互作用により起こる「多因子性疾患」がある．

(1)　メンデル性疾患（単一遺伝子疾患）

メンデル性疾患とは，あるひとつの遺伝子の異常（欠失，遺伝子内の突然変異）により発症する疾患の総称である．父親，母親の両方から受け継いだ2種類の同じ遺伝子の相互作用（メンデルの法則）により，病気が発現するか否かが決まる．

メンデル性疾患は，その遺伝様式により，以下の3つに分類される．

① 常染色体優性（常染色体上の対になった遺伝子の一方に異常があれば発病）

② 常染色体劣性（常染色体上の対になった遺伝子の両方が異常で発病，一方のみでは保因者となる）

③ X 染色体連鎖劣性（性染色体である X 染色体上に異常があり，ほぼ男性のみ発病する）

(2) 染色体性疾患

染色体性疾患とは染色体の数または構造の異常によって起こる疾患をいう．

① 数の異常で代表的なものは，染色体が 1 つ少ない「モノソミー」や，1 つ多い「トリソミー」があり，トリソミーの例として 21 番の染色体が 3 本であるときに起こるダウン症がある．流産・死産で出生前に淘汰されることもかなり多い．

② 構造の異常には，染色体の一部が別のところに移動した「転座」，一部分がなくなった「欠失」，一部分が逆になった「逆位」や，余分なものがある「重複」などがある．

(3) 多因子性疾患

多因子性疾患とは複数の遺伝子の突然変異と環境因子が加わって起こる疾患である．生活習慣を変えることなどによって病気を回避したり軽減したりすることができる場合もある．「先天性異常」は，胎児で体が形成される時期に，遺伝子の異常や催奇形性をもつ薬物等の化学物質，ウイルス，アルコール，喫煙等の多くの要因にさらされることが関与していると考えられている．口蓋

表 6.9　遺伝性疾患の自然発生率（出生児 1 万人当たり）

疾患別		推定頻度	例示
メンデル型	常染色体優性	150	ハンチントン病，筋緊張性ジストロフィー，ある種の小児がん（神経線維腫症 1 型，2 型）など
	常染色体劣性	75	フェニルケトン尿症，嚢胞性線維症，血色素症など
	X 染色体連鎖劣性	15	D 型筋ジストロフィー，血友病，脆弱 X 線症候群など
染色体性		40	ターナー症候群，クラインフェルター症候群，ダウン症候群など
多因子性	先天異常	600	先天性心奇形，先天性骨格奇形など
	慢性	6500	本態性高血圧，Ⅱ型糖尿病，冠状心疾患など

裂，無脳症，先天性心疾患，糖尿病，痛風，高血圧などがある（表 6.9）.

6.6.2　放射線による遺伝子的影響

遺伝的影響のターゲットは生殖細胞である．最初に突然変異を人工的につくったのがマラーである．雄のショウジョウバエに放射線を照射し，その後，正常な雌と交配し生まれてきた子孫に現れる突然変異の頻度が，放射線の量に比例して直線的に増加することを示し，1946 年にノーベル賞を受賞した．ヒトの遺伝的影響のリスクを推定する場合には，動物実験のデータが参考にされることが多い．代表的なものに，マウスを用いて，毛色など 7 つの座位（染色体上などにおける，DNA 配列が占める位置）の劣性突然変異を調べる「特定座位検定法」がラッセルによって開発された．この方法では「常染色体劣性」の突然変異を検出することができる．

特定座位検定法の原理：

毛色など形質が違う遺伝子変異体の劣性ホモの雌マウス（aa）と，正常な雄マウス（AA）をかけ合わせると，雄マウスの生殖細胞に突然変異が起こらなければ，できる子供はすべてヘテロ（Aa）で，A が優勢なので見かけ上すべて正常である．そこで雄に放射線を浴びせ，その生殖細胞に（A → a）の突然変異が起きると，「a」アレル（対立遺伝子）をもつ精子によって受精してできた子供は（aa）となって母マウスと同じ形質が現れる．これによって，子供に

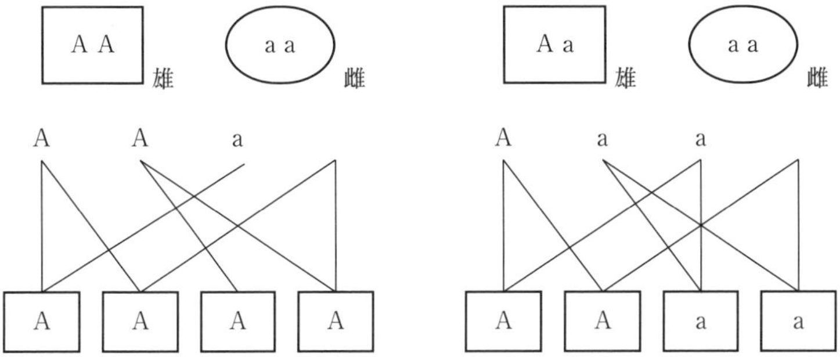

（a）　非照射

（b）　照射
（照射により A→a の
突然変異が起こる）

図 6.15　マウスを用いた特定座位検定法の原理

現れた変異体の数から雄の生殖細胞での突然変異率を推定する（図 6.15）.

(1)　遺伝的影響出現に影響する因子

成熟した生殖細胞では代謝が活発でないため放射線感受性は低いが，突然変異の回復は起こりにくい．精原細胞や卵母細胞のように代謝が盛んな細胞では放射線感受性が高く，大きな染色異常では細胞死を起こしやすいが，突然変異の回復は起こりやすい．遺伝的影響は吸収線量に比例しほぼ直線的に増加するが，線量率の影響では，生殖細胞の成熟段階や雌雄で大きく異なる．成熟した生殖細胞では突然変異率の線量率効果は見られない．

① 突然変異率は放射線感受性と逆で，精子，卵子で最も起こりやすく，原細胞，卵母細胞では起こりにくい．

② 「精原細胞」は，高線量率照射に対し低線量率照射の方が，突然変異率は 1/3 に低下する．

③ 「卵母細胞」は修復能力が高く，低線量率照射では突然変異率は高線量率照射の 1/20 に減少する．

④ 高 LET 放射線の RBE は細胞致死などと同様に高い．

(2)　ヒトにおける遺伝的影響

ヒトでは，原爆被ばく者の第 2 世代を始めとして，放射線によって遺伝病の発生率が増加したという明らかな事例はこれまで報告されていない．しかし，今のところ検出できていないということで動物実験では認められているため，ICRP 2007 勧告ではマウスでのデータと倍加線量の考え方に基づいて，遺伝的影響を第 2 世代まで考慮して推定している．

6.6.3　倍加線量法

放射線のリスク推定法には「直接法」と「間接法」がある．直接法では放射線による突然変異の誘発率を実験によって直接的に推定するが，照射実験のできないヒトでは倍加線量を使った間接法により，リスクを推定する．

(1)　倍加線量（doubling dose：DD）

倍加線量とは「ある 1 世代に自然発生する突然変異と同数の突然変異を生じる（自然発生率の 2 倍になる）のに必要な線量」のことである．遺伝的影響に関する放射線感受性を比較するときに用いられる．

① 倍加線量が大きいほど遺伝的影響は起こりにくい.

② 倍加線量の逆数は単位線量当たりの突然変異の相対リスクを表す.

③ ヒトの遺伝的リスクを考える場合には，倍加線量として1 Gyが使われている.

(2) 遺伝的リスクの推定

放射線による遺伝的影響のリスクは，ヒト集団における遺伝的疾患のベースライン頻度（自然発生率）と，倍加線量が1 Gyであることに基づいて，下記の式で計算される.

単位線量（1 Gy）当たりのリスク推定値$=P\times(1/\mathrm{DD})\times\mathrm{MC}\times\mathrm{PRCF}$

ここで，

P：それぞれの遺伝性疾患での自然発生率.

1/DD：倍加線量（1 Gy）の逆数で，単位線量当たりの突然変異の過剰相対リスク.

MC（mutaton component）：**突然変異成分**. 疾患の出現における，突然変異が寄与する割合で，遺伝様式や世代によって異なった値をとる. 常染色体優性やX連鎖，第1世代の場合「0.3」，多因子性疾患，第1世代「0.02」，常染色体劣性「0」など.

PRCF（potential recoverability correction factor）：**潜在的回収能補正係数.** マウスのデータから得た推定値と，ヒトにおいて放射線誘発遺伝子疾患の予測リスクとギャップを埋めるための係数. 遺伝様式により異なる値をとる. 常染色体優性やX連鎖，第1世代の場合「0.15～0.3」，多因子性疾患，第1世代「0.02～0.09」，常染色体劣性「1.0」.

［計算例］ 常染色体優性やX連鎖，第1世代（$P=16500\times10^{-6}$，MC$=0.3$，PRCF$=0.15\sim0.09$）の場合：

$$1\,\mathrm{Gy}\text{当たりのリスク}=16500\times10^{-6}\times(1/1)\times0.3\times(0.15\sim0.30)$$
$$=743\sim1485/100\text{万人}$$

6.7 妊婦の被ばくと胎児への影響

両親のいずれかの生殖腺への受胎前照射によって，子供にがんあるいは奇形が増加するという結果は示されていない．500 mGy（0.5 Gy）を超える線量では，ヒトについての十分な量のデータはないが，安全側の判断として，複数の研究者は今でも，女性が受胎前に 500 mGy(0.5 Gy）以上の卵巣線量を受けた場合は，妊娠を少なくとも 2ヶ月遅らせることを勧告している．線量の合計は同じであっても，長時間かけてゆっくりと被ばくした場合，傷ついた DNA が自らを修復するための時間的な余裕があるため，影響が小さくなると考えられる．ここでは胎児の発育段階と放射線の影響については表 6.10 に示す．

胎児期の低線量被ばくによって，がんが誘発されるかどうかは，疫学調査の結果からは，明確な結論は出すことができない．また遺伝的影響についても明らかではない．しかし，いずれにしても，自然発生のがんおよび遺伝的な疾患の発生確率に比しても，放射線誘発の確率はきわめて小さいと考えられる（図

表 6.10　胎児の発育段階と放射線の影響

胎児期分類	時期（胎齢）	影　響	しきい線量	影　響
着床前期	受精から 9 日	胚死亡（流産）	0.1 Gy	確定的
器官形成期	2～8 週	奇形	0.1 Gy	確定的
胎児期	8～15 週	精神発達遅延	0.2～0.4 Gy	確定的
	8 週～出生	発育異常	0.5～1.5 Gy	確定的
遺伝的影響がん	妊娠の全期間	がん・白血病	なし	確率的

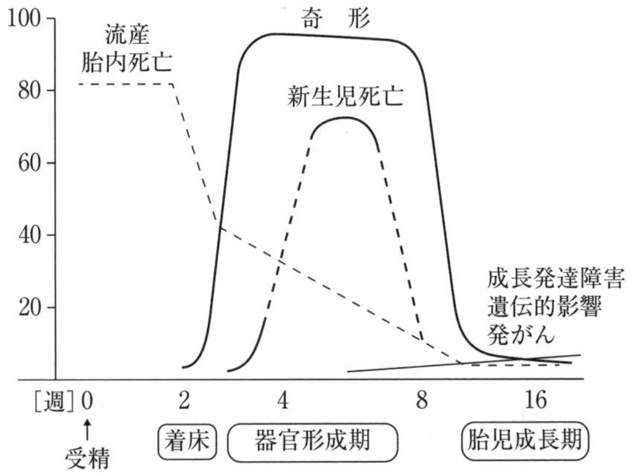

図 6.16　胎児の被ばく時期と影響（文献 11）より引用）

6.16 参照).

放射線は，成人と小児の両方に対して，白血病および多くのタイプのがんの原因となることが示されている．妊娠のほぼ全期間を通して，胎芽/胎児は小児とほぼ同程度に,放射線の潜在的がん誘発効果のリスクがあると想定される.

子宮内被ばく後における個人レベルでの小児がんの確率はきわめて小さいであろう（約 0.3〜0.4%とされる)．100 mSv の放射線を被ばくするとがんのリスクが増えるなど健康への影響が出てくると考えられる．これは細胞の DNA が傷ついたときに，自ら修復しようとする働きよりも，放射線によって受ける影響の方が大きくなってしまうためである.

修復できなくなった細胞は自らを死滅させることになるが，正常に死滅せずに無限増殖を始めた上に，それが人体のもつ免疫によっては排除できなくなった場合にがんになってしまうのである.

胎児が放射線を受けた場合に課題となる影響は，以下の 5 つがある.

(a) 胚死亡（流産）⇔着床前期

(b) 奇形 ⇔ 器官形成期

(c) 精神発達遅延･発育遅延 ⇔ 胎児前期

(d) 小児がんの発生

(e) 出生児の遺伝的影響

これらは時期特異性がありしきい線量は 0.1 Gy 以上である（表 6.10).

がんと遺伝的影響以外の（a)（b)（c) については，確定的影響が発生する最小の線量である「しきい線量」が存在する．確率的影響の（d)（e) については放射線防護の視点から，しきい線量が存在しないと仮定されているが，胎児期の低線量被ばくでは，がん誘発がされるかどうかは，疫学調査の結果からは，明確な結論は出すことができない．また遺伝的影響についても明らかではない．いずれにしても，自然発生のがんおよび遺伝的な疾患の発生確率に比べて，放射線誘発の確率はきわめて小さいと考えられている.

ICRP 103 勧告の要約から，100 mGy 以下の胎児線量では，放射線被ばくのために妊娠中絶をする医学的な正当性はないとされる．100 mGy 以下の胎児線量では，放射線リスクから判断して妊娠中絶は正当化されない．放射線による奇形は，100〜200 mGy 以下の胎児線量ではおそらく発生しない．また，放射線被ばくに伴うリスクは基本的には胎児線量と胎齢に依存するのである.

妊娠中の母体に対する通常の胸部撮影については，世界保健機関（WHO, 1992）が臨床的な症状が出現しない胸部疾患で，地域罹患率が高くない限りは適応ではないと結論している．過去には多くの国々において，骨盤計測（Guthmann 法/Martius 法）が胎児に対する電離放射線の唯一の主な被ばく源であった．しかし，現在では，放射線撮影による骨盤計測は有用と判断される場合にのみ実施すべきであり，ルーチン（routine）には実施すべきでないとされる（WHO, 1999）．こうした経過からも現状において，X 線診断手法による**胎児照射**が妊娠中絶を正当化する事例はほとんどないといえる.

現代医療の中にあって EBM（Evidence Based Medicine）に参画している診療放射線技師の大きな責務は，胎児や母体への放射線照射について，根拠に基づいた明確な説明ができ，安全安心を提供できることが不可欠である .

演習問題

6.1　組織・臓器について，放射線感受性が高い順に並べられているものは次のうち何番か.

1．骨髄＞脳神経＞小腸上皮
2．リンパ組織＞小腸上皮＞脳神経
3．骨髄＞脂肪組織＞小腸上皮
4．脳神経＞小腸上皮＞骨髄
5．リンパ組織＞脂肪組織＞小腸上皮

6.2　内部被ばくによる障害で最も決定臓器になりにくいのはどれか.

1．甲状腺　2．肺　3．肝　臓　4．胃　5．骨　髄

6.3　人体に摂取されたときに肺がんを起こす核種はどれか.

1．^{222}R　2．^{203}Hg　3．^{137}Cs　4．^{99m}Tc　5．^{40}K

6.4　人体に摂取されたとき，白血病の発生に最も関与する核種はどれか.

1．^{40}K　2．^{90}Sr　3．^{99m}Tc　4．^{137}Cs　5．^{203}Hg

6.5　放射線発がんのうち，死亡率が最も低いのはどれか.

1．肺がん　2．乳がん　3．白血病
4．膀胱がん　5．甲状腺がん

6.6　放射線による発がんとの関連性が最も低いのはどれか.

1．乳がん　2．肺がん　3．白血病
4．上咽頭がん　5．甲状腺がん

6.7 放射線の影響で正しいのはどれか．
1．遺伝的影響は確定的影響である．
2．確率的影響の重篤度は線量に依存する．
3．確率的影響の代表的疾患に白内障がある．
4．早期障害では確率的影響はない．
5．固形がん発生までの潜伏期間は白血病発生までより短い．

6.8 放射線の遺伝的影響で正しいのはどれか．
1．劣性突然変異である．
2．外性器の被ばくで発生する．
3．核膜の変化が主な原因である．
4．突然変異倍加線量は 1 mSv である．
5．突然変異の発生率は線量に比例する．

6.9 遺伝的影響に関して，誤っているのはどれか．
1．遺伝的影響は確率的影響の 1 つである．
2．精子は精原細胞よりも突然変異が誘発されやすい．
3．倍加線量法は遺伝的影響を単位線量当たりの誘発率で示す方法である．
4．同一線量では，倍加線量の値が小さいほど突然変異の頻度が高くなる．
5．生殖細胞の突然変異は遺伝的影響の原因になる．

6.10 胎内被ばくに関する次の記述のうち，正しいものはどれか．
1．受精後 8〜25 週の時期の被ばくでは，精神遅滞の誘発が見られる．
2．高線量率被ばくと比較して，低線量率被ばくでは奇形の発生が増加する．
3．着床後 26 週以後の被ばくでは，小頭症の誘発が見られる．
4．着床前期の被ばくでは，奇形の誘発が見られる．

〈参考文献〉

1) https://www.tfk-corp.co.jp/ketueki/ketueki% 204.htm
2) http://mpn-japan.org/menu001
3) https://www.shiryoku15.jp/eyestructure
4) https://medicalnote.jp/contents/180220-004-AQ
5) P. R. Wheater 他著，柴崎晋 監訳：カラーアトラス 組織学，p.62,63，西村書

店，1988

6) 日本アイソトープ協会：放射線取扱の基礎 3版

7) 環境省ホームページ
(https://www.env.go.jp/chemi/rhm/h28kisoshiryo/h28kiso-03-06-01.html)

8) 松本義久：人体のメカニズムから学ぶ 放射線生物学，メジカルビュー社，2017

9) 窪田宜夫 編著，平山亮一，藤井義大，大西建，浜田信行，真里谷靖，松本孔貴：新版 放射線生物学，医療科学社，2015

10) 江島洋介，木村博：放射線技術学シリーズ 放射線生物学 改訂2版，オーム社，2011

11) 日本放射線技術学会 監修，江島洋介，木村博 編集：放射線生物学，オーム社，2002

7 放射線の生物学的効果と放射線治療

この章では，医療現場での放射線を用いた診断と治療の際などに，人体に発生する**放射線の影響**の内容とその発生メカニズムを理解するための基礎的な知識を学ぶ．この知識は，放射線診断において障害発生をなくし，**放射線治療**を如何にして成功に導くかを考える基礎となる．

放射線治療では，周囲の正常組織の中にできた腫瘍の根絶を目指す．腫瘍が致死するだけの放射線量を人体内の腫瘍の場所に与える方法を考えるだけでは不十分で，周囲の正常組織の機能を失うことなく保ちながら，腫瘍の治癒（ゆ）を目指す必要がある．本章では，周囲の正常組織障害よりも腫瘍の治療効果を強くする線量投与の方法や正常組織障害と**腫瘍治療効果**の差を大きくするような方法を併用して治ゆ効果を得るため，腫瘍と周囲の正常組織の放射線に対する反応の違いや，それらに影響を与える因子を学ぶ．そして，これらの放射線生物学的な基礎知識が，放射線治療の臨床成績を上げるためにどのように応用されているかを理解する．

7.1 正常組織と腫瘍の放射線感受性

正常組織に放射線を照射した際の機能障害の発生過程とそのメカニズムを理解し，腫瘍に放射線を照射した場合の腫瘍細胞の減少と再発の過程を学ぶ．**正常組織**と**腫瘍の感受性**の程度を知っておくことは，放射線治療が正常組織の機能障害なく成功するか否か判断する際に必要であり，両者の感受性の程度をまとめる．さらに，正常組織と腫瘍の放射線感受性の違いを踏まえて，臨床放射線治療を成功に導くための治療可能比の考え方を理解する．

7.1.1　正常組織の放射線感受性

正常組織に放射線を照射した際には，しきい値のある**確定的影響**として各臓器特有の機能障害が，**早期反応**（早期障害，急性期障害，早期有害事象，急性期有害事象ともいう）あるいは**後期反応**（後期障害，晩期反応，晩期障害，晩期有害事象ともいう）として発生する．

正常組織の放射線感受性は，主には各臓器に含まれる実質細胞の**放射線感受性**（ベルゴニー・トリボンドーの法則，キャサレットの分類）やその照射後の寿命など時間的動態の変化で決定されるが，その他，組織構造として，組織中の幹細胞が存在する**機能的小単位**（FSU：functional subunit あるいは機能的サブユニット）の病理形態の違いや，正常組織がその特有な機能を発揮するために必要な実質細胞の組織内の空間的な並びの違い（**直列臓器，並列臓器**）や，実質細胞を支持する血管や結合織など間質の細胞の放射線感受性の影響，さらには炎症，免疫，感染による修飾も加わって決まる複雑なものである．以下，これらの各要因について解説する．

ベルゴニーとトリボンドー（Bergonie and Tribondeau）は，ラットの精巣を用いて細胞の放射線感受性について，**ベルゴニー・トリボンドーの法則**を報告し，基本的に未分化で増殖が盛んな細胞の放射線感受性が高いことを示した．キャサレット（Casarett）は，組織の実質細胞の放射線感受性のみでなく，それを支持する血管や結合織など間質の細胞の放射線感受性も含めて，組織を構成する細胞の放射線感受性を**キャサレットの分類**として報告した．

リンパ球は，キャサレットの分類の法則に反して，分裂をしないが，照射後に間期死を起こす体内で最も感受性が高い細胞のひとつとされている．

各臓器の照射後の経時的な早期反応，後期反応の出現過程を理解するためには，機能する実質細胞の感受性と寿命を知るだけでなく，組織中の**幹細胞**が増殖し，機能細胞に分化してゆく時間的な動態が，照射後どのように変化するかを把握することが必要で，正常組織の細胞集団を，大きく次の4つに分けて考えると理解しやすい．

(1)　細胞新生系組織

胎児の組織が該当する．死んでゆく細胞を上回って細胞が増殖し成長する組織で，この系の組織は，放射線感受性が高い．

(2)　恒常的細胞再生系組織

造血組織，**皮膚**，**腸管上皮**，**水晶体**上皮，**精巣**などが，この系の代表である．この系の組織は，放射線感受性が高く，放射線治療において，正常組織障害が最も問題となる．この系の組織では，**細胞分裂**が常に繰り返されているが，分裂して増加する細胞と死滅し脱落する細胞が同程度のため，組織内の総細胞数は一定に保たれる．細胞分裂を繰り返すのは，組織中の幹細胞であるが，一部はそのまま幹細胞として自己複製能を維持し，それ以外は分化して組織や臓器の機能を担う機能細胞となる．幹細胞は最も分裂が盛んで放射線感受性も高いが，真の幹細胞はやや放射線抵抗性であると考えられている．幹細胞から分裂した細胞は，自己複製能を維持した幹細胞となるものを除き，分化成熟が進み機能細胞となるが，分化成熟とともに放射線感受性は低下する．

この系に放射線を照射すると，まず高感受性の幹細胞が死滅し減少するが，感受性がそれより低い分化成熟した機能細胞は生き残り，組織の機能は維持される．その後時間が経過して，生き残った機能細胞が次第に死滅し減少すると，組織障害が出現する．これが照射後の早期反応が出現するメカニズムである．その後，残存した真の幹細胞が再増殖して組織が再生し，早期反応は軽快する．

(3)　細胞増加系組織，緊急的細胞再生系組織

肝臓，**腎臓**，**唾液腺**，**甲状腺**の上皮細胞などが，この系の代表である．この系の組織は，放射線に比較的抵抗性である．この系の組織では，加齢とともに非常にゆっくり細胞数が増加するが，一定の年齢で分裂が停止する．障害を受けた際には，分裂し増殖して組織が再生する．肝臓を部分的に切除すると，残った肝細胞が分裂，増加し，残った肝臓が元の大きさ程度まで戻るのは，その一例である．

(4)　細胞静止系組織，非細胞再生系組織

筋肉，脳や脊髄などの**神経細胞**が，この系の代表である．この系の組織は，**放射線抵抗性**である．この系の組織では，組織が完成すると分裂を停止し，障

害を受けても再生しない．

さらに，臓器の放射線感受性には，**機能的小単位**（FSU：functional subunit あるいは機能的サブユニット）の形態的な違いが関与する．機能的小単位とは，いくつかの幹細胞が増殖，分化したもので，隣の機能的小単位と独立して機能し，集まって組織を構成する．機能的小単位の辺縁に病理的に明瞭な**隔壁様の輪郭構造**が存在する臓器と不明瞭な臓器があり，放射線感受性が異なる．隔壁様の輪郭構造が明瞭な組織の代表は，腎臓のネフロン，肝臓の小葉，肺の細葉，外分泌腺の腺房などであり，その単位内の幹細胞がすべて死滅すれば，その単位は再生せず，組織は全体として放射線感受性となる．隔壁様の輪郭構造が不明瞭な組織の代表は，皮膚，粘膜などであり，ある単位内の幹細胞がすべて死滅しても，隣の単位から幹細胞が移動してきて単位が再生できるので，組織は比較的放射線抵抗性となる．

さらに，臓器の放射線感受性には，臓器がその特有な機能を発揮するために必要な実質細胞の組織内の空間的な並びの違い，すなわち，直列臓器と並列臓器の違いが関与する．**直列臓器**の代表は**脊髄**や**腸管**で，直列的な構造の一部が**重篤な障害**を受けると，臓器全体の機能が著しく損失，喪失し，その代償は困難である．たとえば，脊椎への放射線照射による放射線脊髄炎の発生は，下肢の神経麻痺（まひ）などの不可逆的な後期反応が起こるため，許容できない．**並列臓器**の代表は，肺，肝臓，腎臓などで，一部が重篤な障害を受けても並列臓器内の他の部分が機能を維持し代償できる．たとえば，肝臓への定位放射線照射により肝臓内に局所的な壊死が発生しても，その肝機能障害の程度は臨床的に許容できることが多い．

さらに，臓器の放射線感受性において，**間質**ないしは**血管・結合織**の関与も重要である．**血管透過性亢進**は放射線照射後最も早期に起こるが，後期には，血管内膜肥厚，血管閉塞，結合織増生，瘢痕収縮などが臓器に障害を起こす．関与が大きい臓器の例として，**脳**や**脊髄**においては，放射線抵抗性である実質細胞の神経細胞自体が耐えられる線量でも，それを支える血管や結合織が耐えられないため，脳や脊髄はより低い線量で障害を受ける．間質の障害は不可逆的で影響が半永久的に残存することが多いため，**後期反応の発現要因**として重要である．一方，関与が少ない臓器の例として，**水晶体**では血管は分布しないので，後期反応としての白内障の発生に，間質の関与は少ない．

放射線治療後の正常組織の早期反応は，脳浮腫などは治療開始後早期から認められるが，実際の他の多くの早期反応は治療開始 1〜2 週以降に発現する．この多くは，治療終了後ある程度の時間を経た後，照射線量に応じて軽快する．早期反応は，主に皮膚，骨髄，粘膜，腸管上皮，生殖腺などの恒常的細胞再生系の組織や臓器で発生する．この発現時期，重症度，持続期間，回復時期などは，照射される組織内の細胞集団のうち，成熟した機能細胞の寿命と幹細胞の放射線感受性とその再生能力などで決まる．一方，放射線治療後の正常組織の後期反応は，重症の早期反応が遷延してそのまま移行する場合もあれば，いったん早期反応が軽快した後，半年程度の時間経過以降に発現する場合もある．組織・臓器の不可逆性の器質的，機能的変化を伴い，半永久的に残って治療に難渋することが多く，組織や臓器の血管や結合織などの間質の障害が重要な発生要因となっている．

臨床の放射線治療では分割照射を行うことが多く，治療による早期反応の低減を目指すのは当然だが，発現すれば不可逆的な後期反応を起こさないことをより重視する．臨床での放射線治療の際の急性期と晩期の有害事象の評価基準のひとつとして，米国国立がん研究所が作成した有害事象共通用語規準（CTCAE：Common Terminology Criteria for Adverse Events）がある．

臨床での有害事象の多くは，**しきい値**がある**確定的影響**である．表 7.1 に，ICRP 2007 年勧告に記載されている各臓器や組織のしきい値の一部を示す．ここで，組織反応のしきい値とは，1%の人に組織反応が発生すると推定される線量と定義されている．しきい線量が低いものから順に，**骨髄**，**水晶体**，**卵巣**，**皮膚**（紅斑），**精巣**である．

過去の膨大な臨床データから，後期反応を主体として，各臓器の**耐容線量**（TD：tolerance dose）がまとめられている．最小耐容線量 $TD_{5/5}$ は，照射後 5 年以内の有害事象発生率が 5%以下である線量，最大耐容線量 $TD_{50/5}$ は，照射後 5 年以内の有害事象発生率が 50%以下の線量であるが，通常は $TD_{5/5}$ を耐容線量とする．耐容線量は，線質，分割などの照射スケジュール，線量率，照射体積，化学療法などの併用療法，遺伝的背景，全身状態など多くの要因の影響を受ける．耐容線量が照射される組織の体積に依存し，照射体積が大きく

表7.1　各臓器のしきい値

臓　器	しきい値［Gy］	障　害
骨　髄	～0.5	造血系の機能低下
眼	～1.5	白内障
卵　巣	～3	永久不妊
皮膚（広い区域）	<3−6	皮膚発赤
皮　膚	4	一時的脱毛
皮膚（広い区域）	5−10	皮膚の火傷
睾　丸	～6	永久不妊
小　腸	6	胃腸管症候群による死亡
肺	6	間質性肺炎による死亡

ICRP 2007年勧告（表A.3.4 全身ガンマ線被ばく後の成人の臓器及び組織に関わる罹病の1%発生率と死亡に対する急性吸収線量のしきい値の予測推定値）から抜粋，整理した．

なると耐容線量が小さくなる場合，これを**体積効果**と呼ぶ．脊髄のような直列臓器でも並列臓器でも体積効果が見られる．放射線治療での有害事象の発生に，直列臓器では照射野内最大線量，並列臓器では照射体積との関連が強く，各臓器において両者に配慮した治療計画を行うことが多い．

放射線感受性を決定する要因は多く，単純に各臓器の放射線感受性の序列をまとめるのは困難である．しかし放射線治療後の**有害事象の発生**を予知するためには，代表的な臓器のある条件下での照射について，ある程度の放射線感受性の序列や耐容線量を憶えておくことは必要である．Hall らおよび Emami らの $TD_{5/5}$ のデータを一部抜粋したものを表7.2に示す．この値は，臨床経験を基にまとめた参考値であり，有害事象が起こらないことを保証する線量ではない．ある照射の状況下では，$TD_{5/5}$ は低い方から順に，生殖腺，骨髄，水晶体，肺，腎臓，肝臓，小腸，甲状腺，脊髄，皮膚，軟骨・骨・神経・筋肉となっている．一般に組織の放射線感受性という場合には，放射線治療における組織の $TD_{5/5}$ より，1回被ばくでの組織のしきい値を指すことが多い．

近年の臨床放射線治療においては，放射線治療技術の急速な進歩に伴い，三次元放射線治療計画に基づく腫瘍や各臓器の線量体積ヒストグラムから得られるデータと有害事象の関係が，**QUANTEC**（Quantitative Analyses of Normal Tissue Effects in the Clinic）による正常組織耐容線量としてまとめられ，放射線治療計画時に計画の適否を判断するひとつの参考データとして利用されている．

表 7.2 各臓器の最小耐容線量 $TD_{5/5}$

臓　器	TD5/5 [Gy]	照射範囲	障　害
精　巣	1	全　体	不　妊
卵　巣	2−3	全　体	不　妊
骨　髄	2.5	全　体	骨髄形成不全，汎血球減少
水晶体	10	全　体	白内障
肺	17.5	全　体	急性/慢性肺臓炎
腎　臓	23	全　体	急性/慢性腎硬化
肝　臓	30	全　体	急性/慢性肝炎
耳下腺	32	全　体	口内乾燥症
小　腸	40	全　体	閉塞，穿孔，瘻孔
甲状腺	45	全　体	甲状腺機能低下
脳	45	全　体	壊死，梗塞
脊　髄	47	20 cm	壊死，梗塞
胃	50	全　体	穿孔，潰瘍，出血
食　道	55	全　体	食道炎，潰瘍
皮　膚	55	100 cm^2	急性/慢性皮膚炎，毛細血管拡張
軟骨（成熟）	60	全　体	壊死，骨折，硬化
骨（成人）	60	10 cm^2	壊死，骨折，硬化
末梢神経	60	−	神経炎
筋肉（成人）	60	全　体	線維化
喉　頭	70	全　体	壊　死
尿　管	70	5−10 cm	狭　窄
大動脈，静脈	80	10 cm^2	硬　化

（Hall EJ ら（2006），Emami B ら（1991）のデータより）

7.1.2 腫瘍の放射線感受性

腫瘍とは，不死化した腫瘍細胞が制御なく自律性に増殖する細胞集団である．**悪性腫瘍**とは，自律性増殖の他，周囲への浸潤性を伴ってリンパ行性や血行性に発生した臓器以外の臓器に**転移する能力**をもつ腫瘍を指す．悪性腫瘍には**がん**と**肉腫**があり，がんは**上皮性細胞**（皮膚や胃や腸の粘膜など）**由来**，**肉腫**は**非上皮性の結合組織細胞**（筋肉，骨，軟骨，脂肪，血管など）**由来**の腫瘍を指す．腫瘍組織内の細胞の放射線感受性は均一ではなく，組織内の放射線抵抗性の腫瘍細胞の存在が，放射線治療の結果を左右する．

腫瘍組織内には 1〜数％程度の**がん幹細胞**があるとされ，今後のがん治療のターゲットとして注目されている．がん幹細胞は，**クローン形成能**，すなわち細胞が無限に増殖して子孫を増やしてゆく能力をもち，腫瘍の生物学的特徴を生み出す原因となる．がん幹細胞は，自らニッチと呼ばれる生存や増殖に適した環境をつくり，その中で自分を保護しながら生存し，そのため放射線や抗がん剤に抵抗性となると考えられている．がん治療において，分化した多くの娘細胞を死滅させても，がん幹細胞が生き残れば，腫瘍は後に再発してしまう．

腫瘍の放射線感受性は，主には腫瘍細胞の分裂，増殖の程度や分化度などによる放射線感受性で決定されるが，その他，腫瘍組織内の血管など間質の状態により決まる酸素分圧，宿主の免疫性の違いなどの影響も加わって決まる複雑なものである．以下，これらの各要因について解説するとともに，また経験的に知られている腫瘍の発生母地と放射線感受性の関係についてまとめておく．

腫瘍組織では，増殖する細胞が脱落する細胞より多いため，**腫瘍体積**は常に増大する．はじめは指数関数的に増殖するが，分裂しない細胞の割合が次第に増え，腫瘍体積の増加は遅くなる．腫瘍体積の増大は，以下の４つのパラメータで決まる．

① **細胞周期時間**（T_c：cell cycle time）　細胞が分裂してから次に分裂までの平均時間

② **倍加時間**（T_d：doubling time）　腫瘍組織内の細胞数が２倍になるのに必要な時間

③ **増殖分率**（GF：growth fraction）　腫瘍組織内の細胞のうち，増殖細胞の割合

④ **細胞喪失比**（ϕ：cell loss factor）　栄養や酸素の不足，分裂障害，免疫反応，転移や細胞脱落などによる腫瘍組織内の細胞喪失の割合

腫瘍細胞の放射線感受性は，基本的に未分化で増殖が盛んな細胞の放射線感受性が高いことを示したベルゴニー・トリボンドーの法則に従うことが多い．腫瘍の放射線感受性は一般に，T_c と T_d が短く，GF が大きいほど高い．

扁平上皮がんの T_d は，腺がんの T_d より短い．一般にヒト腫瘍の T_d は，実験動物腫瘍の T_d より長い．ヒト腫瘍の GF は，リンパ腫や胚芽腫で 90%，腺がんで 6%，平均 30～80% である．実験動物腫瘍の GF は 30～77% 程度である．GF は腫瘍増大とともに下がる．

腫瘍細胞の T_c は，正常細胞より特に短くはないが，腫瘍の GF は正常組織より大きく，多くの細胞が増殖し，腫瘍組織の体積は時間とともに増加する．

ただし腫瘍内には分裂しない細胞もあり，一部の細胞喪失もあるため，T_d は T_c より長くなる．ヒト腫瘍の T_c は 1〜5 日，T_d は 40〜100 日である．細胞喪失比 ϕ は，ヒト腫瘍では 50〜80%で，これが大きいほど T_d は長くなる．ϕ は，GF が大きい腫瘍ほど大きく，一般にがん腫では肉腫より大きい．

この他，腫瘍体積の増大に関して，体積倍加時間（VDT：volume doubling time）と**潜在的倍加時間**（Tpot：potential doubling time）という指標がある．VDT は細胞の産生と喪失のバランス，すなわち T_c，GF，ϕ の 3 因子により決定される．T_c が短いか，GF が大きいか，ϕ が小さい腫瘍の増殖は速やかであると考えられる．Tpot は，細胞喪失がないと仮定した場合の VDT であり，以下の式で計算する．腫瘍内には増殖していない細胞が存在するため T_c は通常 Tpot より短い．

$$\mathrm{Tpot} = T_c/\mathrm{GF}$$

Tpot は当初，腫瘍組織内のがん幹細胞の倍加時間を反映して放射線治療の予後指標として役立つと期待されたが，大規模な臨床試験においては Tpot と治療効果の間に相関はみられなかった．

腫瘍では腫瘍細胞の増加に血管の発育が伴わないことが多く，また腫瘍血管は未熟で酸素や栄養の供給が不十分となりやすく，血管から離れた領域に低酸素細胞や壊死組織がみられる．毛細血管から離れるに従って低酸素となり，毛細血管から約 150 μm 以上離れるとその領域は無酸素となり細胞は生存できない．間質に取り囲まれた腫瘍細胞群を腫瘍コードと呼ぶが，その増大により中心部に壊死が出現する．動物腫瘍の多くでは腫瘍内の 10〜15%の細胞は低酸素状態にあり，**低酸素細胞**の放射線感受性は低い．

長年の放射線治療の成績の蓄積により，腫瘍の病理学的組織型と放射線感受性の間に相関があることが知られている．**低分化型**や**未分化型**は，高分化型より感受性が高い．**扁平上皮がん**は腺がんより感受性が高い．同じ腺がんでも乳がんは甲状腺がんや胃がんより感受性が高い．腫瘍進展形式でみると，**限局型**は浸潤型より感受性が高い．この他，放射線感受性の高い腫瘍細胞の特徴として，**核/細胞質比**が高いこと，**放射線誘導アポトーシス**の頻度が高いことなどが知られている．一般的に腫瘍細胞は低分化〜未分化ほど核/細胞質比が大きく，増殖が旺盛で，放射線感受性は高い．他に放射線感受性の腫瘍組織の特徴

表 7.3　各腫瘍の放射線感受性

放射線感受性	腫　瘍
高	リンパ性白血病
	悪性リンパ腫
	精上皮腫
	神経芽細胞腫
	ウィルムス腫瘍
	ホジキン病
	多発性骨髄腫
↓	扁平上皮癌（皮膚，頭頸部，　子宮頸部，膀胱，その他）
	乳がん
	肺がん
	甲状腺がん
	悪性黒色腫
	神経膠腫
	腎がん
	胃がん
低	骨肉腫，線維肉腫，その他

（重松（1973）からデータを抜粋し，整理した.）

として，血流が豊富であり，壊死組織の占める割合が少ないことも知られている.

放射線誘導アポトーシスの発現に関わる細胞内シグナル伝達経路には，**がん抑制遺伝子**の ***p53*** が関与する ***p53*** **依存的経路**と関与しない ***p53*** **非依存的経路**がある. *p53* 依存的経路では，放射線による DNA 損傷の情報が ATM など誘導因子を介して *p53* タンパクを活性化し，BAX や FAS, Caspase-3 タンパクの発現を介してアポトーシスを起こす. *p53* 非依存的経路では，放射線により細胞膜のスフィンゴミエリンが分解し，セラミドを産生して JNK/SAPK タンパクを活性化し，Caspase-3 タンパクの発現を介してアポトーシスを起こす. がん抑制遺伝子 *p53* は，アポトーシス誘導の他，***p21*** などを介した細胞周期の停止による **DNA 修復**への関与という重要な役割がある. 多くのヒト腫瘍では ***p53*** **変異**があることが知られている. *p53* が変異した細胞では，放射線誘導アポトーシスが起こらず，細胞周期も止まらず**増殖**が続き，放射線抵抗性になる.

腫瘍の放射線感受性は，その発生母地の放射線感受性と相関することが多い. たとえば，放射線の感受性が高いリンパ球や精巣の細胞を母地とする悪性リンパ腫や精上皮腫は高感受性の腫瘍の代表で，感受性が低い骨や筋肉や神経組織を母地とする骨肉腫，平滑筋肉腫，神経膠芽腫などは低感受性の腫瘍の代表である．小児では多くの臓器で成長に伴う細胞分裂が盛んであり，**小児の腫瘍**は，成人の腫瘍に比して感受性が高いものが多い．

腫瘍の放射線感受性を決定する要因は多く単純に序列をまとめることはできない．しかし放射線治療が成功するか否か判断するためには，代表的な腫瘍のある条件下での照射について，ある程度の**放射線感受性の序列**を憶えておくことは必要である．表7.3は，重松らがまとめた**腫瘍の放射線感受性**の一部を抜粋したものである．ある状況下の腫瘍では，感受性は高い方から，悪性リンパ腫，精上皮腫，神経芽細胞腫，ウィルムス腫瘍，多発性骨髄腫，乳がん，肺がん，甲状腺がん，悪性黒色腫，神経膠腫，腎がん，肉腫の順となっている．

7.1.3　放射線治療における治療可能比

放射線治療では，周囲の正常組織の中にできた腫瘍細胞の根絶を目指すが，

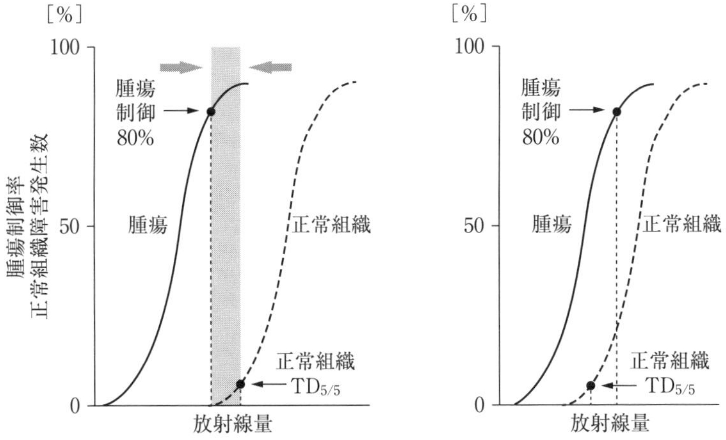

(a)　治療可能比＞1　　(b)　治療可能比＜1

図7.1　治療可能比の例示

腫瘍と正常組織の放射線感受性が図（a）のような曲線の関係である場合，治療可能比は1より大きく，灰色で示した範囲の線量で有害事象が問題にならず治ゆが期待できる．図（b）のような曲線の場合には，治療可能比は1より小さく，有害事象なく治ゆは望めない．

周囲の正常組織の機能を失うことなく保ちながら，腫瘍の治ゆを目指す必要がある．**治療可能比**（TR：therapeutic ratio，**治療効果比と**もいう，図 7.1）は，放射線治療において局所制御の可能性を判断する際に，重要な指標で，以下の式で示される．放射線治療では，正常組織の耐容線量としては，$TD_{5/5}$ を用いることが多い．

治療可能比＝正常組織の耐容線量/腫瘍致死線量

治療可能比が１以上となる放射線治療ならば，正常組織の有害事象が問題とならずに腫瘍が治ゆすることを期待できる．一例としては，放射線感受性がそれほど高くない正常組織内に，放射線感受性がある程度高い腫瘍ができた場合である．その代表的な腫瘍としては，悪性リンパ腫，精上皮腫，ウィルムス腫瘍などがあり，低めの放射線量で，正常組織の有害事象が問題とならず，腫瘍の根治が期待できる．扁平上皮がんなど多くの腫瘍では，治療可能比が１よりやや高い程度である．この場合，正常組織の耐容線量程度の放射線量の治療により，腫瘍の根治がかなり期待できる．治療可能比が１より小さい，悪性黒色腫，骨肉腫，小腸腫瘍などの腫瘍の場合には通常，正常組織障害が問題となり，腫瘍の根治は難しい．

治療可能比を改善させる方法（表 7.4）には，物理的な改善方法と生物学的な改善方法がある．物理的な改善方法として，腫瘍のみに放射線を照射し，正常組織への照射を避ける空間的な**線量分布**の改善が有用である．具体的な方法としては，密封小線源治療や放射性同位元素内用療法や放射性同位元素標識抗

表 7.4　治療可能比の改善方法

物理的方法	生物学的方法
空間的線量分布の改善	時間的線量投与の改善
内照射 密封小線源治療 放射性同位元素内用療法 放射性同位元素標識抗体療法（放射免疫療法）	分割照射法 低線量率照射 薬剤との併用
外照射 強度変調放射線治療（IMRT） 定位照射 術中照射 粒子線治療 ホウ素中性子補足療法（BNCT）	放射線増感剤 放射線防護剤 化学療法 分子標的薬剤 温熱療法との併用

体療法（放射免疫療法）などによる**内照射**，特別な外照射装置と技術を用いる**強度変調放射線治療**（IMRT：intensity modulated radiation therapy）や定位照射，深部線量分布においてブ**ラッグピーク**という特徴をもつ**粒子線による治療**，手術中に腫瘍を露出させ腫瘍のみに放射線を照射する**術中照射**などの外照射の方法，特殊な治療として**ホウ素中性子補足療法**（BNCT：boron neutron capture therapy）などがある．生物学的な改善方法としては，周囲の正常組織障害よりも腫瘍の治療効果を強くする時間的な線量投与法として，従来から**分割照射法**や**低線量率照射法**が日常診療で使われている．また正常組織障害と腫瘍治療効果の差を大きくするような後述する**各種の薬剤**や**温熱療法**を併用する方法などがある．

7.2　生物学的効果の修飾

放射線治療を成功させるためには，正常組織と腫瘍に同じ線量が照射された際に，正常組織の機能障害を減らし，腫瘍の治ゆを高めて，正常組織と腫瘍の放射線感受性の違いを広げる工夫として，生物学的効果の修飾が必要である．

正常組織と腫瘍の各組織の放射線感受性は，各組織を構成する細胞の遺伝子やその発現の違い，細胞を取り巻く環境などに伴い，具体的には組織型や分化度，細胞増殖，細胞の組織構築，細胞内SH基やラジカル消去酵素の存在量の違いなど，多くの**生物学的因子**により影響を受ける．

この他の正常組織と腫瘍の放射線感受性を変え，生物学的効果を修飾する物理学的，化学的，生物学的因子として，①放射線の種類（線種）やエネルギーの違いによる**線質効果**，②放射線障害からの**回復**に伴う③**線量率効果**や④**分割効果**，⑤放射線照射時の酸素の有無での感受性の違いによる**酸素効果**，⑥放射線照射時の**細胞周期**による感受性の違い，放射線照射に併用して放射線感受性を変化させる⑦**放射線増感剤・防護剤**，⑧**抗悪性腫瘍薬**（化学療法），⑨**分子標的薬剤**の使用，⑩放射線照射に，正常組織と腫瘍の加温を併用することによる温熱効果などについて概説する．

これらの生物学的効果を修飾する因子は，互いに関連して，最終的に放射線感受性を決めるが，特に①の線質の違いは，他の②～⑩の修飾の程度を左右する重要な因子である．①の線質として，低 LET 放射線では，②〜⑩に対する修飾の程度が大きい．高 LET 放射線では，②〜⑩に対する修飾の程度は少ない．①〜⑩のそれぞれ因子が，放射線治療の成功にとって，有利あるいは不利のどちらに働くか，その理由と併せて，よく理解しておくことが大切である．以下，各因子ごとに説明する．

7.2.1　線 質 効 果

細胞に対する放射線の生物学的影響の程度は，同じ吸収エネルギーを被ばくした場合でも，放射線の種類すなわち**線種**や放射線のエネルギーなどの放射線の質，すなわち**線質**により異なる．これを**線質効果**と呼ぶ．線質の指標として，既述した**線エネルギー付与**（LET：linear energy transfer）があり，高 LET 放射線か，低 LET 放射線かの違いで，生物学的影響の程度は，大きく異なる．

7.2.2　回　　　復

放射線照射により細胞が DNA 損傷を受けた場合，すべての細胞が自身の回復能力で治ることができず死に至る致死的障害（LD：lethal damage）を受けるわけではない．**亜致死障害**（SLD：sublethal damage）と**潜在的致死障害**（**PLD**：potentially lethal damage）と呼ばれる自身の回復能力で治りうる2つの障害がある．一部の細胞では，DNA 損傷は酵素による修復メカニズムにより分子レベルで**修復**（repair）され，結果として生き残ることが可能となり，細胞レベルで生存率が上がる**回復**（recovery）と呼ばれる現象が起こる．2つの回復が知られており，ひとつは亜致死障害からの回復（SLDR）で，もうひとつは潜在的致死障害からの回復（PLDR）である．

(1)　亜致死障害からの回復

亜致死障害からの回復（SLDR）とは，2分割照射のときに，分割しない照射と比べて，生存率が上昇する現象である．Elkind らによって報告されたので，**Elkind 回復**と呼ばれることもある．

図 7.2 に，2分割照射時の生存率曲線の例を示す．

2分割照射とは，ある線量 D の半分の線量 $D/2$ を，1回目として細胞に照射

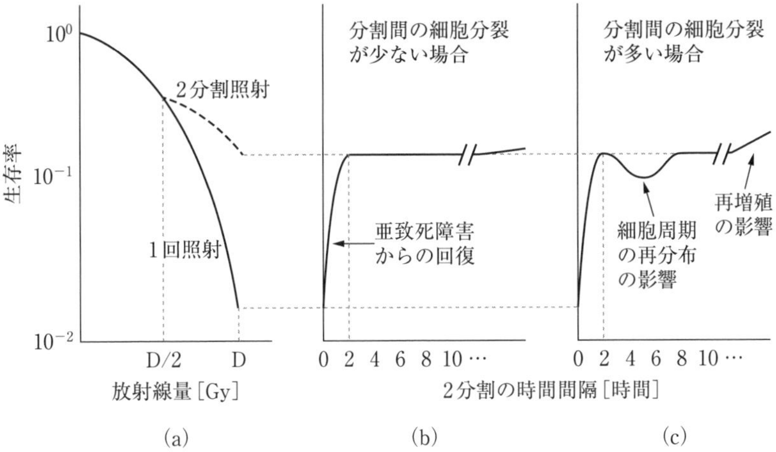

図 7.2　2分割照射時の生存率曲線の例

図（a）は2分割照射時の生存率曲線で，点線は2分割照射，実線は分割しない1回照射の場合である．図（b）と図（c）は，横軸に示した2分割間の時間間隔で，線量 $D/2$ ずつ2回，計 D の線量を照射した場合の生存率の変化を示し，図（b）は2分割間の細胞分裂が少ない場合，図（c）は多い場合である．

した後，ある時間間隔をおいて2回目に残りの線量 $D/2$ を照射する照射法である．時間間隔を開けずに一度に線量 D を連続して照射した場合に比べ，時間間隔を開けて同じ線量を2分割照射すると，一般に細胞の生存率が高くなる．

この原因は，1回目の線量 $D/2$ の照射でできた損傷の一部が，その時点で細胞を死に至らせるものではなく，2回目の照射までの時間間隔の間に，損傷の一部または全部が修復されるような亜致死障害と呼ばれる損傷であるためと考えられている．標的理論を用いて説明（図7.3）すると，細胞内には複数の標的があり，標的がすべてヒットされたとき細胞が死ぬと仮定する．1回目の線量 $D/2$ の照射により，すべての標的がヒットされて致死的障害を受ける細胞，一部の標的のみがヒットされ亜致死障害を受けた細胞，標的がまったくヒットされず障害を受けない細胞が生ずる．亜致死的障害を受けた細胞は，2回目の照射までの時間間隔の間に，1回目の照射でヒットした標的が修復され，障害のない状態の細胞に戻り，2回目の線量 $D/2$ の照射ではまったくヒットされていない細胞と同様に，肩のある細胞生存率曲線を示す．結果として，分割せず連続して照射した場合と比して，2分割照射をすると，細胞の生存率が上昇する．

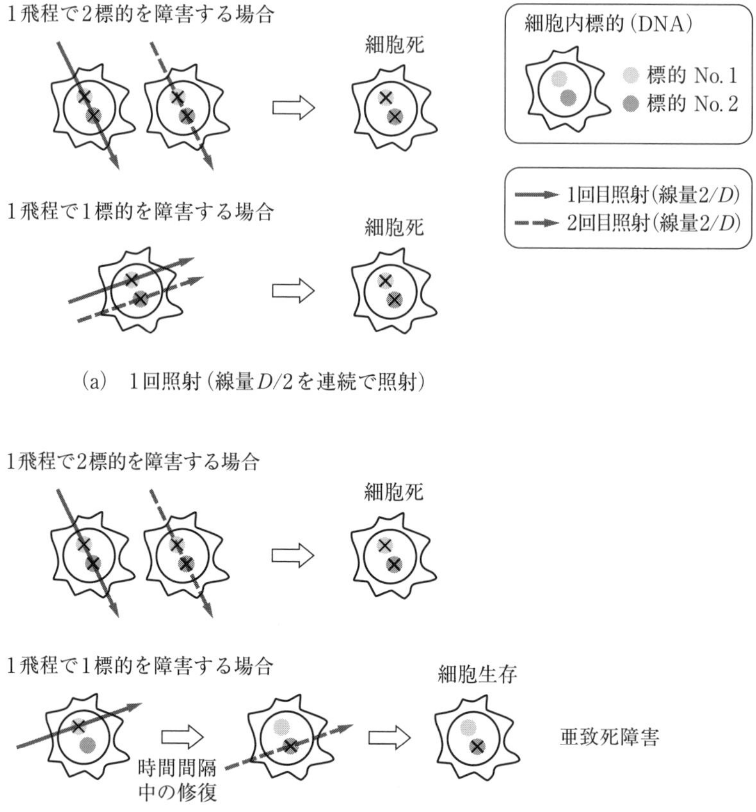

(a)　1回照射(線量 $D/2$ を連続で照射)

(b)　2分割照射(線量 $D/2$ を時間間隔をあけて照射)

図 7.3　亜致死障害からの回復のメカニズム

細胞内に複数の標的（この例では2つ）があり，標的すべてが障害を受けた場合に細胞は死ぬと仮定した場合の例．1回目と2回目の照射の時間間隔の間に，ひとつの標的の障害が修復されれば，細胞死は免れる．

細胞生存率曲線において肩がない，すなわち標的理論での D_q が小さいかLQモデルでの β が小さい細胞では**亜致死障害の回復**は起こらず，肩が大きく，標的理論での D_q が大きいかあるいはLQモデルでの β が大きい細胞ほど，亜致死障害の回復は大きくなる．

図7.2の（b）のように，亜致死障害の回復は，1回目の照射後早期に始まり，**ハムスター由来の細胞**では2時間程度で，**ヒト細胞**では6時間程度で完了

する．脳や脊髄では，亜致死障害からの完全な回復に 8 時間以上必要とされ，ラットの実験では 8 時間でも不十分との報告もある．通常の多分割照射での照射間隔である 6 時間では，亜致死障害が十分回復していないことに注意が必要である．

図 7.2 の（c）のように，分割間隔における細胞培養温度を 37℃にして，分割間隔の間で細胞周期が動いている場合，分割間隔が 3～4 時間までは，亜致死障害からの回復により生存率が上昇するが，その後，細胞周期の再分布と G_2 ブロックによる放射線感受性の変化という別の要因が加わるため，生存率は一時的に低下する．さらに時間が経過すると，細胞増殖という別の要因が加わり，生存率は増加する．

亜致死障害からの回復の主たる原因は，**DNA 損傷の酵素**による分子レベルでの**修復メカニズム**であり，動物細胞では，**相同組換え修復**が関与して DNA 2 本鎖切断を修復すると考えられている．時間間隔をあけずに一度に線量 D を連続して照射した場合，2ヶ所の DNA 2 本鎖切断ができるため，その後，二動原体や環や橋などの不安定型染色体異常が発生し，細胞は死に至る．2 分割照射の場合，1 回目の線量 $D/2$ の照射により，亜致死的障害を受けた細胞で出現するひとつの DNA 2 本鎖切断は，2 回目の照射までの時間間隔の間に修復され，障害のない状態に戻るため，2 回目の線量 $D/2$ の照射で，もうひとつ別の DNA 2 本鎖切断ができても，二動原体や環や橋などの不安定型染色体異常は発生せず，細胞は生存できる．これが亜致死障害からの回復のメカニズムと考えられている（図 7.3）．

臨床の放射線治療では，通常 1 回線量を 2 Gy とした分割照射を行う．これは正常組織に亜致死障害の回復を促して，正常組織の障害を小さくするためである．

(2) 潜在致死障害からの回復

潜在致死障害あるいは**潜在的致死障害からの回復**（PLDR）とは，放射線照射後の環境条件が悪い場合に**細胞生存率**の上昇がみられる現象である．潜在的致死障害とは，放射線で細胞内に生じた修復可能な損傷のことである．細胞レベルでは，細胞を照射後，生理的塩溶液など**低栄養**，**低 pH**，**低酸素**，**定常増殖期**，**密度依存的接触増殖阻害**あるいは**接触阻害**など**細胞増殖**に適さない状態におくと，潜在的致死障害を修復する時間が与えられ，細胞は死から逃れることができる．組織レベルでは，腫瘍内では，腫瘍血管から離れた場所に，低栄養や低酸素の細胞が存在し，このような細胞は放射線抵抗性であるが，このような環境では放射線照射後にさらに潜在的致死障害からの回復も加わり，さらに放射線治療効果が低減する．マウスの腫瘍では，小さな腫瘍と比して大きな腫瘍ほど，潜在的致死障害からの回復は大きい．大きな腫瘍ほど，内部に低栄養の細胞の比率が高く，潜在的致死障害からの回復が起きやすいと考えられる．この潜在的致死障害からの回復のタイプは，修復に必要な時間が2～6時間かかる**遅いタイプ**である．

一方，放射線照射後に細胞の環境を変えると，細胞死が増える現象がある．これは放射線照射により生じた潜在的致死障害が，致死的に固定されるためである．このような環境には，0.5 M 食塩水などの不等張溶液処理，カフェインやヒドロキシウレアの添加，アクチノマイシンDや5-フルオロウラシルなどの抗がん剤の添加などがある．このタイプの潜在的致死障害からの回復は，これらの処理により細胞死が増強することではじめてその存在に気づけるものであり，修復に必要な時間は照射後1時間以内と**速いタイプ**である．

ヒト腫瘍に対する臨床の放射線治療後には，これらの潜在的致死障害からの回復が起き，治療効果に影響を与えていると考えられている．

潜在的致死障害とは，DNA 2本鎖切断が主体の障害と考えられているが，潜在的致死障害からの**回復の分子メカニズム**については不明な部分が多い．

7.2.3　線量率効果

線量率効果とは，**線量率**（単位時間当たりの線量）を変えると，すなわち同じ線量の放射線を照射時間を変えて細胞に照射すると，細胞生存率など生物効果が変わる現象である．一般的に，線量率を低くすると，高線量率で短時間で照射する場合に比べて，生存率が上がる（図7.4）．線量率効果は，**細胞致死効果**の他，放射線による**突然変異**の誘発や放射線発がんにおいても観察されている．線量率効果は0.01～1 Gy/分の間で最も著しい．**線量率効果**の程度は，細胞の種類により大きく異なる．細胞の生存曲線で肩の幅が大きい細胞ほど線量率効果は大きい．

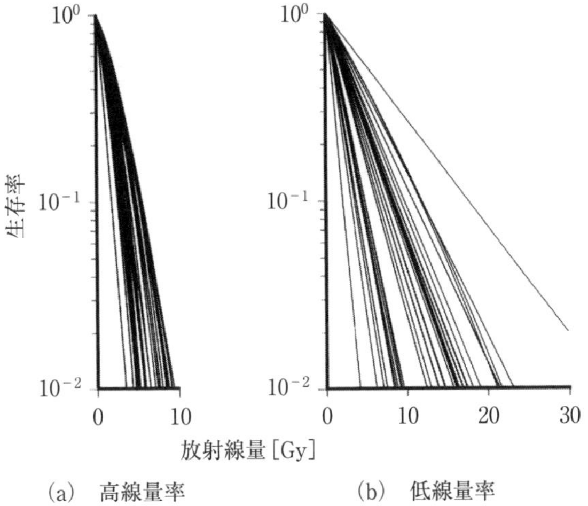

図7.4 線量率効果

多くのヒト由来細胞の高線量率（図(a)）と低線量率（図(b)）での放射線感受性を示す．線量率を低くすると生存率が上がり，線量率効果がみられる．細胞の種類により程度が異なり，生存曲線の肩の幅が大きい細胞ほど線量率効果は大きい．(Hall EJ の教科書 (1995) より）

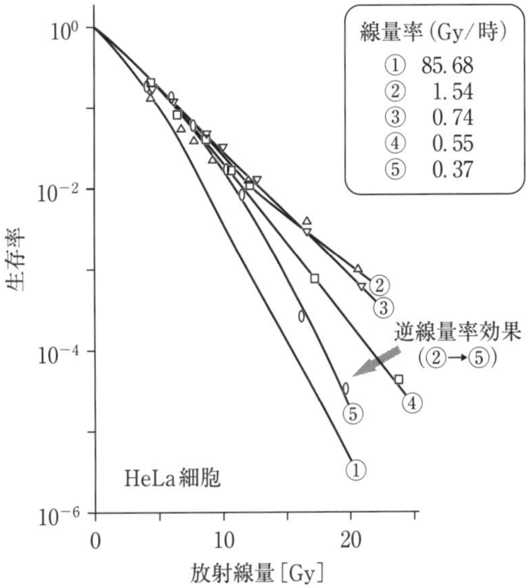

図7.5 逆線量率効果

HeLa 細胞では，1.54～0.37 Gy/時の低線量率の範囲で，線量率が低くなると生存率が下がる逆線量率効果がみられる．(Mitchell ら (1979) のデータより一部改変）

一方，**逆線量率効果**と呼ばれる特別な現象がある．これは，ある細胞系において一定の低線量率の範囲では，線量率が低くなると**生存率**が下がる現象である．HeLa 細胞では 1.54〜0.37 Gy/時の範囲で，逆線量率効果がみられる（図 7.5）．逆線量率効果の原因は**細胞周期**の G_2 **ブロック**と考えられている．1.54 Gy/時では細胞は照射を始めたときの細胞周期の各期にとどまり細胞周期は進まないが，線量率が 0.37 Gy/時まで下がると細胞周期を進み G_2 期でブロックされ，放射線感受性のよい G_2 期の細胞集団となり，生存率が低下する．それより低い線量率の場合には，照射中も細胞周期を進み細胞は増殖する．

(1)　線量率効果と回復の関係

線量率効果の主な原因は，放射線照射により細胞が DNA 損傷を受けたあと，DNA 損傷の修復メカニズムにより起こる**亜致死障害**からの回復が，低線量率での長時間にわたる照射の間に起こることが関与している．

(2)　線量率効果の生存率曲線と逆線量率効果

図 7.6 に，線量率が生存率に与えるすべての変化をまとめる．**線量率**が低く

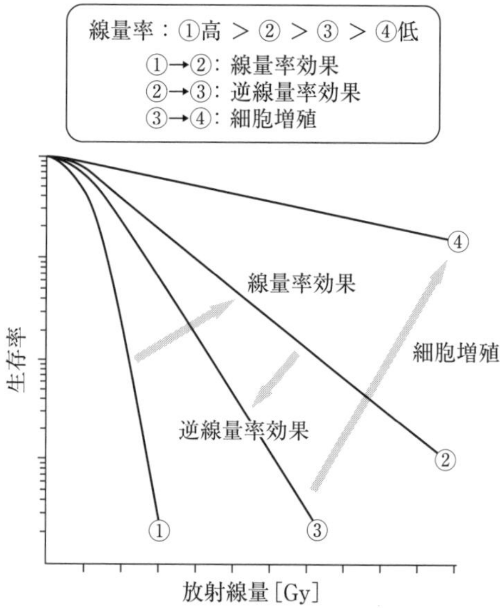

図 7.6　線量率が細胞生存率に与える影響のまとめ
線量率の低下に従って順に，線量率効果のため生存率が増加し，逆線量率効果により生存率が低下し，細胞増殖により生存率が増加する．

なるに従って，線量率効果として生存率が上昇し，生存曲線の傾斜が緩やかに，すなわち標的理論での D_0 が大きく，LQ モデルで α が小さくなり，肩が次第に消失，すなわち標的理論で D_q が小さく，LQ モデルで β が小さくなる．さらに低線量率の一定の線量率の範囲では，逆線量率効果により生存率が低下し，さらに低線量率になると照射中の**細胞増殖**が出現し，生存率が増加する．

7.2.4　分割効果

放射線に対する正常組織の反応は，骨髄，消化管粘膜，皮膚などの増殖の速い組織では早期反応があらわれやすく**早期反応型組織**という．脊髄，脳，肝臓，腎臓，肺などの増殖が遅い，あるいは増殖しない組織では後期反応があらわれやすく**後期反応型組織**という．放射線治療では，いったん起こると回復しにくく治療が難しい後期反応をいかに抑えるかが最も重要な課題である．

分割効果とは，同じ線量の放射線を，複数回に分けて細胞に分割照射した場合，**分割回数**の増加に伴って細胞生存率が上昇する現象である．分割効果は，正常組織の早期反応型組織と後期反応型組織，腫瘍組織のすべてに出現し，分割回数が増えると，各組織の細胞生存率は分割回数に合わせて上昇するが，その程度はかなり異なる．一般に正常組織の後期反応型組織は，分割効果が腫瘍よりも相対的に大きく，**治療可能比**が増加するため，放射線治療においては，通常分割照射を行っている．この組織間の相違は，正常組織の後期反応型組織における回復の程度が，腫瘍組織と正常組織の早期反応の回復の程度よりも，通常大きいことによる．腫瘍と正常組織の早期反応型組織の分割効果は，ほぼ同様である．この結果，放射線治療では，分割回数を増やすほど，腫瘍には同じ治療効果であっても，相対的に脊髄神経障害などの後期反応の発生を低減できる．そのため**分割照射**は，臨床放射線治療の基本となっている．

分割効果の主な原因は，分割間の時間に起こる DNA **損傷**の**修復メカニズム**である．分割間の時間に細胞周期が変化した場合には，細胞集団の細胞周期による感受性の変化の因子なども影響を与える．さらに分割間の時間に起こる**細胞増殖**，腫瘍の場合には組織内の**酸素環境**の変化なども，分割効果に影響する．

7.2.5 酸素効果

細胞が低酸素あるいは無酸素下で低LET放射線により照射された場合，酸素存在下で照射された場合と比べて，放射線の生物効果は低い．酸素の存在により，低酸素あるいは無酸素下よりも感受性が高くなることを**酸素効果**という．酸素効果の出現には，酸素は照射中あるいは照射後5 msec以内に存在する必要がある．それ以後の照射後に酸素を添加しても酸素効果は出現しない．

酸素効果のメカニズムは，X線やγ線など低LET放射線により生成した各種のラジカルが，DNAと反応し**初期損傷**としてラジカル状態を生成するが，ここに酸素分子が結合して初期損傷を固定化し，修復可能な損傷が致死的染色体切断など修復不能な損傷に変えると考えられている．

具体的には，放射線は水分子を励起および電離し，寿命は非常に短いが酸化力が強く，最も生物作用に寄与する**ヒドロキシラジカル**あるいは**水酸化ラジカル**（$\cdot OH$）の他，水和電子（e_{aq}^-），**水素ラジカル**（$\cdot H$）などを生成する．この際，酸素分子が存在すると，酸素は2個の不対電子により高い電子親和性をもつ強い酸化剤として，水和電子（e_{aq}^-）や水素ラジカル（$\cdot H$）と反応して，ハイドロキシパーオキシラジカル（$\cdot HO_2$）やスーパーオキシド（$\cdot O_2^-$）を生成する．ハイドロキシパーオキシラジカル（$\cdot HO_2$）は寿命が長く弱い酸化剤として，DNAを構成している核酸などの生体高分子（RH）と，水素引き抜き反応や付加反応などで反応し，生体高分子ラジカル（$\cdot R$，$\cdot RO$）をつくる．

$$e_{aq}^- + O_2 \rightarrow \cdot O_2^- \qquad \cdot O_2^- + H_2O \rightarrow \cdot HO_2 + OH^-$$

$$\cdot H + O_2 \rightarrow \cdot HO_2$$

$$RH + \cdot HO_2 \rightarrow \cdot R + H_2O_2 \quad \text{（水素引き抜き反応）}$$

$$RH + \cdot HO_2 \rightarrow \cdot RO + H_2O \quad \text{（付加反応）}$$

ヒドロキシラジカル（$\cdot OH$）と水素ラジカル（$\cdot H$）は，水素引き抜き反応により，DNAを構成している核酸などの生体高分子（RH）と水素引き抜き反応を起こし，生体高分子ラジカルをつくる．

$$RH + \cdot OH \rightarrow \cdot R + H_2O$$

$$RH + \cdot H \rightarrow \cdot R + H_2$$

生体高分子ラジカルは，**酸素**が存在すると反応し，有機過酸化ラジカル

($\cdot RO_2$) となり，**DNA 損傷**を固定化し，修復可能な損傷を致死的染色体切断など修復不能な損傷に変える．

$$\cdot R + O_2 \rightarrow \cdot RO_2$$

この他，細胞内に 0.5〜10 mM と比較的高濃度に存在する **SH 基**（**スルフヒドリル基**，**チオール基**，水硫基，メルカプト基）を有する**グルタチオン**も，酸素効果に関与する．グルタチオンの還元型は GSH，酸化型が GSSG であるが，大部分が還元型である．グルタチオンは，SH 基の水素元素の授受により酸化還元反応を起こし，過酸化物や活性酸素種を還元して消去する重要な生理機能をもつ．還元型グルタチオンは，放射線で生じた生体高分子ラジカルと，酸素と競合して反応する．しかし，生体高分子ラジカルと酸素との反応は，還元型グルタチオンとの反応より 200 倍速く進むので，酸素が存在している場合には，核酸などの生体高分子ラジカルは有機過酸化ラジカルとなり障害が固定され，DNA 損傷は避けられない．低酸素下では**還元型グルタチオン**が**生体高分子ラジカル**を消去し，DNA 損傷を軽減する．

$$\cdot R + O_2 \rightarrow \cdot RO_2$$

$$\cdot R + GSH \rightarrow RH + 1/2\,GSSG$$

現在，臨床の放射線治療で主流となっている**低 LET 放射線**を用いた分割照射において，この酸素効果は，前述した**再酸素化**の現象を通して，放射線治療の効果を高める意味で，きわめて大きい役割を果たしている．

正常組織内には低酸素あるいは無酸素の領域はほとんど存在しないが，腫瘍内には酸素が十分に供給されない低酸素あるいは無酸素の領域があり，そこには低 LET 放射線に対して感受性が低い低酸素あるいは無酸素の腫瘍細胞が存在する．この違いの主な原因は，酸素を供給する血管構築の違いである．腫瘍内の血管を腫瘍血管と呼ぶが，腫瘍内の**低酸素領域**は，腫瘍血管のまったく異なる 2 つのメカニズムにより出現する．ひとつは血管構築が不十分なために生じ，長期にわたり低酸素状態となる**慢性低酸素**領域，もうひとつは血流が一時的に止まることにより生ずる，一過性の**急性低酸素**領域である（図 7.7）．

腫瘍組織では細胞増殖が活発で，酸素と栄養を供給する腫瘍血管の新生が必要である．しかし実際には血管新生が腫瘍細胞の増殖に追い付かないことが多く，血管構築が不十分となり，また一方で腫瘍細胞はたえず酸素を消費するた

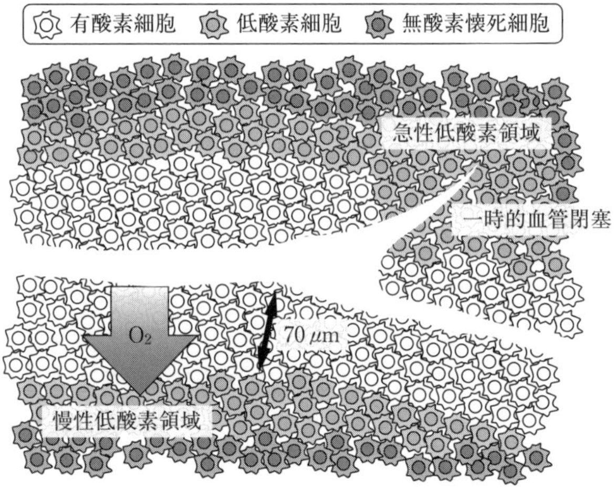

図 7.7　腫瘍内低酸素領域の 2 つの発生メカニズム
腫瘍内の低酸素領域には，血流が一時的に止まることにより生ずる一過性の急性低酸素領域と，血管構築が不十分なために生じる慢性低酸素領域がある．

め，腫瘍内の腫瘍血管からある一定距離以上離れた領域は，酸素や栄養が十分に供給されない慢性低酸素あるいは無酸素領域となる．図 7.7 は腫瘍血管から酸素が拡散する様子を示すが，**腫瘍血管**の周囲に酸素が拡散できる距離は約 70 μm とされている．

これとは別に，腫瘍内には，腫瘍血管がまったくランダムに開いたり閉じたりすることにより，間欠的に違う領域が低酸素となっていることが知られており，その領域を急性低酸素領域と呼ぶ．

低酸素とは酸素分圧が 3～4 mmHg 以下の状態と定義されるが，腫瘍の中で低酸素細胞の占める割合は，動物腫瘍の多くでは 10～15％で，ヒト腫瘍でも大きなばらつきがあるもののその存在が確認されている．これらの比率は，動物腫瘍では細胞生存率曲線を用いた paired survival curve 法，ヒトでは細い針電極を組織内に刺入して測定する酸素分圧測定器や臨床画像診断装置などを利用した多くの方法で確認されている．**低酸素細胞**が占める割合が高い腫瘍の場合，放射線治療の成績が悪くなることは，多くの報告が示している．

前述したように，分割照射により**再酸素化**が起こる．慢性低酸素領域の再酸素化のメカニズムは，酸素が供給されて放射線感受性が高い腫瘍血管に近い腫

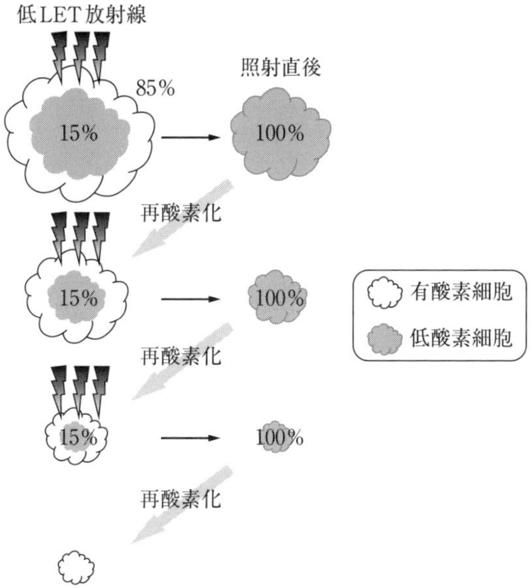

図 7.8 分割照射中の再酸素化の意義

腫瘍は大部分が酸素に富んだ細胞と一部の低酸素細胞からなる．低 LET 放射線を照射すると感受性が高い酸素に富んだ細胞が優先的に死に，照射直後は腫瘍には感受性の低い低酸素細胞が残る．その後，分割照射中の再酸素化により，次回の照射前には，初回照射時の比率に戻る．照射が再酸素化を起こすのに十分な間隔を開けて分割して照射を繰り返した場合，感受性の低い低酸素細胞の存在は，放射線治療の失敗の原因にはなりにくい．

瘍細胞が死んで酸素を消費しなくなり，また放射線照射によって引き起こされる炎症によって活発になったマクロファージが死んだ細胞を捕食，除去もして，腫瘍血管から離れて低酸素のため放射線感受性が低く生き残った低酸素腫瘍細胞にまで酸素が十分に供給されるように変化することによる．急性低酸素領域の再酸素化のメカニズムは，初回照射時にランダムに閉じていた腫瘍血管が，次の分割照射時には開いて血流が再開していることによる．

再酸素化の時間経過は，腫瘍により大きく異なる．**急性低酸素領域**が低酸素の主体の腫瘍の場合，再酸素化は時間単位で早く出現し，**慢性低酸素領域**が低酸素の主体の腫瘍の場合には，再酸素化の出現には日単位の時間を要する．

いずれにしても，分割照射中の再酸素化は，放射線感受性の低い低酸素腫瘍細胞を，酸素供給により感受性を高く変化させるのに役立つ．図 7.8 は，分割

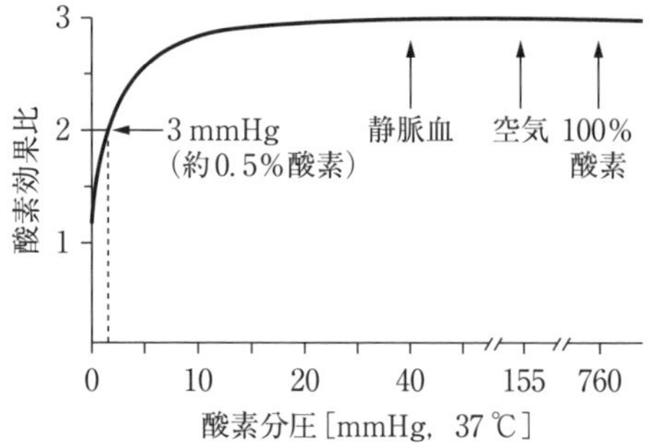

図7.9　酸素効果比と酸素濃度

低LET放射線の酸素効果比は，酸素下では2.5〜3.0，無酸素下では1である．酸素効果は，ごくわずかの酸素があれば出現し，わずか3 mmHg（約0.5%）の酸素があれば中間値2となる．（Hall EJの教科書（1995）より一部改変）

照射中の再酸素化の過程を示す．低LET放射線による放射線治療においては，分割照射は，低酸素腫瘍細胞が生き残って再発の原因となるのを防ぎ，根治可能にする大きな意味がある．また，正常組織には基本的に低酸素あるいは無酸素の領域は存在しないため，分割照射時の再酸素化の現象は，正常組織には通常当てはまらず，腫瘍組織のみに対して放射線感受性を高めるため，治療可能比の向上に役立っている．これが臨床において分割照射が基本となる理由のひとつとなっている．

腫瘍により再酸素化の起こる程度が異なることが知られている．再酸素化がよく起こる腫瘍は放射線治療効果が高く，起こりにくい腫瘍では効果が低く，腫瘍の放射線感受性との関連が推測されている．

酸素効果の大きさは，**酸素効果比**（OER：oxygen enhancement ratio，**酸素増感比**ともいう）で表す．

酸素効果比＝(無酸素下である効果を引き起こす放射線量)/(酸素下で同じ効果を引き起こす放射線量)

低LET放射線の酸素効果比は，**酸素下**では2.5〜3.0で，**無酸素下**では1となり，酸素濃度に依存して1〜3の値となる．酸素効果は，ごくわずかの酸素があれば出現する（図7.9）．3 mmHg（約0.5%）の酸素があれば，酸素効果比は中間値2まで増加する．体内の血管系のうち動脈は，体内の各臓器に酸素を供給し，酸素を失った動脈血は静脈血に変わるが，この静脈血でさえもまだ 20～40 mmHg の酸素を含んでいることを考えると，この 3 mmHg がいかにわずかな酸素であるか想像できるであろう．

酸素効果比は，後述の細胞周期により違いがあり，G_1 期では 2.3～2.4，S 期では 2.8～2.9 で，G_1 期に比べ S 期では少し大きい．

7.2.6　細胞周期

細胞周期（cell cycle，図 7.10）とは，細胞が分裂してから次の分裂までの過程で，順に **G_1 期**（DNA 合成準備期），**S 期**（DNA 合成期），**G_2 期**（分裂準備期），**M 期**（分裂期）の 4 つの期間に分けられる．分裂後の G_1 期では DNA 複製酵素が合成され，S 期では DNA が 2 倍に複製され，G_2 期にはタンパク質合成により有糸分裂に必要な微小管がつくられ，M 期には細胞は分裂し，複製した DNA が 2 つの細胞に分配される．

分裂し増殖している細胞の場合，細胞は細胞周期を繰り返す．**増殖しない細胞**では，G_1 期の終わり近くにある R 点（restriction point）を通過しないで G_1

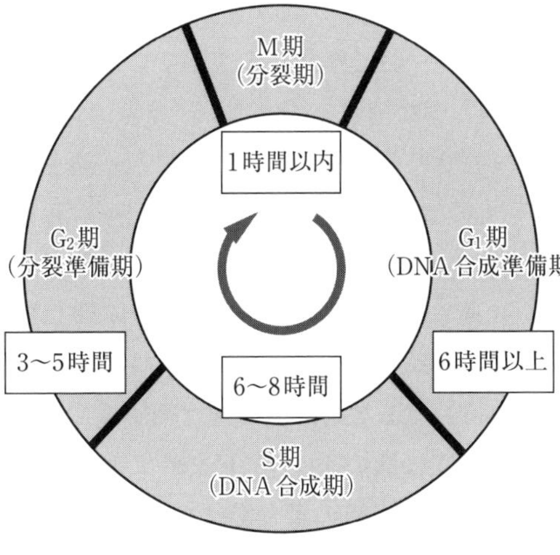

図 7.10　細胞周期

細胞周期とは，細胞が分裂してから次の分裂までの過程である．順に G_1 期（DNA 合成準備期），S 期（DNA 合成期），G_2 期（分裂準備期），M 期（分裂期）の 4 つの期間に分けられる．M 期は 1 時間以内と短い．

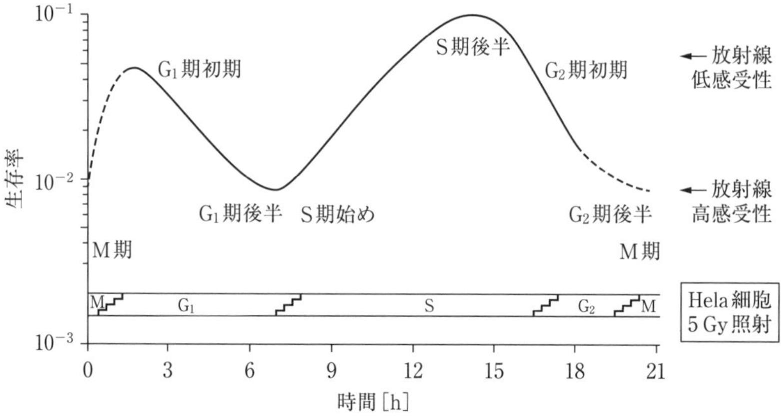

図 7.11　細胞周期による放射線感受性の違い

HeLa 細胞に 5 Gy 照射時の細胞周期ごとの放射線感受性を示す．放射線感受性は，G_1 期初期で低く，図のように G_1 期が長い細胞の場合では G_1 期後半から S 期の初めは高く，S 期後半から G_2 期初期では低く，G_2 期後半から M 期には高い．（Hall EJ の教科書（1995）より一部改変）

期にとどまり，**G_0 期**（静止期）に入る．R 点は，細胞が増殖するかどうかを決める重要な時点であり，腫瘍細胞では，R 点を通過させるシグナルの発現が亢進しているため，細胞は G_1 期で停止することなく分裂し続ける．

細胞周期の長さは，哺乳動物細胞の種類により非常に異なっている．培養ハムスター細胞のように約 10 時間というものから，自己再生組織の幹細胞では何 100 時間という長いものまである．この差の大部分は G_1 期の長さの違いにより，他の S 期，G_2 期，M 期は，種々の細胞でほとんど変わらない．ヒトの細胞ではおおよそ，G_1 期は 6 時間以上，M 期は 1 時間以内と短く，S 期は 6〜8 時間，G_2 期は 3〜5 時間である．

細胞の低 LET 放射線に対する**放射線感受性**は細胞周期により大きな違いがある．G_0 期の放射線感受性は低い．図 7.11 に示すように，放射線感受性は G_1 期初期で低く，G_1 期が長い細胞の場合では G_1 期後半から S 期の初めは高く，S 期後半から G_2 期初期では低く，G_2 期後半から M 期では高い．

この細胞周期による放射線感受性を調べるには，細胞周期を同調させた細胞を用い，各細胞周期ごとに放射線を照射してその生存率を調べる．細胞周期の同調の方法としては，培養皿表面に付着して発育している培養細胞が，M 期に近づくと丸くなり表面から離れやすい状態になることを利用して，培養皿に振動を加えて離れさせ，M 期の細胞のみを回収する分裂期細胞収集法やヒドロキシウレアのように G_1 ブロックにより G_1 期の終わりで細胞周期を停止させ，細胞集団を G_1 期の終わりに同調させるような薬剤を用いる．同調完了後に培養液を交換して薬剤を除去し，時間経過を待てば，同調したまま各細胞周期の細胞集団に移行してゆく．

細胞の放射線感受性が細胞周期により異なるメカニズムとして，G_1 期初期ではDNA 二本鎖切断は非相同末端結合修復で修復されるため放射線感受性は低いこと，G_1 後期になりS 期に近づくと修復が完了しないうちにDNA 複製が始まり，未修復のDNA 損傷がそのままS 期で異常なDNA となるため放射線感受性が高くなること，S 期初期では相同DNA がいまだ少なく，DNA 損傷の**修復精度**が高い相同組み換え**修復機構**が働かないため放射線感受性が高いこと，S 期後期から G_2 期初期では修復精度が高い相同組み換え修復機構が働き，さらにS 期では生体内の自然の強力な放射線防護剤である細胞内SH 基の産生が多いため放射線感受性が低いこと，M 期では，細胞分裂のための**染色体凝縮**など大きな形態的変化が起こる時期で，放射線のDNA 損傷により分裂に際して問題となる染色体の異常が発生すること，さらに**細胞内SH 基**の産生が少ない時期であるため放射線感受性が高いこと，などが知られている．

低LET 放射線による放射線治療においては，分割照射は，S 期後半など放射線感受性の低い細胞周期の細胞が生き残って再発の原因となるのを防ぎ，根治可能にすることを期待できる．腫瘍および正常組織は，さまざまな細胞周期の細胞の集まりであるが，放射線照射により，M 期など放射線感受性の高い細胞周期の細胞が死ぬ割合が多く，照射後の各組織は，S 期後半など放射線感受性の低い細胞周期の細胞の割合が多くなり，細胞周期が同調したような細胞集団となる．やがて生き残ったS 期後半などの細胞は，G_2 期に移行して線量に応じてそこにとどまる **G_2 block** と呼ばれる現象により，G_2 期細胞が蓄積し，やがて同調したままM 期に移行してゆく．分割照射を行うと，次の照射までの時間に，生き残った放射線感受性の低い細胞周期の細胞集団が，同調したまま G_2 期やM 期などの放射線感受性の高い時期に移行して，前述した細胞周期の**再分布**が起こる．この時期に分割照射の 2 回目の照射を行えば，細胞致死効果が増強する．

細胞周期の再分布は，腫瘍に対する放射線感受性と放射線治療効果の改善に役立つと期待され，臨床において分割照射が基本となる理由のひとつとなっている．

7.2.7　放射線増感剤・防護剤

(1)　放射線増感剤

放射線増感剤（図 7.12）とは，放射線と同時に投与することにより**致死作用**を強める薬剤である．この薬剤が臨床の放射線治療で実用化できるかどうか

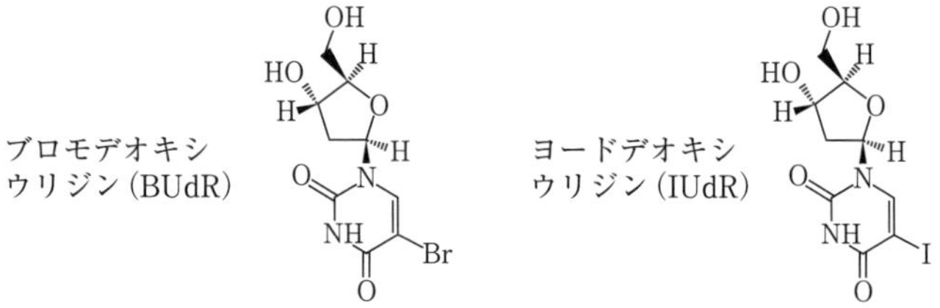

(a)　ハロゲン化ピリミジン

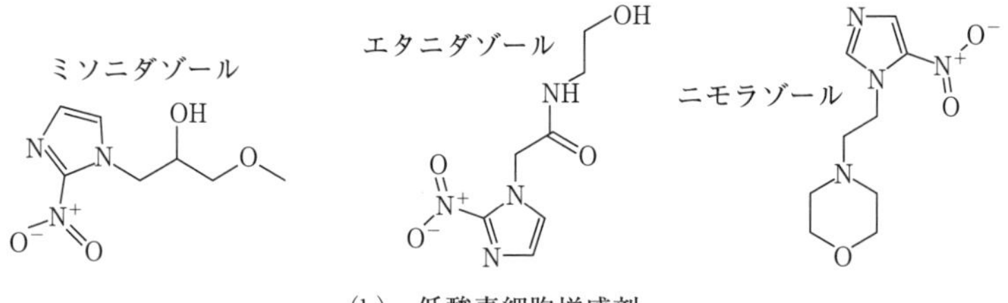

(b)　低酸素細胞増感剤

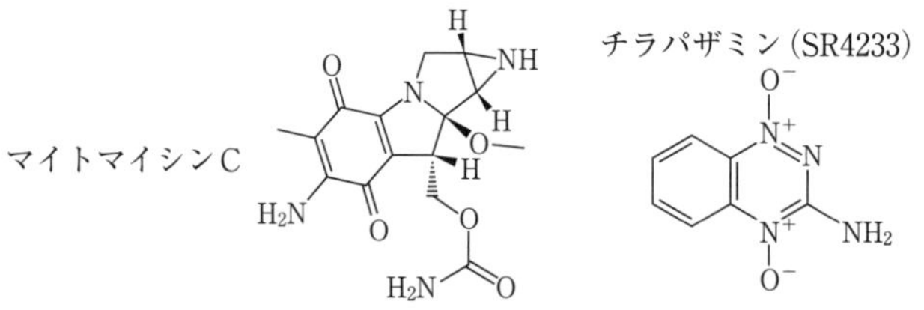

(c)　生体内還元物質

図 7.12　代表的な放射線増感剤

は，腫瘍と正常組織に反応差があることが重要な基準となる．腫瘍と正常組織の感受性を同程度に増強する薬剤は，治療可能比を変化させないため，用いる意味がない．長年にわたり見出されてきた多くの薬剤は，この反応差を示さないため，放射線治療で実用化されていない．

臨床の放射線治療で実用化しえたのは，2系統の増感剤である．ひとつは，ハロゲン化ピリミジンであり，反応差が出現するメカニズムとして，腫瘍では正常組織よりも細胞増殖が盛んなことを利用する．増殖が盛んな腫瘍で取り込みが多くなる薬剤を用いれば，効果に**腫瘍選択性**が出現することを利用している．もうひとつは，低酸素細胞増感剤であり，反応差が出現するメカニズムは，低酸素細胞は基本的に腫瘍のみに存在しており，低酸素細胞に選択的に作用する薬剤の効果には腫瘍選択性があることを利用している．

ハロゲン化ピリミジンとして，**ブロモデオキシウリジン**（BUdR：bromodeoxyuridine）と**ヨードデオキシウリジン**（**IUdR**：iododeoxyuridine）が臨床応用された．ブロモデオキシウリジンは，チミジンのベンゼン環の5の位置のメチル基をハロゲン元素のブロム（Br）で置換したもので，ヨードデオキシウリジンは，ハロゲン元素のヨード（I）で置換した薬剤である．これらの薬剤は，増殖している細胞がDNA合成する際に，チミジンの代わりに取り込まれる．この状態で放射線照射されると，DNA損傷の生成率が増加し，放射線感受性が高まる．この薬剤は，肝臓で脱ハロゲン化するため，腫瘍の栄養動脈に直接注入する必要があり，頭頸部腫瘍で臨床応用されたが，腫瘍の周囲に細胞分裂が盛んな正常組織が多く，その有害事象は受け入れがたい程度となった．その後，他の腫瘍でも検討されたが，臨床の放射線治療では，ほとんど用いられていないのが現状である．

低酸素細胞増感剤として，低酸素細胞の放射線感受性を特異的に増感させる薬剤が開発されている．それが高電子親和性物質で，酸素と同様の作用機構をもつ**ニトロイミダゾール系化合物**である．放射線増感効果は，薬剤の電子親和性に比例し，電子親和性の源として**ニトロ基**（$-NO_2$）をもつことが必要である．ニトロイミダゾール系化合物として，ミソニダゾールやエタニダゾールが有名である．**ミソニダゾール**は，無酸素下の細胞では大きな放射線増感効果を示すが，酸素下の環境では，増感効果がほとんどみられず，放射線治療での放射線増感剤として優れた特徴がある．しかし臨床試験では，神経毒性の副作用が強いため投与量が限られ，ほとんどの症例で有効性が否定された．そこで神経毒性が少なくなるよう，ミソニダゾールの側鎖構造を薬剤の水溶性が高まるように変えた**エタニダゾール**を開発し，副作用の減少による投与量の増加が可能となったが，やはり臨床試験では，ほとんどの症例で有効性が否定された．現在，臨床での頭頸部腫瘍の放射線治療において，毒性が低い低酸素細胞増感剤として，**ニモラゾール**が有効とされている．低酸素細胞増感剤の今後の臨床応用においては，薬剤の投与方法や放射線照射スケジュールなどにも課題が残されており，さらに増感効果が強く低毒性の低酸素細胞増感剤の開発が期待されている．

上記の他，放射線治療と併用することにより，治療効果の増強に役立つ薬物として，**生体内還元物質**がある．生体内還元物質は細胞内で還元され，**細胞毒物質**として活性化される薬物で，生体内還元は低酸素条件下で起こりやすいため，低酸素細胞特異的に細胞致死作用を示し，腫瘍選択的な効果が期待できる．生体内還元物質には，**抗がん剤**である**マイトマイシン**Cやドキソルビシン（アドリアマイシン），有機ニトロ酸化物，二重機能ニトロ複素環式化合物などがある．**チラパザミン**（SR 4233）は，有機ニトロ酸化物のひとつで，現在臨床試験の評価中である．

放射線増感剤は，間接作用が主体となる低LET放射線では有効に作用するが，直接作用が主体となる高LET放射線では効果が少ない．

(2)　放射線防護剤

放射線防護剤（図7.13）とは，放射線感受性を低下させ，放射線による細胞損傷を防護する薬剤である．

SH**基**（**スルフヒドリル基**，**チオール基**，水硫基，メルカプト基）をもつ薬剤は，放射線の間接作用によって生ずるラジカルに，SH基の水素を与えて，ラジカルを消去するラジカルスカベンジャーであり，ラジカルと酸素との反応に拮抗して酸素効果を減らし，DNA損傷を防ぐ効果もある．

放射線防護剤は，間接作用が主体となる低LET放射線では有効に作用するが，直接作用が主体となる高LET放射線では効果が少ない．

SH化合物のうち，**システイン**，**グルタチオン**は，毒性は少ないが，防護効

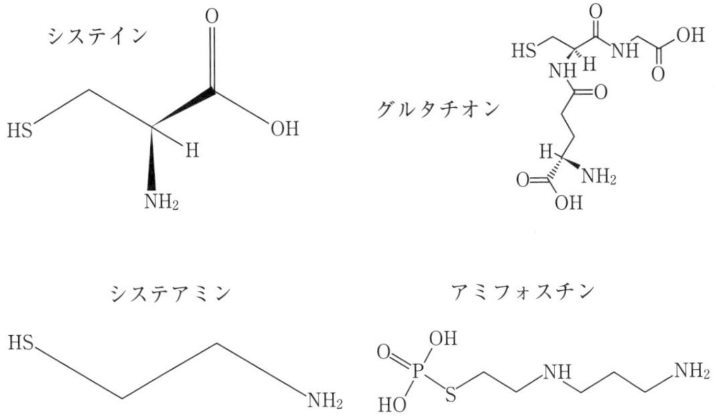

図 7.13　代表的な放射線防護剤

果も小さい．**システアミン，アミフォスチン**（WR-2721），WR-1065 は，防護効果は大きいが，毒性が強い．

アミフォスチン（WR-2721）は投与後，生体内で SH 基を遊離して防護作用を発揮する．システアミンよりも副作用は少なく，放射線治療と併用した臨床試験では，頭頸部腫瘍の放射線治療に伴う耳下腺障害による口腔乾燥症，皮膚炎，口腔粘膜炎を軽減し，腹部骨盤の放射線治療では消化管粘膜を防護して下痢を抑制する．

前述した SH 化合物のグルタチオンは細胞内でも産生されており，活性酸素消去酵素である**スーパーオキシドディスムターゼ**（SOD：superoxide dismutase），**カタラーゼ**（CAT：catalase），**グルタチオンペルオキシダーゼ**（GPx：glutathione peroxidase）などとともに，生体内の生理的放射線防御機構として，放射線により生成したラジカルを消去し，放射線障害を低減する役目を果たす．

7.2.8　抗悪性腫瘍薬

放射線と化学療法の併用療法に関して，多くの化学療法剤には放射線の効果を強める作用がある．放射線増感剤の項で取り上げた以外の**抗がん剤**や**分子標的薬剤**の一部が，放射線と併用して，相加効果以上に**相乗効果**がみられる場合には，一種の**放射線増感剤**と考えることができる．相乗効果のメカニズムとしては，ヒドロキシウリアなどの抗癌剤では，放射線抵抗性のS期細胞に特に毒性が強いこと，パクリタキセルやドセタキセルなどのタキサン系抗癌剤では，癌細胞の細胞周期を微小管重合の促進や脱重合の抑制により阻害して，放射線感受性の高いG_2期，M期に集積させること，5-FUなどの抗癌剤では，**DNA二重鎖切断**の修復を阻害すること，などがある．近年，開発が目覚ましい分子標的薬剤については，別項目として後述する．

放射線の有害事象とオーバーラップしない化学療法剤を用いることにより，有害事象の増強なく，両者の効果が期待でき，治療可能比の向上が見込める．化学療法剤は，全身に広がった微小転移にも効果があるため，臨床においては，さまざまながんに対して化学放射線療法が行われている．

7.2.9　分子標的薬剤

腫瘍と正常組織ではしばしば分子標的は異なるレベルで発現しており，分子標的薬剤の利用により，治療可能比の向上が見込める．**分子標的薬剤**は，腫瘍などの細胞に特異的に発現している分子やそれに関与するシグナルを標的とする薬剤である．薬剤の標的となる分子やそれに関与するシグナルとしては，腫瘍細胞の異常な**細胞分裂**や**増殖**に関連するもの，腫瘍が酸素や栄養を得るために必要な腫瘍血管の新生の際に産生する**血管内皮増殖因子**に関連するもの，画期的な効果とともに将来性が期待されている**腫瘍免疫**に関連するものなどさまざまなものがある．分子標的薬剤には，標的となるタンパク質に結合して働きを止める低分子の医薬品と抗体製剤である高分子の医薬品がある．

近年，分子標的薬剤の開発と臨床応用が急速に進んでいる（表7.5）．従来の化学療法剤に比べると**有害事象**が少ないため高い**治療可能比**が得られるのが特徴で，多くの腫瘍に対して，すでに標準治療の一部として使用されている．一部の分子標的薬剤では，効果と有害事象の発現に，細胞の特定の遺伝子変異や発現などの遺伝子背景が深く関連しており，対象ごとの遺伝子背景に合わせて対象とする腫瘍と使用する分子標的薬剤を選択する必要がある．

分子標的薬剤が登場するまでの腫瘍の治療は，外科療法，化学療法，放射線療法による集学的治療が主体であった．ここに有害事象が少ない分子標的薬剤が加わることにより，集学的治療による相加効果による治療効果の増強と同時

表 7.5 分子標的薬剤の標的と適応疾患

分子標的	一般名	商品名	適応疾患	日本での認可年
EGFR	ゲフィチニブ	イレッサ	非小細胞肺癌	2002
	エルロチニブ	タルセバ	非小細胞肺癌，膵臓癌	2008
	セツキシマブ	アービタックス	頭頚部癌，結腸・直腸癌	2008
	パニツムマブ	ベクティビックス	結腸・直腸癌	2010
HER2	トラスツズマブ	ハーセプチン	乳癌	2001
	ラパチニブ	タイケルブ	乳癌	2008
	ペルツズマブ	パージェタ	乳癌	2013
VEGF	ベバシズマブ	アバスチン	結腸・直腸癌	2007
VEGFR	スニチニブ	スーテント	GIST（消化管間質腫瘍），腎細胞癌	2008
	ソラフェニブ	ネクサバール	腎細胞癌，肝細胞癌，甲状腺癌	2008
VEGFR2	ラムシルマブ	サイラムザ	胃癌，結腸·直腸癌，非小細胞肺癌	2015
PD-1	ニボルマブ	オプジーボ	悪性黒色腫	2014
	ペムブロリズマブ	キイトルーダ	悪性黒色腫	2016
CD20	リツキシマブ	リツキサン	B 細胞性非ホジキンリンパ腫	2001

に，有害事象の分散と低減により，治療可能比が向上することが，臨床試験で裏付けられ，現在の標準治療では，多くの腫瘍で分子標的薬剤を加えたものに変化している．従来，免疫療法は一定の効果はあるものの，腫瘍を治癒させることは困難と考えられていた．しかし近年，腫瘍免疫に関連した分子標的薬剤が臨床に導入され，一部の腫瘍で免疫療法も加えた集学的治療により治療効果の改善が報告され，今後が期待されている．

一部の分子標的薬剤と放射線との併用に関する基礎的研究では，相加効果以上に**相乗効果**として，がん細胞の**放射線感受性の増強**が確認されており，放射線抵抗性腫瘍や局所進行がんの治療法として分子標的治療との併用も検討されている．

腫瘍細胞の異常な細胞分裂や増殖に関連する分子やそれに関与するシグナルを標的とする薬剤の標的のひとつに，**上皮性細胞成長因子受容体**（EGFR：epidermal growth factor recepter）がある．EGFR は細胞膜貫通型受容体で，これに特異的に結合するリガンドにより，増殖を促すシグナルを細胞内に伝える．遺伝子変異や遺伝子増幅により EGFR が過剰発現している腫瘍細胞では，細胞増殖が制御できず細胞は分裂し続ける．EGFR の遺伝子変異は，肺癌，大腸癌，乳癌などで知られており，EGFR遺伝子変異がある肺癌には，**EGFR阻害剤**である**ゲフィチニブ（イレッサ）**が，頭頸部癌と大腸癌には**セツキシマブ（アービタックス）**が有効で，**腫瘍の増殖**を抑える．頭頸部癌の放射線治療にセツキシマブを併用すると，臨床成績が改善することが報告されている．ゲフィチニブ（イレッサ）はさらに，Aktの活性化抑制，Bcl-xLやBcl-2の転写抑制などの作用により，放射線誘発アポトーシスを増加させて，**放射線増感作用**を示すと報告されている．EGFR阻害剤には他に，再酸素化の改善，再増殖の減少，がん幹細胞の不活性化などの作用も報告されている．

血管内皮増殖因子（VEGF：vascular endothelial growth factor）は，血管内皮細胞に選択的に作用する増殖因子で，腫瘍血管の血管新生に関与する．**ベバシズマブ（アバスチン）**は**抗VEGF抗体**であり，大腸癌，肺癌，乳癌の治療の一部に使用され，血管新生を阻害して腫瘍の増殖を抑える．さらに血管新生の阻害は，腫瘍内血流を正常化して循環血流を上昇，腫瘍内酸素濃度を上昇させ放射線増感作用を示すと報告されている．

腫瘍免疫は，腫瘍に対する宿主の防御機転のひとつである．**ニボルマブ（オプジーボ）**は，腫瘍免疫を活性化する独特な作用をもつ分子標的薬剤である．本体は抗PD-1モノクローナル抗体であり，腫瘍が免疫から逃れるための**免疫チェックポイント・シグナル**の**PD-1**を抑制することにより，リンパ球によるがんへの攻撃を促進する．悪性黒色腫，肺がん，腎がんなどの治療の一部に使用され，腫瘍の増殖を抑える．従来の免疫療法と比して，強い**腫瘍抑制効果**が報告されており，この系統の薬剤の今後の開発が期待されている．

この他の分子標的薬剤とその標的としては，抗CD20抗体など細胞表面抗原を標的とするもの，サイクリン依存性キナーゼ阻害薬など細胞周期を標的とするもの，**アポトーシス誘導薬**としての分子標的薬剤などが開発されている．ホスホイノシチド-3-キナーゼ（PI3K）/プロテインキナーゼB（AKT）経路の活性化により放射線抵抗性が増強し，mTORタンパクはそのシグナル伝達分子であることから，mTOR阻害剤と放射線治療併用の臨床試験が行われている．ヒト腫瘍の多くで，H-Ras，K-Rasが発現し，生存シグナル促進により放射線抵抗性が増大しているため，Ras経路阻害剤と放射線治療併用の臨床試験が開始されている．

7.3 分割照射

7.3.1 分割照射の生存率曲線

図 7.14 に，**早期反応型組織**，**後期反応型組織**，腫瘍の細胞生存率曲線を示す．早期反応型組織，腫瘍の LQ モデルでの **$\boldsymbol{\alpha/\beta}$ 値**は大きく，生存率曲線の肩は小さい．後期反応型組織の α/β 値は小さく，生存率曲線の肩が大きい．

図 7.15 に，早期反応型組織，後期反応型組織，腫瘍に対する**分割効果**の違いを示す．**低 LET 放射線**の照射では，α/β 値が大きい早期反応型組織あるいは腫瘍よりも，α/β 値が小さい後期反応型組織では，分割効果が大きい．すなわち，生存率曲線の肩が大きい後期反応型組織では，分割効果が大きい．LQ モデルで考えると，早期反応型組織あるいは腫瘍では α/β 値が大きく α 項が主であるため，生存率は分割線量の大小に左右されにくいが，後期反応型組織では α/β 値が小さく β 項が主であるため，分割線量の大小に生存率が影響される．

α/β 値が小さく生存率曲線に肩をもつ組織の場合，分割効果は各回の分割線量が小さく分割回数が多いほど大きくなり，生存率は分割回数に応じて上昇する．この**分割照射**で得られる生存率曲線は，肩のない緩やかな直線に近づく．

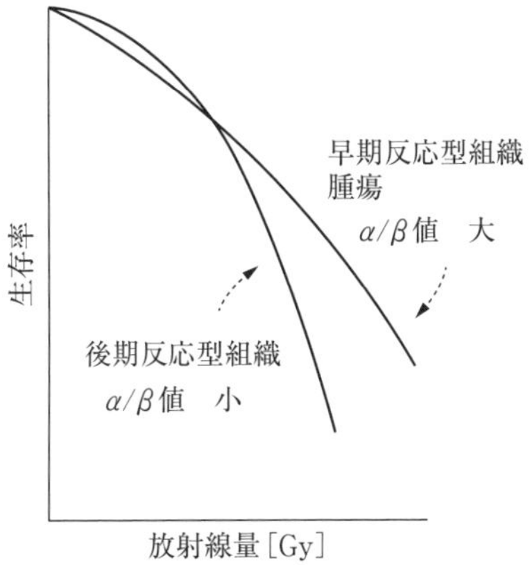

図 7.14 早期反応型組織，後期反応型組織，腫瘍の細胞生存率曲線
早期反応型組織，腫瘍の α/β 値は大きく，後期反応型組織の α/β 値は小さい．

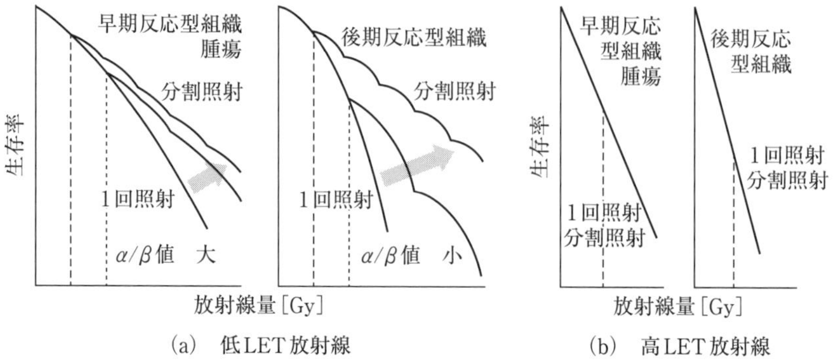

図7.15　早期反応型組織，後期反応型組織，腫瘍に対する分割効果

図（a）の低LET放射線の照射では，α/β値が大きい早期反応型組織あるいは腫瘍より，α/β値が小さい後期反応型組織では，分割効果が強い．図（b）の高LET放射線の照射では，いずれの組織でも分割効果はみられない．

この図は，低LET放射線を用いた放射線治療では，分割照射により脊髄神経障害などの後期反応型組織の有害事象の発生を低減できる可能性を示している．

分割照射により，腫瘍を治ゆさせ，一方で正常組織の後期反応型組織の障害を抑えることが可能かどうかの判断には，早期反応型組織，後期反応型組織，腫瘍の各組織のα/β値を知っておくことが重要となる．早期反応型組織のα/β値は7〜20 Gy，後期反応型組織のα/β値は0.5〜6 Gyであり，腫瘍のα/β値は，よく酸素化されている頭頸部や肺の腫瘍では早期反応型組織と同等かより高いが，悪性黒色腫や肉腫，初期の前立腺癌などではα/β値は小さいこともある．臨床で使う際の代表値として，早期反応型組織と腫瘍ではα/β値10 Gy，後期反応型組織ではα/β値3 Gyを使うことが多い．実際には治療対象となる腫瘍と周囲の正常組織にあわせて使う値を検討すべきである．

7.3.2　分割効果の定量化

分割照射では1回照射の場合に比して，同じ効果を得るために必要な線量が増加する．分割効果により，ある一定の効果を得るために必要な線量は，分割線量，分割回数，照射間隔などにより変わる．

分割効果を定量化するため，歴史的に，Strandqvistが提唱した等効果曲線，**名目標準線量**（NSD：nominal standard dose），**時間線量分割因子**（TDF factor：time dose fractionation factor），**生物学的等価線量**（BED：biological effective dose，生物学的効果線量や生物学的実効線量ともいう），**2 Gy 等価線量換算値**（EQD_2：equivalent dose in 2 Gy fraction），**正常組織障害発生率**（NTCP：normal tissue complication probability）などが検討されてきた．NSD や TDF では，全治療期間や照射間隔，分割回数，分割線量，総線量などの因子を用いて計算し，主に早期反応型組織に対する検討に有用であったが後期反応型組織に対応できておらず現在の臨床ではほとんど使われない．LQ モデルは，早期反応型組織，後期反応型組織，腫瘍のいずれにも対応できるのが特長であり，現在の臨床では LQ モデルを基本に計算する，生物学的等価線量（BED），2 Gy 等価線量換算値（EQD_2），正常組織障害発生率（NTCP）を用いている．

LQ モデルでは，S：細胞生存率，n：照射回数，α：1 次項の係数，β：2 次項の係数，d：1 回線量として，分割照射時の生存率を

$$\ln S = -n(\alpha d + \beta d^2)$$

の式で表現するが，定位照射や術中照射などの 1 回大線量での照射に適さず，時間因子が無視され，障害の回復程度の違いや細胞増殖の影響を考慮していないなどの欠点があり，時間因子の追加，不完全回復型モデルなどが検討されてきた．LQ モデルは実臨床に応用可能なモデルとして現在も使用されている．

生物学的等価線量（BED）は，LQ モデルに基づいて分割照射による細胞生存率への影響を加味した指標で，異なる線量や照射回数を用いたときの放射線治療の効果や影響を比較できる．n：照射回数，d：1 回線量とすると，BED は次式で示される．

$$\mathrm{BED} = nd(1 + d/(\alpha/\beta))$$

2 Gy 等価線量換算値（EQD_2）は，LQ モデルに基づいて分割照射による細胞生存率への影響を加味し，1 回 2 Gy で照射した場合の総線量の換算値である．D：総線量，d：1 回線量とすると

$$\mathrm{EQD_2} = D((d + \alpha/\beta)/(2 + \alpha/\beta))$$

で示される．

正常組織障害発生率（NTCP）は，線量反応曲線から計算する投与線量に対

する正常組織障害発生率であるが，実際の放射線治療では，各組織内の線量分布は不均一であり，近年は3次元放射線治療計画の際の照射体積に対する線量のデータを用いて，3次元的に不均一な組織内線量分布に対してNTCPの算出が可能となっている．

7.3.3　多（過）分割照射

日本では標準的な分割照射法として，1回2Gy，週5回，総線量60～70 Gy/6～7週などのスケジュールを用いることが多い．

多分割照射（hyperfractionation，**過分割照射法**ともいう）とは，標準的な分割方法に対して，**1回線量**を少なく，分割回数を多くして，正常組織の後期反応を減らしつつ，**腫瘍制御率**を高める方法である．1回線量を1.1～1.2 Gy程度と少なく，6時間程度の間隔で1日2回，1日多分割照射法として照射する．分割回数を多くして，**全治療期間**を等しくする照射法で，**総線量**は10-20%増加する．

正常組織の早期反応はやや強くなるが，正常組織の後期反応を減らしつつ，**腫瘍制御率**を高めることができる．すなわち治療可能比の生物学的な改善方法といえる．分割回数が増えるほど，腫瘍の治療効果および正常組織の早期反応の減少よりも，相対的に正常組織の後期反応が減少することを利用している．分割回数の増加は，分割間隔中に起こる腫瘍の細胞周期の再分布や再酸素化による治療改善効果も強める．

頭頸部腫瘍，膀胱癌などいくつかの腫瘍を適応として，臨床的有用性が確認されている．後期反応を起こす正常組織の回復が大きく，すなわちD_qあるいはβ値が大きく，α/β値が小さいことが必要で，その場合には多分割照射により，後期反応型組織の障害の軽減が期待でき，総線量を増加させることで腫瘍の治療効果増強が可能となる．脊髄などの場合には，回復に必要な照射間隔を十分に取ることが大切である．総線量を増加させても，1日複数回照射することで，治療期間を通常分割より延長せず，腫瘍の再増殖による悪影響を避けることが必要である．

加速過分割照射法（accelerated hyperfractionation，**加速多分割照射法**ともいう）とは，1回線量を1.5 Gy前後とし，1日2～3回照射，照射間隔6時間，総線量は標準と同じにする方法で，腫瘍の再増殖の影響を避けるため，治療期間を短縮して，治療効果の増強を目指す．正常組織の早期反応が強く，途中で 1〜2 週間の休止が必要となることが多い．増殖の速度が速い肺がんのひとつである**小細胞肺癌**に有効で，加速過分割照射に**化学療法**を同時併用する化学放射線療法が現在，臨床で行われている．この場合通常，1 回線量 1.5 Gy，1 日 2 回照射，照射間隔 6 時間，総線量 45 Gy，治療期間 3 週間のスケジュールが使われる．

7.3.4 少（寡）分割照射

少分割照射あるいは**寡分割照射**は，通常分割より大きな 1 回線量を用いて，1 回〜少数回の照射を短期間で行う照射法である．

従来，腫瘍が進行した患者において，腫瘍の根治を目的とせず，痛みなどの症状を緩和して生活の質を改善する，いわゆる**姑息照射**あるいは**対症的照射**の目的で，古くから臨床で使われてきた．代表的な適応は，除痛を目的とする骨転移の治療で，線量分割として，1 回 3 Gy，週 5 回，総線量 30 Gy/2 週が頻用されるが，1 回 8 Gy，1 回のみの照射も行われる．

近年，早期で限局した腫瘍に対して，腫瘍の治ゆを目指す根治照射の目的で，寡分割照射を行っている．代表は，脳腫瘍，肺腫瘍，肝腫瘍に対する**定位放射線照射**や乳がん術後や前立腺がんの放射線治療の一部などである．この方法では，理論的に正常組織の後期反応が増加する可能性があるため，照射野に正常組織を含めない，あるいは正常組織の線量を低く保つ照射技術を応用するとともに，治療後の後期反応に対する経過観察が必要である．

7.4 分割照射と 4R

分割照射の際に観察される 4 つの現象（4R）について説明する．4 つの現象（4R）とは，**回復**（recovery）ないし**修復**（repair），**再分布**（redistribution），**再酸素化**（reoxygenation），再増殖（repopulation）という 4 つの現象のおのおのの頭文字をとってまとめたものである．

4R の各現象は，日常の低 LET 放射線を主体とした臨床の放射線治療が成

表 7.6　4R の腫瘍と正常組織に与える影響

4R	腫瘍の治療効果	正常組織	発現の時間
回復・修復	低下	(特に後期反応型組織) 防護	早い (時間単位)
再分布	増強	(特に早期反応型組織) 障害	中程度 (時間～日単位)
再酸素化	増強	—	中程度 (時間～日単位)
再増殖	低下	(特に早期反応型組織) 防護	遅い (日単位)

功するか否かの鍵を握っており，放射線治療の成功にとって有利に働く現象か，反対に不利となる現象かを，その理由とともによく理解しておくことが，きわめて重要である．分割照射において，4R が腫瘍および正常組織に与える影響を表 7.6 にまとめる．

7.4.1　回復 (recovery) ないし修復 (repair)

回復には，**亜致死障害からの回復** (SLDR) と**潜在的致死障害からの回復** (PLDR) がある．

分割照射の際には，正常組織と腫瘍の両者に亜致死障害からの回復が観察されるが，正常組織のうち後期反応型組織の回復は，腫瘍組織の回復の程度より大きいことが多い．そのため，分割照射は，正常組織の後期反応の減少とそれに伴う**治療可能比の向上**に役立つ．これが臨床においては分割照射が基本となる理由のひとつとなっている．

潜在的致死障害からの回復 (PLDR) は，放射線治療前の腫瘍が，腫瘍血管の発達が悪く，酸素や栄養に乏しく，壊死性変化が多いなど，細胞が増殖しにくい環境が目立つ場合には，放射線抵抗性の原因となる可能性がある．分割照射が進行すると，腫瘍細胞の減少に伴い，酸素と栄養の供給が改善し，潜在的致死障害からの回復 (PLDR) が少なくなり，治療効果が改善する可能性もあるが，逆に明らかに放射線抵抗性の腫瘍で治療効果が目立たない場合には，細胞が増殖しにくい環境がかえって悪化し，治療効果が悪くなる可能性もある．

7.4.2　再分布 (redistribution)

再分布とは，放射線による細胞周期の分布の変化である．再分布は，**再類別** (reassortment) または**同調化** (synchronization) ともいう．腫瘍および正常組織は，さまざまな細胞周期の細胞の集まりであるが，放射線照射により，M 期など放射線感受性の高い細胞周期の細胞が死ぬ割合が多く，各組織は，S 期後半など放射線感受性の低い細胞周期の細胞の割合が多くなり，細胞周期に一種の同調化が起こる．分割照射を行うと，次の照射までの時間に，放射線感受性の低い細胞周期の細胞集団は，同調したまま放射線感受性の高い時期まで移行し，細胞周期の再分布が起こる．そのため，分割照射は，腫瘍における放射線感受性と放射線治療効果の改善に役立つ．これが臨床においては分割照射が基本となる理由のひとつとなっている．

7.4.3　再酸素化（reoxygenation）

腫瘍内には，酸素が十分に供給されない低酸素あるいは無酸素の領域があり，そこには低酸素あるいは無酸素の腫瘍細胞が存在する．分割照射中の腫瘍組織の変化によって，低酸素または無酸素の領域に酸素が供給されるようになり，**低酸素細胞**あるいは**無酸素細胞**が，酸素を供給された状態の細胞になることを**再酸素化**という．再酸素化は，放射線感受性の低い低酸素腫瘍細胞を，酸素供給により感受性を高く変化させるのに役立つ．

低酸素あるいは無酸素領域の存在と再酸素化のメカニズムは，一言でいえば，腫瘍組織内の腫瘍血管の構造と機能に伴う変化であり，正常組織の血管構築のもとでは基本的に低酸素あるいは無酸素の領域や細胞はほぼ存在せず，分割照射時の再酸素化の現象は，正常組織には通常当てはまらない．つまり，分割照射中の再酸素化は，腫瘍組織のみに対して放射線感受性を増強し，それに伴い治療可能比の向上に役立つ．これが臨床において**分割照射**が基本となる理由のひとつとなっている．

7.4.4　再増殖（repopulation）

正常組織の**早期反応型組織**や**腫瘍**など分裂の速い組織では，放射線により細胞集団の喪失が起こるため，分割照射期間中あるいは終了後に，それを補う反応として細胞の再増殖という現象が起こる．再増殖は，再生（regeneration）ともいう．

口腔，咽頭，腸管の粘膜や皮膚などの早期反応型組織では，照射開始 7～14

日以後，照射による細胞数減少を代償するため，幹細胞が分裂を開始し，組織を回復する．脳や脊髄などの後期反応型組織では，細胞分裂は起こらず再増殖はみられない．

腫瘍における再増殖は，比較的増殖が速い腫瘍において，放射線治療開始後約4週間を経過すると生き残ったがん幹細胞の増殖が亢進して，**加速再増殖**（accelerated repopulation）と呼ばれる状態になる．この現象は，頭頸部腫瘍の放射線治療においてよく知られており，放射線治療を失敗させる原因となりうるので，重要な現象である．総治療期間が2～4週程度までならば，ほぼ同じ総線量で同じ局所制御が得られるが，総治療期間がこれより長くなると，同じ局所制御を得るには，より多くの総線量が必要となる．すなわち4週を超えるような総治療期間の治療スケジュールでは治療効果が落ちることをよく認識しておくべきである．加速再増殖の開始時点より後では，これを相殺するため，頭頸部腫瘍では1日当たり0.6 Gyの余分な線量投与が必要となる．

7.5　LETと生物学的効果

7.5.1　LETとRBE（生物学的効果比）の関係

細胞に対する**放射線の生物学的影響**の程度は，同じ吸収エネルギーを被ばくした場合でも，放射線の種類すなわち線種や放射線のエネルギーなどの放射線の質，すなわち線質により異なる．これを**線質効果**と呼ぶ．線質の指標として，既述した**線エネルギー付与**（LET：linear energy transfer）があり，高LET放射線か，低LET放射線かの違いで，生物学的影響の程度は，大きく異なる．

線質による生物学的影響の違いの程度を評価するために，**生物学的効果比**（**RBE**：relative biological effectiveness）を用いる．RBEは，低LET放射線である管電圧250 kVのX線を基準放射線として照射した場合と比較して，同じ生物学的効果を得るのに必要な線量の比である（図7.16）．

生物学的効果比は，どの**生存レベル**で比較するか，どのような細胞をどのような環境下で用いるか，により異なる値となるので注意が必要である．

RBE＝(ある効果を得るのに必要な基準放射線の吸収線量)
　　/(同じ効果を得るのに必要な試験放射線の吸収線量)

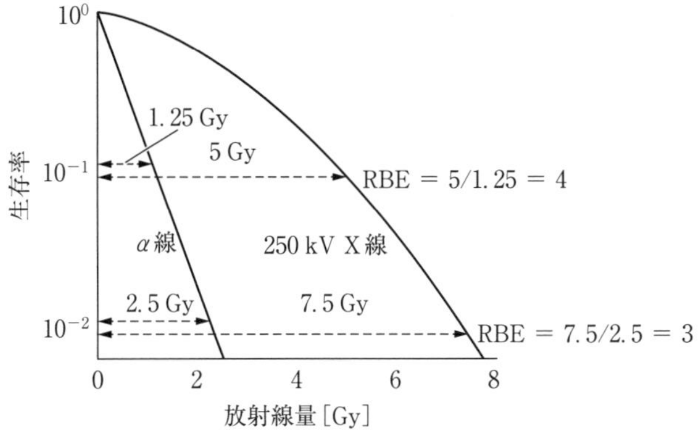

図 7.16 生物学的効果比（RBE）の例示

生物学的効果比は，ある効果を得るのに必要な基準放射線（250 kV X 線）の吸収線量を，同じ効果を得るのに必要な試験放射線（ここでは α 線）の吸収線量で割った値である．生物学的効果比は，どの生存レベルで比較するかで異なる値となることに注意が必要である．この例では，高 LET 放射線である α 線の生物学的効果比は，生存率 10^{-1} レベルでは 4，生存率 10^{-2} レベルでは 3 となる．

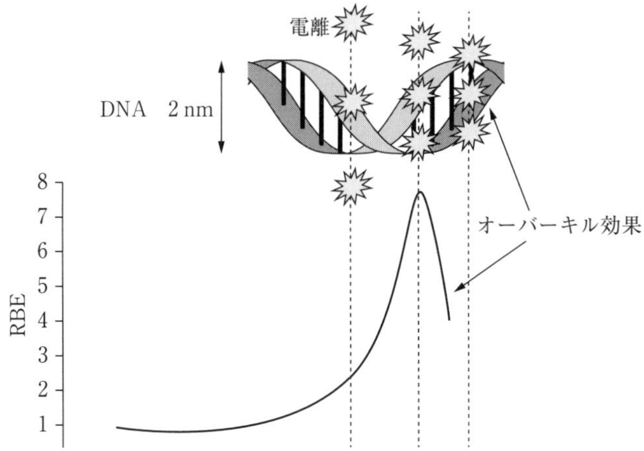

図 7.17 LET と RBE の関係

LET が増加すると RBE は増加し，100 keV/μm 近くでピークとなり，100 keV/μm を超えると低下する．LET が 100 keV/μm 付近では，放射線による電離の間隔が，DNA 二重らせんの径である 2 nm に等しく，効率良く DNA 2 本鎖を切断する．LET が 100 keV/μm を超えると濃密な電離の一部が無駄（オーバーキル効果）になり，RBE が下がる．

表 7.7　線種およびエネルギーと LET との関係

	放射線	LET [keV/μm]
低 LET	コバルト 60 γ 線	0.2
	22 MV X 線	0.2
	150 MeV 陽子線	0.5
↓	250 kV X 線	2.0
	10 MeV 陽子線	4.7
	3.4 MeV α 線	120
	2.5 MeV α 線	166
	50 MeV 炭素線	330
高 LET	2 GeV 鉄イオン線	1000

線種が同じ場合には，放射線のエネルギーが低いほど，LET は高い．

図 7.17 に示すように，**LET** が増加すると **RBE** は増加するが，LET が 100 keV/μm 近くで，RBE はピークとなり，100 keV/μm を超える領域では，LET の増加に伴い RBE はピークから下がってゆく．LET が 100 keV/μm でピークとなる理由は，放射線の飛跡に沿ってできる電離の間隔が，DNA 二重らせんの径である 2 nm に等しく，効率良く DNA 2 本鎖を切断するためと考えられている．LET が 100 keV/μm を超えると RBE が下がるのは**オーバーキル効果**と呼ばれ，高い LET でできた濃密な電離の一部が，細胞死を起こすための DNA 二本鎖切断の増加に寄与せず無駄になるためと考えられている．

いずれにせよ，高 LET 放射線では RBE は高く，低 LET 放射線と比して生物学的影響は大きい．線種が同じ場合には，その線種の放射線の**エネルギー**が低いほど，LET は高く，RBE も高くなる．表 7.7 に，線種およびエネルギーと LET との関係の例を示す．近年，普及が進んでいる臨床陽子線治療では 70〜250 MeV 程度のエネルギーを利用している．通常使用される 200 MeV 前後のエネルギーの場合，陽子線は低 LET 放射線のひとつに分類できる．

7.5.2　LET と生物学的効果

表 7.8 に，LET と各種の生物学的効果に影響を与える因子との関係をまとめる．詳細は後述する．

低 LET 放射線では，水分子の電離による**ヒドロキシラジカル**（·OH）の発生が関与する間接作用による DNA 損傷が主体となり，**高 LET 放射線**では

表 7.8　LET と生物学的効果に影響を与える因子の関係

	低 LET	⟷	高 LET
DNA 損傷のメカニズム	間接作用		直接作用
DNA 損傷の修復	大		小
亜致死障害・潜在致死障害からの回復	大		小
細胞周期の影響	大		小
線量率効果	大		小
分割効果	大		小
酸素効果・酸素効果比	大		小
放射線増感剤・防護剤の効果	大		小
温熱療法との相乗効果	大		小

DNA を構成する分子への直接作用による DNA 損傷が主体となって，生物学的効果が出現する．間接作用では照射時の酸素分子の有無が，間接作用による細胞致死の程度を決定する．直接作用では，照射時の酸素分子の有無は，細胞致死の程度にほとんど影響しない．このため高 LET 放射線では，後述の**酸素効果**と**酸素効果比**（OER：oxygen enhancement ratio，酸素増感比ともいう）が小さく，低 LET 放射線での放射線治療では照射後に生き残り再発の原因となりうる低酸素状態の腫瘍細胞に対しても効果がある．一方，間接作用に関与するラジカルの挙動を修飾する一部の**放射線増感剤**や**防護剤**の作用は，高 LET 放射線では弱く，低 LET 放射線の場合に強い．高 LET 放射線による DNA 損傷は，低 LET 放射線による DNA 損傷に比して，DNA 修復が困難なタイプの DNA 損傷が多く，生物学的影響が大きい．このため，高 LET 放射線では，後述の亜致死障害や潜在的致死障害からの回復が起こりにくく，このため**線量率効果**や**分割効果**が少なくなり，細胞周期の影響も受けにくい．このことから，高 LET 放射線を用いた放射線治療は，低 LET 放射線と比べて，分割を少なくして短期間で，究極は 1 回のみで，放射線治療を終わらせることが可能となる．後述の温熱療法併用による**増感効果**は，高 LET 放射線では少なく，低 LET 放射線の場合には大きい．

7.5.3　LETと回復の大きさの関係

培養細胞あるいは動物細胞を用いた実験では，**高LET放射線**照射後に，亜致死障害からの回復は少なく，潜在的致死障害からの回復は本質的に認められない．

7.5.4　LETと線量率効果の大きさの関係

線量率効果の主な原因は，亜致死障害からの回復であり，高LET放射線照射では亜致死障害からの回復が少ないことから，高LET放射線では低LET放射線よりも線量率効果が少ない．

7.5.5　LETと分割効果の大きさの関係

図7.15の（b）に，高LET放射線の早期反応型組織，後期反応型組織，腫瘍に対する分割効果の違いを示す．高LET放射線の照射では，いずれの組織でも**分割効果**はみられない．この理由は，分割効果の主因は，分割間の時間に起こるDNA損傷の修復であり，高LET放射線の場合には，DNA損傷の修復はほとんどみられないためである．**重粒子線治療**など臨床での高LET放射線治療では，分割効果が少なく原理的に分割の有無で違いが少ないことから，分割回数を減らし，究極1回のみで放射線治療を終了させ，短期間で治療を終えている．これは臨床の放射線治療でのメリットのひとつである．

7.5.6　LETとOERの関係

酸素効果はLETに依存し，高LET放射線では酸素効果比は小さくなる(図7.18)．これは**高LET放射線**では，10〜30塩基対のDNA鎖の範囲内に2ヶ所以上の複数の損傷が生じるクラスターダメージ（clustered damage）などの修復不可能で重篤なDNA鎖損傷が発生し，致死的損傷の生成に酸素が関与しないためである．

図7.19に，LETと**酸素効果比OER**および生物学的効果比RBEとの関係を示す．低LET領域での酸素効果比は2.5〜3.0である．LETが増加すると，40 keV/μmあたりから酸素効果比は減少し始め，100 keV/μm付近で急激に減

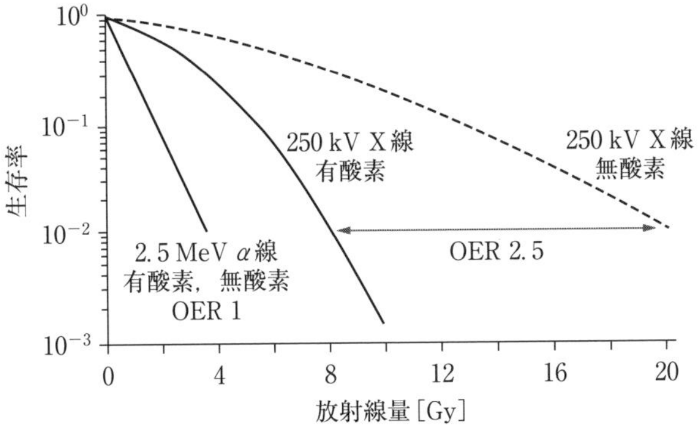

図 7.18 酸素効果比と LET

低 LET 放射線の 250 kV X 線の酸素効果比は 2.5, 高 LET 放射線の 2.5 MeV α 線（LET 166 KeV/μm）の酸素効果比は 1 である.（Hall EJ の教科書（1995）より一部改変）

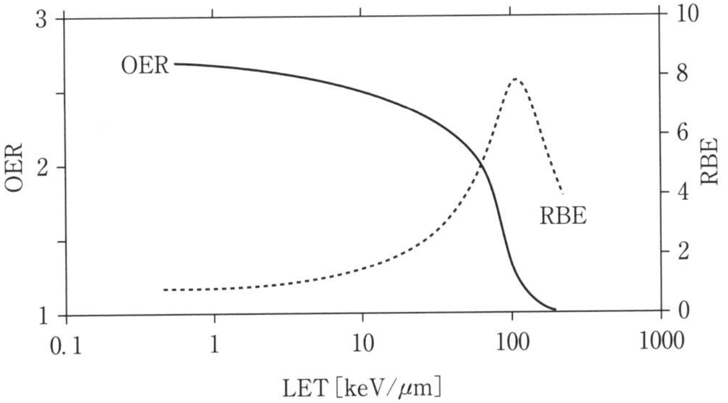

図 7.19 LET と酸素効果比 OER および生物学的効果比 RBE の関係

酸素効果比 OER（実線）は，低 LET 領域では 2.5〜3.0 と高く，LET が増加すると，40 keV/μm あたりから減少し始め，100 keV/μm 付近で急激に減少し，それ以上の高 LET 領域でほぼ 1 となる. 生物学的効果比 RBE（点線）には 100 keV/μm 付近でピークがある形のため完全な鏡面関係とはいえないが，0〜100 keV/μm までの範囲に関しては，OER と RBE は LET に対して鏡面関係にある.（Hall EJ の教科書（1995）より一部改変）

少し，200〜300 keV/μm 以上ではほぼ 1 となる．0〜100 keV/μm までの範囲に関しては，OER と RBE は LET に対して鏡面関係にあり，この範囲では LET 増加に対して，酸素効果比 OER は 3 から 1 に低下し，反対に，生物学的効果比 RBE は増加する.

7.5.7　LET と放射線感受性の細胞周期依存度の関係

細胞周期と放射線感受性の関係は，中性子線などの高 LET 放射線でも，X 線などの低 LET 放射線と同様の関係がみられるものの，細胞周期を通した感受性の違いは少ない．**高 LET 放射線**では修復困難な DNA 損傷が多く生成され，細胞周期による DNA 損傷の修復程度の違いが細胞の生死に影響しにくいためである．

7.5.8　低 LET 放射線と高 LET 放射線

低 LET 放射線の代表は，**X 線**，**γ 線**，**電子線**，**β 線**で，臨床放射線治療に使われる陽子線もこれに含まれる．高 LET 放射線には，**重粒子線**，**中性子線**，**中間子線**，**α 線**などがある．中間子は原子核の構成要素の 1 つであり，π^- 中間子線が臨床の放射線治療に応用されている．

中性子線以外の高 LET 放射線の重粒子線，π^- 中間子線，α 線と低 LET 放射線の**陽子線**は，深部線量分布において**ブラッグピーク**がみられる．ブラッグピークをもつ放射線は，放射線治療の際に，空間的な線量分布の改善に有用で，腫瘍部のみに放射線を照射して正常組織への照射を少なくでき，治療可能比の高い放射線治療を可能とする．各種放射線の深部線量曲線を図 7.20 に示す．

現在，世界で普及している放射線治療のほとんどは，低 LET 放射線である X 線と一部電子線を，**直線加速器**（**リニアック**）を用いて照射する外照射の治療である．高 LET 放射線を用いる外照射は，臨床の施設数では日本が世界をリードするような形で，一部の腫瘍に対して，主に臨床研究の位置づけで行われている．内照射による放射線治療としては，低 LET 放射線である γ 線や β 線を放出する放射性同位元素を用いた**密封小線源治療**や**放射性同位元素内用療法**が，世界中で標準治療として普及している．密封小線源治療の代表としては，ヨウ素 125（^{125}I）を永久刺入線源として用いる前立腺癌の治療，イリジウム 192（^{192}Ir）やセシウム 137（^{137}Cs）を一時刺入線源として用いる子宮癌や頭頸部癌の治療，金 198（^{198}Au）を永久刺入線源として用いる頭頸部癌の治療などがある．一時刺入の際には，腔内や組織内にチューブアプリケータを

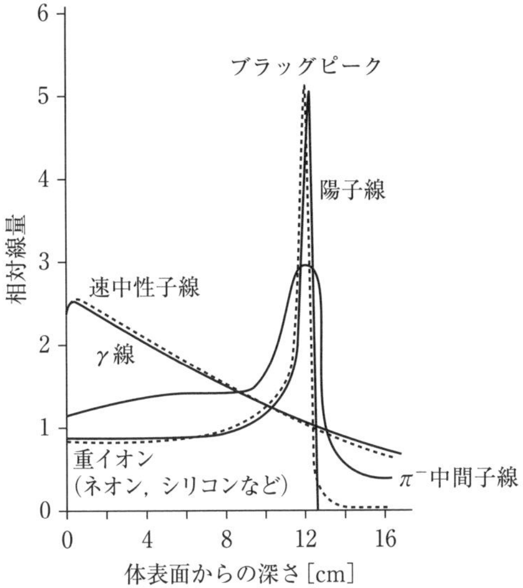

図 7.20　各種放射線の深部線量曲線

中性子線以外の高 LET 放射線と低 LET 放射線の陽子線には，ブラッグピークがある．陽子線以外の低 LET 放射線と高 LET 放射線である中性子線には，ブラッグピークがない．稲田ら（1989）のデータより一部改変．

留置して，遠隔操作で線源を腫瘍部に送り込む**後充てん小線源治療装置**（RALS：remote after loading system）を用いることが多い．放射性同位元素内用療法の代表としては，ヨウ素 131（^{131}I）を用いた甲状腺癌転移巣の治療やストロンチウム 89（^{89}Sr）を用いた骨転移の疼痛緩和治療などがある．

近年日本では，悪性リンパ腫の一部に，β 線放射核種イットリウム 90（^{90}Y）あるいは γ 線放射核種インジウム 111（^{111}In）をモノクローナル抗体に結合させた薬剤による**放射性同位元素標識抗体療法**（**放射免疫療法**）を開始し，また，前立腺癌の骨転移巣の治療に，高 LET 放射線である α 線放出核種である塩化ラジウム 223（^{223}Ra）を用いた放射性同位元素内用療法を開始している．

また近年日本では，低 LET 放射線である**陽子線治療**や高 LET 放射線である**重粒子線治療**が，施設数で世界をリードする形で，主に臨床研究の位置づけで，多くの施設に臨床導入されつつあり，小児癌，肉腫や頭頸部腫瘍の一部，前立腺癌などで，すでに標準的な治療としての保険診療が認められている．今後，陽子線治療装置の小型化とそれに伴う装置と治療費の低減が期待されており，そうなれば，現在の X 線主体の日常の放射線治療の一部が，空間的線量分布が良好な陽子線治療で代替される可能性もある．

さらに近年日本では，新しい中性子照射装置の開発と普及に伴い，臨床研究の位置づけで，**ホウ素中性子補足療法**（BNCT：boron neutron capture therapy）を臨床導入する施設が増えている．ホウ素中性子補足療法とは，ホウ素を腫瘍細胞に選択的に取り込ませ，中性子線を照射して，腫瘍細胞内のホウ素との核反応により，高 LET 放射線である α 線とリチウム 7（^{7}Li）粒子を発生させ，両者の腫瘍細胞選択的な致死効果により，高い治療可能比が期待できる放射線治療である．

以下，近年のトピックとして，低 LET 放射線である陽子線治療，高 LET 放射線である重粒子線治療とホウ素中性子補足療法について，いくつか説明を補足する．

陽子線治療は，臨床用の放射線治療装置の開発と小型化により，施設数で日本が世界をリードする形で臨床導入が始まり，現在世界中の多くの施設で臨床導入計画が進んでいる．世界中ですでに5万人を超える患者が治療を受けている．陽子線は**ブラッグピーク**をもち，X 線などの従来の放射線治療と比べ，正常組織への照射を避けて腫瘍のみに照射でき，高い治療可能比が期待できる．しかし，**低 LET 放射線**である陽子線は，生物学的には X 線とほぼ同じ効果であり，従来の X 線での治療と同様に，原則 1 回 2 Gy の多分割照射を基本とするが，近年では 1 回 3 Gy～5 Gy 程度の高い線量での寡分割照射の臨床試験も増えている．適応となる腫瘍は，周囲の正常組織障害が問題となり放射線感受性がそれほど高くない腫瘍であり，小児癌，肉腫や頭頸部腫瘍の一部，前立腺癌はすでに日本では保険診療が認められている．従来から，頭蓋底の脊索腫や軟骨肉腫，眼の悪性黒色腫，脊髄腫瘍，膠芽腫，前立腺がんなどが治療対象とされてきたが，近年では肝臓癌，食道癌，肺癌，膀胱癌など多くの腫瘍にも対象が拡大されている．日本の導入施設が協力して臨床成績をまとめ，局所制御や正常組織障害などの有害事象の面で X 線による治療よりも優れているとの報告もあるが，現状では X 線での治療に比べ非常に高額な治療費の患者負担が必要であり，今後のさらなる生物学的基礎研究，装置と施設の小型化と低価格化，従来の治療より優位性を示す臨床成績の積み重ねが必要とされている．

重粒子線治療のうち，現在の主流である**炭素線治療**もまた，臨床用放射線治療装置の新規開発と小型化により，日本が世界をリードする形で臨床導入が始まり，日本国内での導入施設数の増加とともに，現在世界中で臨床導入の計画が進んでいる放射線治療である．炭素線にもブラッグピークがあるが，陽子線よりピーク後端の線量減少が急峻で，線量分布は陽子線より優れている．重粒子線は**高 LET 放射線**であり，X 線など低 LET 放射線では細胞の放射線感受性を左右する多くの因子の影響を受けにくく，低 LET 放射線に抵抗性の腫瘍にも優れた放射線治療効果が期待できる．すなわち低 LET 放射線では放射線感受性が低い腫瘍内の低酸素細胞や細胞周期の影響が少なく，治療後の障害からの回復も少ない．一方で，高 LET 放射線では分割による治療後の正常組織の障害からの回復が少なく，分割効果の価値が低い．さらに正常組織の RBE は 1 回線量が大きいと腫瘍より小さくなり，治療可能比の向上が期待できることから，臨床での炭素線治療は，寡分割あるいは単回で行うことが多い．適応となる腫瘍は，周囲の正常組織障害が問題となり放射線感受性がそれほど高くない腫瘍で，多くの腫瘍に対する臨床試験が行われているが，骨軟部腫瘍や頭頸部腫瘍の一部，前立腺がんはすでに日本では保険診療が認められている．炭素線の臨床成績も，局所制御や正常組織障害などの有害事象の面で X 線による治療よりも優れているとの報告があるが，陽子線よりさらに高額な設備費用と治療費の患者負担が必要であり，今後のさらなる生物学的基礎研究，装置と施設の小型化と低価格化，他の治療より優位性を示す臨床成績の積み重ねが必要である．

ホウ素中性子補足療法（BNCT：boron neutron capture therapy）とは，ホウ素を腫瘍細胞に選択的に取り込ませ，中性子線を照射して，腫瘍細胞内のホウ素との核反応により，高 LET 放射線である **α 線**と**リチウム 7**（^{7}Li）**粒子**を発生させ，両者の**腫瘍細胞選択的な致死効果**により，高い治療可能比が期待できる放射線治療である．当初 1951 年に米国で臨床研究が始まったが，その後日本は臨床応用に向けた研究で世界をリードし貢献してきた．この治療の効果は，ホウ素化合物の腫瘍選択的な集積に依存しており，その開発が最も重要な課題である．現在の臨床研究に使われているのは，BSH（dodecaboranethiol）とBPA（para-boronophenylalanine）の 2 種類で，BSH は脳腫瘍に，BPA は悪性黒色腫など多くの腫瘍に用いられている．現在，ナノ粒子やリポゾームや抗腫瘍抗体などを利用した次世代の化合物の研究，開発が進んでいる．ホウ素化合物のホウ素と中性子は，$^{10}B(n, \alpha)^{7}Li$ の核反応により，α 線とリチウム 7（^{7}Li）粒子を生じる．α 線とリチウム 7（^{7}Li）粒子の飛程は，おのおの約 9 μm と 4 μm と，ひとつの細胞の大きさ程度以下と短く，また LET はおのおの 163 keV/μm と 210 keV/μm と高 LET であり，取り込んだがん細胞を**選択的に治療可能**である．2011 年時点で世界から報告されている臨床治療症例の総数は，日本からの症例数が半分以上を占め，1000 人超の患者が，原子炉を中性子源として用いて治療されている．脳腫瘍，悪性黒色腫，頭頸部癌などに対して，少ない正常組織障害で良好な腫瘍治療効果が報告されている．近年，日本を中心に新たな中性子源として加速器の開発が進み，複数の施設に中性子源として加速器の導入が計画されている．今後，病院に設置可能なレベルの小型中性子源の開発が進み，ホウ素中性子補足療法の臨床研究の促進が期待されている．

7.6　温熱療法（ハイパーサーミア）

悪性腫瘍に対する**温熱療法**は，**ハイパーサーミア**とも呼ばれ，体内の腫瘍部分を，加温装置を用いて 43℃ 程度に加温して腫瘍を治療する方法で，外科療法，化学療法，放射線療法と並んで，現在，**保険診療**として一般臨床で用いられる腫瘍の治療法のひとつである．

温熱療法は，腫瘍の治療法として放射線治療よりはるかに長い歴史がある．最も古い記録では 3500 年以上前エジプトにて治療に熱が有効だと記されており，BC 400 年頃，ヒポクラテスは「薬により治しえない場合は手術で治しうる．手術で治しえない場合は火（温熱療法）で治しうる．温熱療法で治しえない場合は治しえない」と述べており，当時は乳癌病巣を，火や焼いた金属で局所治療していた．1860 年代には，ドイツの医師 Busch が丹毒毒素による全身の発熱で顔面肉腫の消失を，ニューヨークの外科医 Coley は抽出細菌毒素での発熱による治療を報告している．その後の生物学的研究により，温熱による腫瘍治療の有用性のメカニズムが明らかになってくるとともに，1900 年代になってから，本格的な**加温技術**の開発が進んだ．しかし，腫瘍のみを選択的に一定時間 43℃ 程度に加温するには，高度な工学的技術が必要で，現在も機器開発が続けられている．加温を困難にする障害のひとつは，正常な生体組織に含まれる多くの血管と血流の存在である．血流は，常に正常組織，腫瘍組織を体温まで冷却しようと働く．局所加温時には，生理反応として血管が拡張し血流を増加させ，放熱作用による冷却が高まる仕組みになっている．入浴や赤外線などにより皮膚表面を加温しても，血流による冷却で，深部への熱伝導は少なく，深部腫瘍の温度を無理に目的温度まで上げようとすると，正常組織の熱傷による障害が生じる．そのため，深部腫瘍では十分に加温しにくい場合が多い．現在まで，熱源や遠赤外線を用いた単純な熱伝導による加温技術の他，臨床で普及が進んでいる加温装置として，マイクロ波からラジオ波までの電波を利用した加温装置，**高密度焦点式超音波治療法**（HIFU：high intensity focused ultrasound）のための超音波を利用した装置，レーザー加温装置などがある．治療中の体内の加温状態をリアルタイムで 4 次元的に把握する測温技術もいまだ開発途上にある．体内の温度分布は，1990 年代までは，腫瘍内のごく限られた位置のみに侵襲的にサーミスタや光ファイバーを利用した細いひも状の温度計を挿入して測定する方法しかなかったが，その後，MRI や超音波などの無侵襲の画像を用いた三次元的な測温技術が開発され普及が期待されている．

腫瘍治療における**温熱療法の有用性**は，これまでの生物学的な研究で一貫して支持されており，多くの国で臨床への導入が進み，1977～1984 年の 8 年間で 1 万人以上を治療したとの報告がある．それ以後，日本でも多くの患者が治療され現在に至る．臨床においては，温熱療法単独での治療効果に限界があり，一般に放射線治療や化学療法や免疫療法を増感する**併用療法**として利用されている．現在では，ヨーロッパの一部の国では標準治療として臨床において一部の腫瘍が治療されているが，日本では加温装置を導入，稼働している病院の数が多いとはいえず，一般臨床でのさらなる利用の増加のためには，加温性能と測温性能に優れたさらなる装置の開発と普及が必要とされている．

7.6.1　ハイパーサーミアの生物学的効果

(1)　ハイパーサーミア単独

細胞を加温すると細胞は死に至る．温熱の**細胞致死効果**は，温度が高くなるに従って，また加温時間が長くなるに従って増加する（図7.21）．42.5℃以上の加温では，42.5℃以下と比較して，より少ない熱エネルギーで効率よく細胞死が起こる．そのため，ハイパーサーミア単独での治療では，腫瘍部分を42.5℃以上に加温するのを目標とする．

温熱の標的は，主に**タンパク質**とされている．その根拠のひとつは，細胞致死効果が，前述した42.5度という**タンパク質の変性**が顕著となる同じ温度に，細胞死に関わる化学反応の活性化エネルギーの変曲点をもつことである．細胞の生存を支えているのは，細胞内のさまざまな代謝活動であり，そのためには多数の酵素の働きが必須である．酵素はタンパク質であり，温熱による酵素を含めた機能性タンパク質の失活や構造タンパク質の変性は，細胞死の主な原因

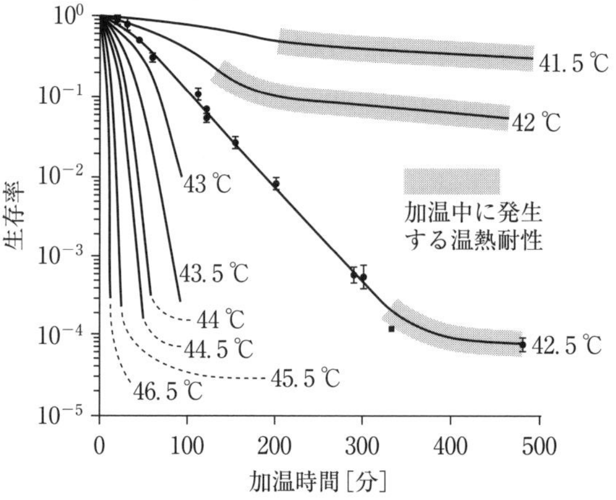

図7.21　温熱による細胞死

チャイニーズハムスターCHO系の哺乳類動物細胞を異なる温度で加熱したときの生存率曲線を示す．加温温度が高いほど，加温時間が長いほど，細胞死が増える．42.5℃以上では，42.5℃以下と比較して，効率よく細胞死が起こる．42.5℃以下の低温で長時間加温する際には，加温中に温熱耐性（▒部分）が発生し，生存率曲線が上方に曲がることに注目してほしい．（Hall EJの教科書（1995）より一部改変）

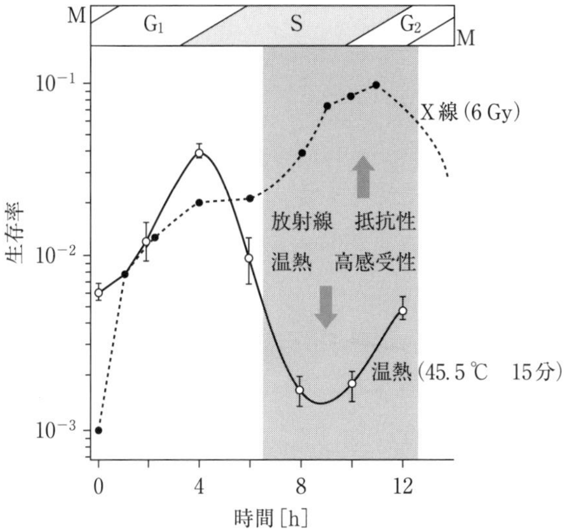

図 7.22　温熱の細胞周期ごとの感受性と放射線との相補的関係
温熱と放射線の細胞周期ごとの感受性の違いを示す．横軸は M 期細胞播種後の細胞培養時間を，縦軸は，各細胞周期に，放射線として X 線で 6 Gy，温熱として 45.5℃で 15 分加熱した場合の生存率を示す．G_1 期は最も温熱抵抗性で，S 期の後半が最も温熱感受性が高い．S 期後半では，放射線には抵抗性であるが，温熱には感受性であり，両者の相補性を示す．(Hall EJ の教科書（1995）より一部改変)

である．温熱の一部の標的は DNA であるとも報告されており，標的のすべてが明確にはなっているわけではない．

細胞致死のメカニズムとして，温熱は**アポトーシス**を起こすことが知られている．温熱は，*p53* タンパク質や細胞膜を介したアポトーシス誘導の**シグナル伝達経路**を活性化し，アポトーシス実行因子である caspase-3 タンパク質を活性化してアポトーシスを起こす．***p53* 変異**がある腫瘍細胞では，加温によるアポトーシスが起こりにくく，**温熱抵抗性**になる．加温によるタンパク質変性の程度が強い場合には凝固壊死が起こる．アポトーシスも凝固壊死も，細胞周期のいずれの時期でも起こる．温熱によるタンパク質変性によりアポトーシスや**凝固壊死**など主に**間期死**が起こることは，放射線による DNA 損傷により主に分裂死が起こることと，しばしば対比される．

温熱感受性は細胞周期により異なる（図 7.22）．G_1 期は最も温熱抵抗性で，

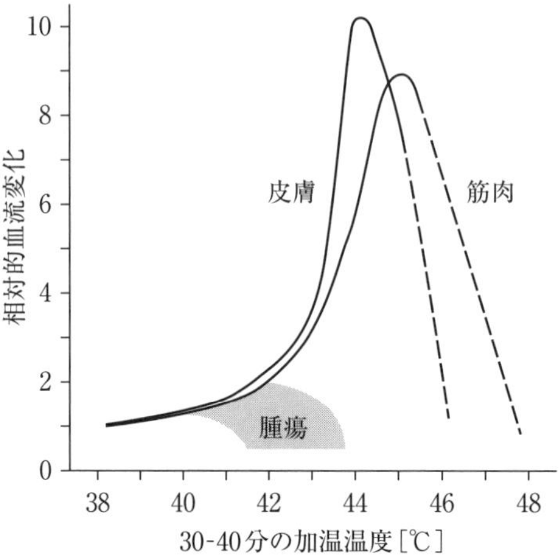

図 7.23　正常組織と腫瘍の加温による血流変化の違い

SD ラットの正常組織（皮膚，筋肉）と種々の動物腫瘍の各温度による血流量の変化を示す．一般的に正常組織では温熱療法中に血流は増加するが，腫瘍（■）では減少する．このため，腫瘍の特異的な加温が可能になる．（Hall EJ の教科書（1995）より一部改変）

S 期の後半が最も**温熱感受性**が高い．また，温熱感受性は pH が低いほど，低栄養状態の細胞ほど高い．

腫瘍の血流状態と**加温中の血流**の変化（図 7.23）は，温熱療法にとって都合がよい．腫瘍組織内には血流が悪く，低酸素，低栄養となっている領域が存在する．低酸素領域では解糖系によるエネルギー産生が亢進し，乳酸が蓄積する．乳酸や二酸化炭素の量の増加と低栄養状態は pH を低下させ，温熱感受性が高まる．臨床のハイパーサーミアで腫瘍とその周囲の正常組織を同時に加温すると，正常組織では血管拡張に伴う血流増加による放熱が起こるが，腫瘍では腫瘍血管内に**血管内凝固**が発生して腫瘍血管が途絶して放熱が起こらず，さらなる**温度上昇と pH 低下**を引き起こす．腫瘍血管の途絶はそれ自体で，腫瘍細胞への酸素と栄養の供給を絶ち，致死をもたらす効果がある．すなわち腫瘍は，正常組織と比べて，加温して温度が高くなりやすく，それによる細胞致死効果も高くなる構造になっている．

一方，温熱は温熱致死を妨げる**温熱耐性**と呼ばれる現象を引き起こす．温熱耐性が発現すると，細胞は熱処理に抵抗性となり，細胞は加温で致死せず生き

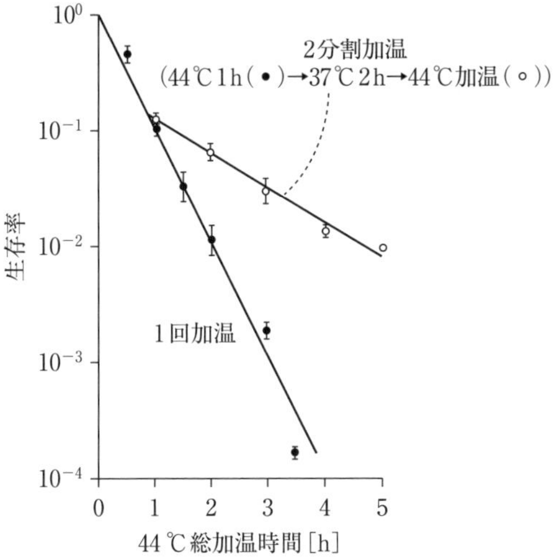

図 7.24 43℃以上の高温での分割加温により発現する温熱耐性
HeLa 細胞の 2 分割加温による温熱耐性の発現を示す．連続して 1 回で加温した場合（●）に比較して，44℃で 1 時間加温後，37℃ 2 時間培養し，その後再び 44℃で 2 回目を加温（○）すると，初回加温後の培養中に温熱耐性が発現し，2 回目加温時の生存率曲線の傾きが緩やかになる．(Hall EJ の教科書 (1995) より一部改変)

残る．温熱耐性は自然の生体防御機能といえる．温熱耐性には，43℃までの低温での加温中に発現する温熱耐性（図 7.21）と，43℃以上の高温での加温終了後の時間経過中に発現する温熱耐性（図 7.24）と，2 つのタイプがある．後者では 43℃以上の加温後 37℃での細胞培養中，温熱耐性が徐々に現れ，約 3〜12 時間で最大となり，24〜36 時間，場合により 160 時間ほど長時間，持続した後，消失する．最初の加温の程度が強い場合には，耐性の程度は大きく，最大耐性の出現までの時間と耐性の減衰にかかる時間が長くなる．また腫瘍を **43℃以下の低温**から 43℃以上の高温に徐々に加温していくステップアップ加温では，**43℃以上の高温**に加温した後で 43℃以下の低温を維持する**ステップダウン加温**よりも，温熱耐性が発現しやすい．そのため臨床のハイパーサーミアでは，**ステップダウン加温**での治療を推奨している．

温熱耐性発現のメカニズムとして，**ヒートショックタンパク質**（HSP：heat shock protein）の関与が知られている．ヒートショックタンパク質は，細胞内で熱変性して失活したタンパク質に結合し，構造を正常状態に戻す**分子シャペロン機能**をもつ．加温により細胞内で，ヒートショックタンパク質の発現が増え，熱変性したタンパク質を正常状態に戻して細胞死を抑制できる．ヒートショックタンパク質発現の時間的推移は，温熱耐性発現の時間的経過と一致することが知られている．特に分子量が70，90キロダルトンのヒートショックタンパク質であるHSP70，HSP72，HSP90は，温熱耐性と関わりが強い．臨床のハイパーサーミアでは，腫瘍における温熱耐性の発現は治療効果の低下の原因となるため，初回の温熱治療で産生されたヒートショックタンパク質が減少してから次の温熱治療を行う必要がある．細胞内のヒートショックタンパク質の減少にはかなりの日数を待つ必要があり，臨床のハイパーサーミアは，放射線治療のように毎日ではなく，週1～2回程度の頻度で，各回1時間程度行われる．

(2)　ハイパーサーミアと薬物療法の併用

化学療法剤の一部では，加温により2～3℃温度を上昇させるのみで，細胞致死効果が増強し，**相乗効果**を示す．移植動物腫瘍による実験では，シクロホスファミド（エンドキサン）などの**アルキル化剤**は温熱療法との併用に最も適しており，代謝拮抗剤は加温による増感はみられない．加温と薬剤との相互作用が生ずるメカニズムとしては，薬剤により異なるが，アルキル化反応率の増加，DNA損傷の修復機転の抑制，薬剤取込量の増加，細胞膜が共通の標的となっている場合，熱感受性の**細胞周期の延長**などが知られている．たとえばブレオマイシンでは，43℃での増感作用の一部は修復機構の抑制が関係し，ドキソルビシンやシスプラチンの増感作用には細胞内取込量の増加が関係している．マイトマイシンCの増感効果にはアルキル化反応率の増加が関係している．その他，細胞膜に作用するプロカインやリドカインなどの麻酔薬は，温熱との併用により著明な増感作用を示す．

臨床での化学療法の問題点は，全身に薬剤が分布することによる強い副作用にある．腫瘍部の局所に温熱療法を併用すると，腫瘍に限局して薬効を増強でき，治療可能比が高まる．

臨床のハイパーサーミアでは，化学療法の薬剤投与に合わせて，週1～2回，1時間程度の加温を行うことが多い．その際，**マイルドハイパーサーミア**での

41～42℃程度の低めの温度で加温することにより，腫瘍内の血流量を上昇させて薬剤到達量を増やすことにより，**温熱増感効果**が得られる．

(3) **ハイパーサーミアの免疫療法への応用**

温熱は，ナチュラルキラー細胞，キラーTリンパ球，マクロファージなどの**免疫担当細胞を活性化**し，サイトカインを増加させ，転移促進因子の増加を抑制するなど腫瘍免疫に関与する．近年，ヒートショックタンパク質を介した温熱のメカニズムが明らかになっている．温熱刺激により産生が増加するHSP70などのヒートショックタンパク質の**分子シャペロン機能**は，温熱耐性に関わるのみでなく，腫瘍免疫において，樹状細胞など免疫担当細胞への**腫瘍抗原の提示**に関わっている．免疫療法において，免疫担当細胞と腫瘍抗原との反応の際に，ハイパーサーミアによるヒートショックタンパク質の増加が，免疫療法の効果を増強することが動物実験で示され，**マイルドハイパーサーミアと免疫療法併用**の臨床導入も進んでおり，臨床研究としての成果の報告が期待されている．ニボルマブ（オプジーボ）やペムブロリズマブ（キイトルーダ）などの免疫チェックポイント阻害剤が，新たな分子標的薬剤として日常臨床に導入され，多種の腫瘍への適応拡大を目指して臨床研究が進み，従来みられなかった画期的な免疫療法の効果が示されている．これらの新しい薬剤の使用も含めて，ハイパーサーミアと免疫療法の今後の臨床研究への期待が大きい．

7.6.2 放射線治療と併用効果

放射線に温熱を併用すると，相加効果のみでなく相乗作用がみられる．併用効果の指標として，**温熱効果比**（TER：thermal enhancement ratio，温熱増感比ともいう）が用いられる．温熱効果比は，ある一定レベルの障害を加温と併用あるいは単独で起こすのに必要な放射線量の比である．

温熱効果比＝(放射線単独である効果を引き起こす放射線量)
/(加温と併用で同じ効果を引き起こす放射線量)

正常組織に比べて腫瘍の温熱効果比は高く，温度が高くなるほど温熱効果比は増加する（図7.25）．

放射線に温熱を併用すると**相乗作用がみられるメカニズム**は重要で，よく理解しておく必要がある．ひとつは，放射線照射による細胞のDNA損傷の酵素

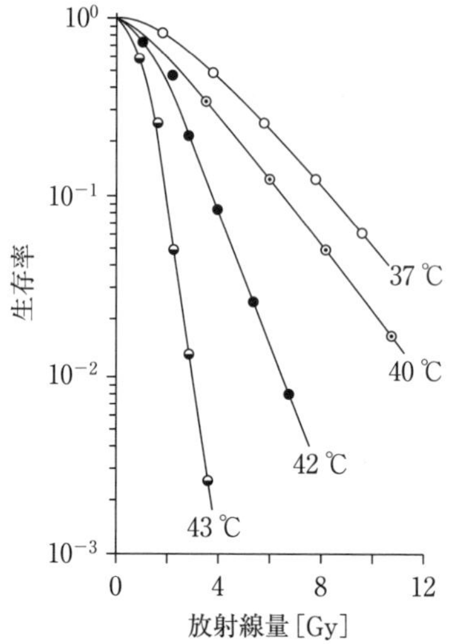

図 7.25　各温度の温熱による放射線増感効果

温度が上昇するに従って，温熱による放射線増感効果が増加する．これは温度が高くなるほど温熱効果比 TER が増加することを意味する．加温単独による生存率の低下は補正して表示している．（放射線生物学（2011）より一部改変）

による修復メカニズムの阻害であり，加温は，放射線照射後の亜致死障害からの回復（SLDR）や放射線照射後の潜在的致死障害からの回復（PLDR）を抑制する．**温熱による DNA 修復酵素の失活**が原因と考えられる．2つめは，細胞周期による感受性の相違に対する相補性で，前述したように，放射線抵抗性の S 期後半の細胞は，温熱高感受性であり，加温の併用は，細胞周期と無関係に効率よく細胞死を導く．3つめは，低酸素環境による感受性の相違に対する相補性で，放射線抵抗性の低酸素環境下の細胞は，しばしば低 pH 環境下にあるため温熱高感受性であり，加温の併用は，酸素状態と無関係に効率よく細胞死を導く．

これらのメカニズムは，主に低 LET 放射線の弱点を，相補的に温熱が補うもので，一般臨床では，主に低 LET 放射線にハイパーサーミアを併用している．温熱と放射線の時間的な至適併用タイミングに関しては，同時に併用すると温熱効果比 TER が最も高くなる．しかし腫瘍の TER を正常組織の TER で割った**治療利得係数**（TGF：therapeutic gain factor）は，同時併用時に最も

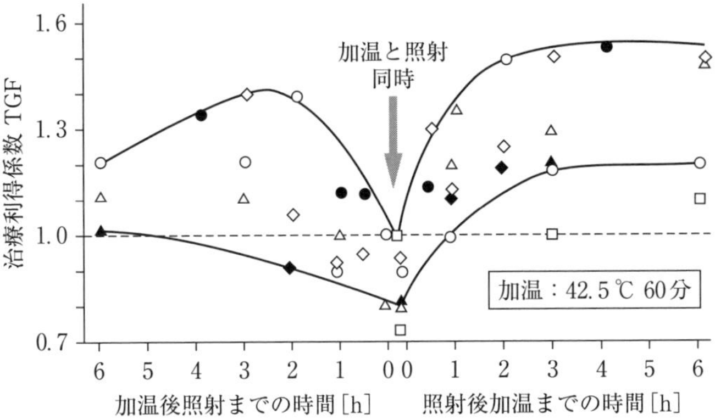

図 7.26　治療利得係数 TGF と温熱と放射線の併用タイミングとの関係
治療利得係数 TGF（therapeutic gain factor，腫瘍の TER を正常組織の TER で割ったもの，治療可能比と同様の考え方の指標）は，温熱と放射線の同時併用で最も低く，照射前よりも照射後に加温した方が大きくなる．●◆はマウス乳腺腫瘍，○◇△▲□はマウス移植腫瘍．放射線生物学（2011）より改変．

低く，照射後と照射前を比較すると，照射前よりも照射後に加温した方が大きくなる（図 7.26）ため，臨床のハイパーサーミアでは，連日の放射線治療にあわせて，週 1～2 回，照射直後～30 分以内に 1 時間程度の加温を開始する形で行うことが多い．この際，腫瘍部分を 42.5℃ 以上に加温するのを目標とすることが多い．実際には加温装置の能力の制限などにより，腫瘍全体を十分に加温できない場合も多い．41～42℃ 程度の低めの温度で加温する治療を**マイルドハイパーサーミア**と呼ぶが，動物腫瘍ではこの温度域での腫瘍内血流増加により，腫瘍内低酸素細胞分画の減少が報告されており，亜致死障害からの回復阻害効果，温熱による S 期後半の細胞や低 pH 細胞などへの効果も含めて放射線併用の意味があると考えられている．

演習問題

7.1　正常組織と腫瘍のうちで，放射線感受性が最も低いのはどれか．

1．小腸
2．精上皮腫
3．肺

4. 悪性黒色腫
5. 肝臓

7.2 放射線の生物学的効果の修飾について，誤りはどれか．

1. 放射線の生物学的影響は，吸収エネルギーのみでなく線質により異なる．
2. 放射線照射後の環境条件が悪い場合に細胞生存率の上昇がみられる現象を，亜致死障害からの回復という．
3. 線量率効果とは，線量率を低くすると高線量率で短時間で照射するより生存率が高くなる現象である．
4. 酸素の存在により低酸素あるいは無酸素下よりも感受性が高くなる．
5. 一部の分子標的薬剤の併用により，がん細胞の放射線感受性が増強する．

7.3 分割照射について，誤りはどれか．

1. 早期反応型組織，腫瘍の生存率曲線では α/β 値は大きく，後期反応型組織の α/β 値は小さい．
2. 高 LET 放射線を用いた放射線治療では，分割照射により後期反応型組織の有害事象の発生を低減できる．
3. 分割照射では1回照射に比して，同じ効果をえるために必要な線量が増加する．
4. 多分割照射では，標準的な分割と比して，1回線量を少なく分割回数を多くして，正常組織の後期反応を減らし，腫瘍制御率を高める．
5. 寡分割照射は，通常分割より大きな1回線量を用いて，1回～少数回の照射を短期間で行う．

7.4 分割照射の際の 4R について，誤りはどれか．

1. 回復，修復は，腫瘍細胞の放射線致死にとって不利となる．
2. 回復，修復は，日単位の時間で発現する．
3. 再分布は，腫瘍細胞の放射線致死にとって有利となる．
4. 再酸素化は，腫瘍細胞の放射線致死にとって有利となる．
5. 再増殖は，腫瘍細胞の放射線致死にとって不利となる．

7.5 LET と生物学的効果について，誤りはどれか．

1. 低 LET 放射線では，水分子の電離による間接作用による DNA 損傷が主体となる．
2. 高 LET 放射線では，低 LET 放射線よりも RBE が高い．
3. 高 LET 放射線照射後に，亜致死障害からの回復は少ない．

4. 高 LET 放射線では低 LET 放射線よりも線量率効果が少ない.
5. ほう素中性子補足療法（BNCT）では低 LET 放射線である α 線とリチウム 7 粒子を利用する.

7.6 温熱療法について，誤りはどれか.

1. 温熱の標的は，主にタンパク質である.
2. 細胞致死のメカニズムとして，温熱はアポトーシスをおこす.
3. 温熱感受性は，S 期の後半がもっとも低い.
4. 温熱は温熱致死を妨げる温熱耐性とよばれる現象をひきおこす.
5. 放射線に温熱を併用すると，相乗作用がみられる.

〈参考文献〉

1) Hall EJ 著，浦野宗保 訳：放射線科医のための放射線生物学，第 4 版，篠原出版，1995
2) Hall EJ, Giaccia AJ：Radiobiology for the Radiologist, 6th ed, Wolters Kluwer/Lippincott Williams & Wilkins, 2006
3) Hall EJ, Giaccia AJ：Radiobiology for the Radiologist, 7th ed, Wolters Kluwer/Lippincott Williams & Wilkins, 2011
4) 江島洋介，木村博編：放射線技術学シリーズ 放射線生物学，第 2 版，オーム社，2011
5) 窪田宜夫 編著，平山亮一，藤井義大，大西建，浜田信行，真里谷靖，松本孔貴：新版 放射線生物学，医療科学社，2015
6) Joiner M, Kogel AVD 著，安藤興一，中野隆史 監訳：臨床放射線生物学の基礎 原著第 4 版 日本語翻訳版，第 1 版，放射線医療国際協力推進機構，2013
7) 日本放射線腫瘍学会 編：放射線治療計画ガイドライン 2016 年版，第 4 版，金原出版，2016
8) 日本ハイパーサーミア学会 編：ハイパーサーミア がん温熱治療ガイドブック，毎日健康サロン，2008
9) Kokura S, Yoshikawa T, Ohnishi T 編：Hyperthermic Oncology from Bench to Bedside, 1st ed, Springer, 2016

演習問題解答

【第1章】

1.1 4　**1.2** 5　**1.3** 2　**1.4** 1　**1.5** 3　**1.6** 1
1.7 1　**1.8** 1 2　**1.9** 4　**1.10** 5

【第2章】

2.1 3,4　**2.2** 5　**2.3** 2　**2.4** 2　**2.5** 3　**2.6** 2,4
2.7 4　**2.8** 4　**2.9** 5　**2.10** 4　**2.11** 1,3,5　**2.12** 3

【第3章】

3.1 1,5　**3.2** 2　**3.3** 2　**3.4** 5　**3.5** 4

【第4章】

4.1 2　**4.2** 1　**4.3** 5　**4.4** 4,5　**4.5** 1　**4.6** 1
4.7 3,5　**4.8** 1　**4.9** 1　**4.10** 3　**4.11** 3　**4.12** 2

【第5章】

5.1 3　**5.2** 5　**5.3** 3　**5.4** 3,4,5　**5.5** 1,4
5.6 1,4　**5.7** 4　**5.8** 2

【第6章】

6.1 2

6.2 4

解説：　1. 甲状腺（ヨウ素）　2. 肺（ラドン）　3. 肝臓（トリウム）
4. 胃（消化→吸収しない）　5. 骨髄（造血器）

6.3　1　^{222}Rn．気体＝吸入．

6.4　2　^{90}Sr．骨に集積．

6.5　5　甲状腺がん．過剰リスクは高いが，死亡率の過剰リスクは低い．

6.6　4　上咽頭がん．組織加重係数→誘発がんが起こりやすい．

6.7　4　早期障害では確率的影響はない．

解説：

1　遺伝的影響は確率的影響である．

2　確率的影響の発生頻度は線量に依存する．

5　固形がん発生までの潜伏期間は白血病発生までより長い．

6.8　5　突然変異の発生率は線量に比例する（吸収線量に直線的に比例）．

解説：

1　劣性突然変異である（そうとは限らない）．

2　外性器の被ばくで発生する（精巣・卵巣の生殖細胞の被ばく）．

3　核膜の変化が主な原因である（DNA・染色体の変異）．

4　突然変異倍加線量は1mSvである（1Gy）．

6.9　3

解説：倍加線量法は「間接法」，単位線量当たりの誘発率で示す方法は「直接法」．

6.10　1

解説：線量率とはSv/h（シーベルト毎時）のことであり，同じシーベルトを浴びても，一時期に高い線量を浴びる（線量率が高い）方が一般的には重篤な影響を引き起こす．

【第7章】

7.1　4　　7.2　2　　7.3　2　　7.4　2　　7.5　5　　7.6　3

索　引

〈サ　行〉

〈タ　行〉

〈ナ　行〉

〈ハ　行〉

〈マ　行〉

〈ヤ 行〉

〈ラ 行〉

〈英 名〉

〈**著者紹介**〉（執筆順）

森田　明典（もりた　あきのり）

2001　年　東京大学大学院理学系研究科生物化学専攻博士課程修了
専門分野　放射線生物学
現　　在　徳島大学大学院医歯薬学研究部教授，博士（理学）

坂野　康昌（さかの　やすあき）

2018　年　首都大学東京大学院博士後期課程修了
専門分野　放射線生物学・放射線関係法規・放射線管理学
現　　在　順天堂大学保健医療学部診療放射線学科特任教授，博士（放射線学）

末永　光八（すえなが　みつや）

2008　年　首都大学東京大学院博士前期課程修了
専門分野　放射線学
現　　在　城西放射線技術専門学校診療放射線学科学科長

黒田　昌宏（くろだ　まさひろ）

1984　年　鳥取大学医学部医学科卒業
専門分野　放射線生物学・放射線腫瘍学・放射線治療
現　　在　岡山大学大学院保健学研究科放射線技術科学分野教授，博士（医学）

診療放射線基礎テキストシリーズ ③

放射線生物学

2020 年 3 月 25 日　初版 1 刷発行
2024 年 2 月 20 日　初版 2 刷発行

検印廃止

著　者　森田 明典・坂野 康昌
　　　　末永 光八・黒田 昌宏

発行者　南條 光章

発行所　**共立出版株式会社**

〒 112-0006　東京都文京区小日向 4 丁目 6 番 19 号
電話　03-3947-2511
振替　00110-2-57035
www.kyoritsu-pub.co.jp

一般社団法人
自然科学書協会
会員

印刷・製本：真興社
NDC 492.4 / Printed in Japan

ISBN 978-4-320-06189-7